ISSN 0175-3495

Abhandlungen aus dem Westfälischen Museum für Naturkunde

72. Jahrgang · 2010 · Heft 3/4

Patricia Göbel (Hrsg.)

Quellen im Münsterland

Beiträge zur Hydrogeologie, Wasserwirtschaft, Ökologie und Didaktik

LWL-Museum für Naturkunde
Westfälisches Landesmuseum mit Planetarium
Landschaftsverband Westfalen-Lippe
Münster 2010

Gedruckt mit freundlicher Unterstützung durch

die Sparkasse Westmünsterland,
die Westfälische Wilhelms-Universität Münster, Prof. Dr. W. G. Coldewey,
die Emscher-Wassertechnik / Lippe-Wassertechnik
sowie
den Westfälischen Naturwissenschaftlichen Verein e.V.,

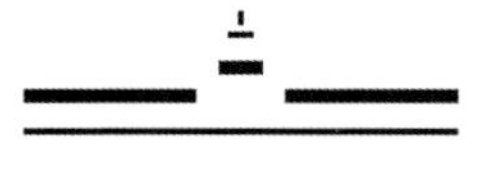

Prof. Dr. Wilhelm G. Coldewey

Impressum

Abhandlungen aus dem Westfälischen Museum für Naturkunde

Herausgeber:
Dr. Alfred Hendricks
LWL-Museum für Naturkunde
Westfälisches Landesmuseum mit Planetarium
Sentruper Str. 285, 48161 Münster
Tel.: 0251 / 591-05, Fax: 0251 / 591-6098
Druck: DruckVerlag Kettler, Bönen

Schriftleitung: Dr. Bernd Tenbergen

ISSN 0175-3495

Vorwort

Mitten in der einmaligen Parklandschaft des Münsterlandes liegen die Baumberge. Sie stellen in verschiedener Hinsicht ein einzigartiges Kleinod dar. Dies betrifft die naturräumlichen Verhältnisse und ihre Wechselbeziehungen zu den Menschen. So liegt die Bedeutung für die Besiedlung dieses Raumes in den zahlreichen zutage tretenden Quellen. Dies ist hinreichend durch archäologische Ausgrabungen belegt. Die starke Häufung von sehr unterschiedlichen Quellen ist hinsichtlich ihres Erscheinungsbildes einzigartig für den Raum.

Quellen üben seit alters her eine besondere Faszination auf den Menschen aus. So werden diese bis heute mit positiven Eigenschaften wie Klarheit, Reinheit und Ursprünglichkeit bedacht. In Wirklichkeit sind viele Quellen heutzutage – besonders im Flachland – durch die zunehmende Inanspruchnahme der Landschaft durch den Menschen bedroht und bedürfen daher einer besonderen Aufmerksamkeit und Pflege. Denn die naturnahen Quellen stellen einen herausragenden und daher schutzwürdigen Lebensraum für hoch spezialisierte Tiere und Pflanzen dar.

Im Jahre 2007 begann der Fachbereich Geowissenschaften der Westfälischen Wilhelms-Universität Münster mit der großflächigen Bestandsaufnahme der natürlichen Situation der Quellen und deren Umfeld. Sie belegt die komplexen Wechselwirkungen zwischen den natürlichen Gegebenheiten, der ökologischen Bedeutung und der vielfältigen Nutzung. Diese Arbeiten wurden durch den Kreis Coesfeld, die Städte und Gemeinden der LEADER-Region Baumberge, nämlich Billerbeck, Coesfeld, Havixbeck, Nottuln und Rosendahl, durch die Heimatvereine und nicht zuletzt durch zahlreiche Bürger und Sponsoren unterstützt. Die Ergebnisse wurden auf zahlreichen Veranstaltungen einer breiten Öffentlichkeit vorgestellt und stießen auf großes Interesse.

In dem vorliegenden Band sind die Ergebnisse zusammengestellt. Sie stellen einen wertvollen Beitrag zur Dokumentation der derzeitigen Verhältnisse dar. Mögen diese ebenso wie zukünftige Erkenntnisse dazu beitragen, das Interesse für den Naturraum der Baumberge und anderer Quellgebiete im Münsterland zu wecken und ein tieferes Verständnis für das Zusammenspiel zwischen Landschaft sowie Fauna und Flora herzustellen.

Konrad Püning
Landrat des Kreises Coesfeld

Dr. Barbara Rüschoff-Thale
Kulturdezernentin des Landschaftsverbandes Westfalen-Lippe

Einleitende Vorbemerkungen

Im Münsterland gibt es zahlreiche Quellen. Dies ist hauptsächlich zurückzuführen auf die besondere hydrogeologische Situation der Münsterländer Kreidemulde, in deren Mittelpunkt die Baumberge liegen.

Ausgehend von den Baumbergen startete im Oktober 2007 das Projekt „Quellen in den Baumbergen" am Fachbereich für Geowissenschaften der Westfälischen Wilhelms-Universität Münster mit großzügiger und tatkräftiger Unterstützung von Herrn Prof. Dr. Wilhelm G. Coldewey. Die Anregung stammte seinerzeit von Dr. Johannes-Gerhard Foppe (Leiter der Abteilung Umwelt des Kreises Coesfeld). Schon während unserer Studienzeiten an der Universität Münster besuchten wir die Baumberge mehrfach und lernten diese aus unterschiedlichen Blickwinkeln der Forschung unter der fachkundigen Führung der damaligen Professorenschaft kennen. Zuletzt fühlten wir uns inspiriert durch die wunderschönen Quellgedichte und Fotos von Dr. Gerhard Laukötter von der Natur- und Umweltschutzakademie NRW auf der Quellentagung vom Westfälischen Naturwissenschaftlichen Verein im September 2006 in Münster.

Das Projekt „Quellen in den Baumbergen" wurde zunächst von einer 6 köpfigen Studierendengruppe erfolgreich bearbeitet. Mittlerweile wurde das „Quellenprojekt" auf das ganze Münsterland ausgeweitet. Weitere 10 Diplom-, Master-, Bachelor- und Studienarbeiten folgten zu Spezialthemen auch an vergleichbaren Quellsystemen außerhalb der Baumberge. Aus den vorliegenden Untersuchungen ergibt sich weiterer interessanter Forschungsbedarf.

Die Durchführung der Untersuchungen durch die Studierenden war nur aufgrund umfangreicher Kooperationen sowie vielfältiger Unterstützungen möglich. An der Westfälischen Wilhelms-Universität Münster bestehen Kooperationen zwischen dem Institut für Geologie und Paläontologie (Angewandte Geologie), dem Institut für Biodiversität (Abteilung für Limnologie, Frau Prof. Dr. Elisabeth Meyer, Dr. Norbert Kaschek, Dr. Wolfgang Riss), dem Institut für Landschaftsökologie (Prof. Dr. Klemm, Dr. Andreas Malkus, Dr. Andreas Vogel), dem Hygieneinstitut des Universitätsklinikums (Prof. Dr. Bernhard Surholt) und der Arbeitsstelle Forschungstransfer (Dr. Wilhelm Bauhus). Intensive fachliche Unterstützung erfuhr das Projekt weiterhin durch die Emscher und Lippe Gesellschaften für Wassertechnik mbH in Essen (Dr. Johannes Meßer), dem Institut für Wasserforschung GmbH in Dortmund (Dr. Gudrun Preuß) sowie dem Geologischen Dienst NRW (Dr. Bettina Dölling). Beim Landesamt für Natur, Umwelt und Verbraucherschutz NRW (Iris Teubner, Oktavian Tupa) und bei der Bezirksregierung Münster (Dr. Hannes Schimmer, Rudolf Fitzner-Goldstein) erhielten die Studierenden Daten. Die Landwirtschaftskammer NRW und der Westfälisch-Lippische Landwirtschaftsverband, Kreisverband Coesfeld nahmen ebenfalls Kenntnis von den Untersuchungen. Seitens der Kreisverwaltung Coesfeld erfuhren das Projekt eine großzügige Unterstützung durch Landrat Konrad Püning, Dr. Ansgar Hörster, Dr. Johannes-Gerhard Foppe (Leiter Abteilung Umwelt), Hermann Grömping (Untere Landschaftsbehörde), Hermann Mollenhauer (Untere Wasserbehörde), Dirk Aufderhaar (Grundwassermessstellen), Dr. Heinrich Völker-Feldmann (Untere Gesundheitsbehörde) sowie dem Wasser- und Bodenverband. Ebenso halfen das Naturschutzzentrums Kreis Coesfeld e.V. (Thomas Zimmermann, Matthias Olthoff) und das Biologische Zentrum Lüdinghausen (Dr. Irmtraud Papke). Die umliegenden Gemeinden Billerbeck (Reiner Hein), Darfeld,

Havixbeck (damaliger Bürgermeister Klaus Gottschling), Nottuln (Bürgermeister Peter Amadeus Schneider, Gemeindewerke Nottuln Christof Kattenbeck) und Schapdetten und deren Verkehrs- und Touristikeinrichtungen und Heimatverbände sowie weiteren Vereinen (u.a. Berkelspaziergang e.V.) zeigten sich alle immer sehr hilfsbereit. Die Autoren in dem vorliegenden Band danken ebenfalls noch separat.

Zur Drucklegung wurden von zahlreichen Sponsoren finanzielle Zuwendungen gemacht.

Nicht zuletzt sei dem Landschaftsverband Westfalen-Lippe (LWL) mit seinem LWL-Museum für Naturkunde in Münster für die Drucklegung und Unterstützung im Projektverlauf gedankt.

Der vorliegende Band stellt die Zusammenfassung der Untersuchungen und somit eine Bestandsaufnahme der heutigen Situation dar (siehe Quell-Steckbriefe Anhang 10 und Anhang 11). Diese bilden die Grundlage für zukünftige Forschungen über das Prozessverständnis und Zukunftsprognosen unterschiedlicher Quelleinzugsgebiete.

PD Dr. Patricia Göbel

(Herausgeberin)

Abhandlungen aus dem Westfälischen Museum für Naturkunde, **72** (3/4): 1-194, Münster, 2010

Quellen im Münsterland

Beiträge zur Hydrogeologie, Wasserwirtschaft, Ökologie und Didaktik

Patricia Göbel (Hrsg.)

Inhaltsverzeichnis

Abhandlungen aus dem Westfälischen Museum für Naturkunde, **72** (3/4): 9 - 16, Münster, 2010

Historische Entwicklung der geologischen, hydrogeologischen und ökologischen Untersuchungen in den Baumbergen (Kreis Coesfeld, Nordrhein-Westfalen)

Patricia Göbel, Münster

1 Einleitung

Die Baumberge sind eine Hügellandschaft westlich von Münster (Westf.) und stellen mit mittleren Höhen von +185 mNN die höchste Erhebung im zentralen Münsterland dar. Aufgrund dieser Höhe fungieren sie als Niederschlagsbarriere mit vergleichsweise hohen Niederschlagsmengen von 800-1000 mm/a. Die Gesteinsschichten bilden im Untergrund eine schüsselartige Struktur, in der sich das Grundwasser sammelt und an zahlreichen Quellen in alle Himmelsrichtungen überläuft. Diese Quellen, die einen sogenannten hydrographischen Knoten bilden, speisen die Flüsse Rhein, Ems, Ijssel und Vechte.

Das Gebiet der Baumberge lässt sich nach MÜLLER-WILLE (1966) in die vier Teilräume Bomberge, Coesfeld-Daruper Berge, Schöppinger Berge und Osterwicker Platte unterteilen (Abb. 1). Im weiteren Text wird der Begriff Baumberge im engeren Sinne gleichgesetzt mit den Bombergen (Abb. 1).

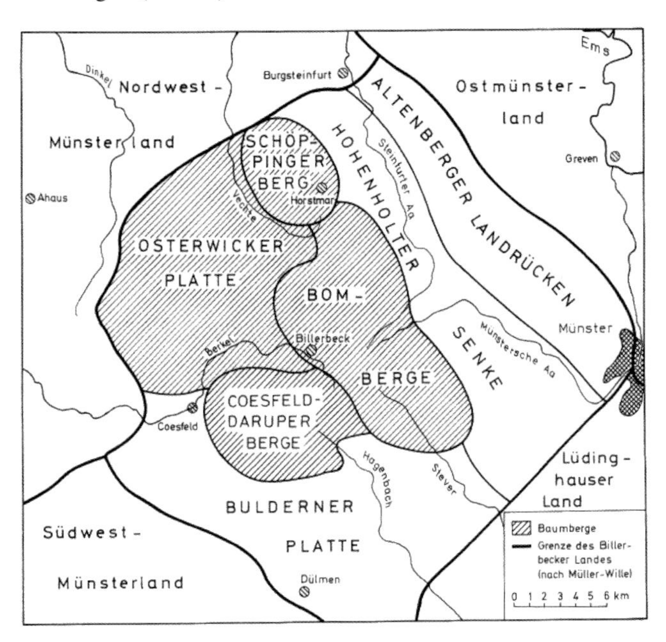

Abb. 1: Überblick über die Teilräume der Baumberge i.w.S. (BEYER 1992).

2 Geologische Untersuchungen

Die geologischen Untersuchungen im Bereich der Baumberge sind sehr vielfältig und gehen bis in die Mitte des 19. Jahrhunderts zurück. DÖLLING (2007) fasste nahezu alle bis dahin verfügbaren Unterlagen in einer erneuten Kartieraufnahme zusammen.

Die Baumberge liegen im Zentral-Bereich des Münsterländer Kreide-Beckens. An der Geländeoberfläche treten Schichten des Quartär und der höheren Oberkreide (Campan) auf. Die Obercampan-Ablagerungen sind in den Baumbergen weitflächig in einer schwach muldenförmigen Lagerung des Baumberger Höhenzuges verbreitet (DÖLLING 2007). Deren Ablagerungen gliedern sich in die Coesfeld-Schichten in ihrem tieferen Teil und die Baumberge-Schichten in ihrem höheren Teil. Umgeben wird der Baumberger Höhenzug durch die noch älteren Holtwick-Schichten (Abb. 2).

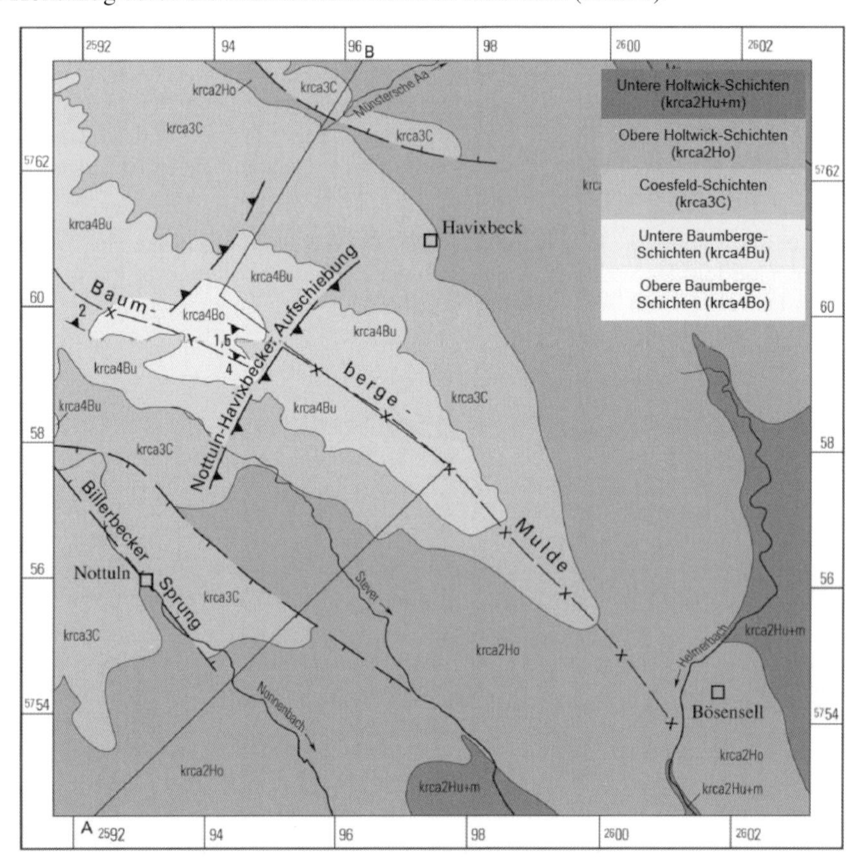

Abb. 2: Tektonische Übersichtskarte der Oberfläche der Baumberge (Schichten des Quartär abgedeckt, verändert nach DÖLLING 2007).

Die *Coesfeld-Schichten* (krca3C) sind in einem relativ schmalen Band rund um den Baumberger Höhenzug verbreitet. Sie sind im Ostteil der Baumberge ausgebildet als schluffige Tonmergelsteine, wohingegen im Westteil neben schluffig-mergeligen Sedimenten auch sandig-mergelige und sandig-kalkige Sedimente auftreten. Die Coesfeld-Schichten werden überwiegend von Ablagerungen aus dem Quartär überdeckt.

Die *Baumberge-Schichten* sind die jüngsten kreidezeitlichen des gesamten Münsterlandes. Die unteren Baumberge-Schichten (krca4Bu) beginnen nach WEHRLI (1949) im Nordwesten der Baumberge mit auffallend glaukonitreichen feinsandig-dentritischen Mergel- und Kalkmergelsteinen, die auch als Billerbecker Grünsand beschrieben worden sind (WEGNER 1925, 1926, ARNOLD 1964a, RIEGRAF 1995). Im Übrigen Teil der Baumberge beginnen die unteren Baumberge-Schichten mit einer Wechselfolge aus hellgraugelben schluffig-feinsandigen Kalkmergelsteinen und Feinsandmergelsteinen, in die bis zu 30 cm dicke, undeutlich begrenzte, härtere Lagen aus Mergelkalkstein (bis zu fünf turbiditartige „Werksteinhorizonte") und tonigen Kalkstein eingelagert sind. Die mächtigeren Werksteinhorizonte sind als „Baumberger Sandstein" bekannt und werden noch heute in einigen Steinbrüchen in den Baumbergen abgebaut. Dabei handelt es sich nach neueren Erkenntnissen (HELLMERS 1987, RIEGRAF 1995, HISS 2001, FESL et al. 2005) um turbiditartige, teilweise rinnenartige Schüttungskörper, die in ihrer Verbreitung und Mächtigkeit stark schwanken oder sogar ganz fehlen können (DÖLLING 2007). Die oberen Baumberge-Schichten (krca4Bo) beginnen oberhalb des mächtigsten in den Steinbrüchen rund um den Westerberg aufgeschlossenen Werksteinhorizont mit dem überlagerndem „Flammenmergel" (DÖLLING 2007).

Die *Ablagerungen des Quartär* dünnen im Bereich des Baumberger Höhenzuges, wo sich das Festgestein morphologisch heraushebt, auf einen bis auf wenige Dezimeter oder Zentimeter mächtigen Schleier aus oder fehlen gänzlich (DÖLLING 2007). Hier finden sich stellenweise nur Grundmoräne, Löss und Auelehme. Die Grundmoräne kommt weitflächig verbreitet bis auf eine Höhe von +169 mNN mit stark wechselnden Mächtigkeiten zwischen 20 m und 1 m vor (DÖLLING 2007). Löss ist im gesamten zentralen und östlichen Bereich des Baumberger Höhenzuges sowie an seinen nördlichen und südlichen Hanglagen verbreitet (DÖLLING 2007). Auelehme finden sich überwiegend in den Oberläufen der in den Baumbergen entspringenden Bächen (DÖLLING 2007).

Die Schichten der Baumberge bilden eine NW-SE streichende flache, senkrechte Mulde aus, deren Muldenachse horizontal liegt. Die Schichten auf der südwestlichen Flanke der Baumberge-Mulde fallen flach unter 1° bis 5° nach Nordosten ein; auf der nordöstlichen Flanke fallen die Schichten mit 0,5° bis 2° nach Südwesten ein (DÖLLING 2007).

Infolge der tektonischen Beanspruchung kam es ebenfalls zur NE-SW streichenden Aufschiebungen und einigen in etwa senkrecht dazu streichenden Abschiebungen innerhalb der oberkretazischen Schichten. DÖLLING (2007) konnte durch weitere Bohrungen erstmals die bereits von WEHRLI (1949) und WEGMANN (1949) vermutete NE-SW streichende Nottuln-Havixbecker-Aufschiebung belegen. An dieser Störung, die den Baumberger Höhenzug entlang der Landesstraße 874 quert, wurde die SE-Scholle gegenüber der NW-Scholle um einen Betrag von maximal 35 m synsedimentär im unteren Obercampan angehoben. Die gebogene Störungsfläche fällt relativ flach nach Südosten ein und wird mit der Tiefe steiler (DÖLLING 2007). Parallel zu dieser Störung verläuft eine zweite Aufschiebung mit einer nach Nordwesten einfallenden Störungsfläche; der Versatz an dieser Verwerfung beträgt maximal 15 m.

Die Klüftung der Baumberge-Schichten in den Steinbrüchen zeigt überwiegend steil stehende, das gesamte Schichtpaket durchziehende, wellig verlaufende Klüfte mit einem regelmäßigen Kluftabstand von meist weniger als 1 m und Öffnungsweiten von weniger als 0,5 cm (KORTE 2010). Zum hangenden Verwitterungshorizont divergieren die Klüfte in viele feinere Klüfte (KORTE 2010). Sich ändernde Aufschlussverhältnisse in den

Steinbrüchen bringen dennoch ein recht einheitliches Kluftmuster hervor mit Kluftrichtungen, die zwischen 5° und 175° und um 85° sowie zwischen 120° und 130° und um 40° streichen (ARNOLD 1964b, HINZ 1982, HEINRICHSBAUER 1985, KLÜCK 1990, KORTE 2010).

3 Hydrogeologische Untersuchungen

Ein auffallendes Merkmal des immerhin kleinen Gebietes der Baumberge (ca. 40 km²) ist der ausgesprochene Quellenreichtum. Die speziellen hydrogeologischen Eigenschaften der Baumberge werden bestimmt durch den lithologischen Wechsel zwischen den stark geklüfteten, sehr gut wasserdurchlässigen Baumberge-Schichten im Hangenden und den Wasser stauenden Schluffmergelsteinen der Coesfeld-Schichten im Liegenden. An der Oberkante der Coesfeld-Schichten staut sich letztendlich das versickernde Regenwasser und tritt an zahlreichen Überlaufquellen am Hang aus (Abb. 4). Dabei handelt es sich um punktförmige Quellen und teilweise um Quellgebiete, deren Höhenlage vom Grundwasserstand im Baumberger Grundwasserkörper abhängt (Abb. 4). Die periodisch schüttenden Winterquellen befinden sich auf höheren Lagen als die perennierend schüttenden Sommerquellen. Generell bedingt die einfache tektonische Muldenstruktur der Baumberge ein Quellniveau, welches sich ungefähr auf der +120m NN Höhenlinie befindet (Abb. 3).

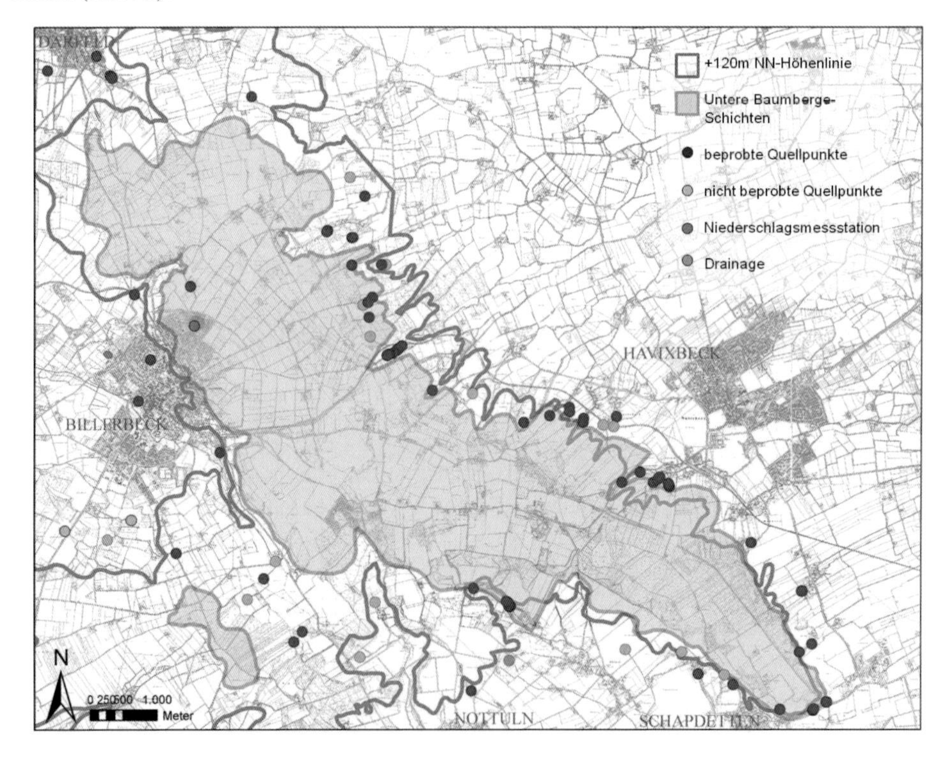

Abb. 3: Lage der Quellpunkte in Bezug zur +120 mNN Höhenlinie und der Ausstrichsgrenze der Unteren Baumberge-Schichten.

Das Wasser in den Baumbergen zirkuliert in den zahlreichen Klüften; es handelt sich dabei um einen Kluftgrundwasserleiter. Ein gewisser Anteil an Porengrundwasser ist bedingt durch die Porosität von bis zu 19 Vol.-% (GRIMM 1990). Das Gesamtporenvolumen von 162 Mio. m³ ist zu 15 % mit Grundwasser gefüllt (WARD 2010). Die Durchlässigkeitsbeiwerte betragen $k_f = 10^{-5}$ m/s (HEUSER in DÖLLING 2007); in den offenen Schachtbrunnen „Meyer" und „Twickel" wurden Durchlässigkeitsbeiwerte von $5 \cdot 10^{-5}$ m/s bis $5 \cdot 10^{-4}$ m/s ermittelt (KÖNIG 1939, SOLZBACHER 2010, TRUSKAWA 2010).

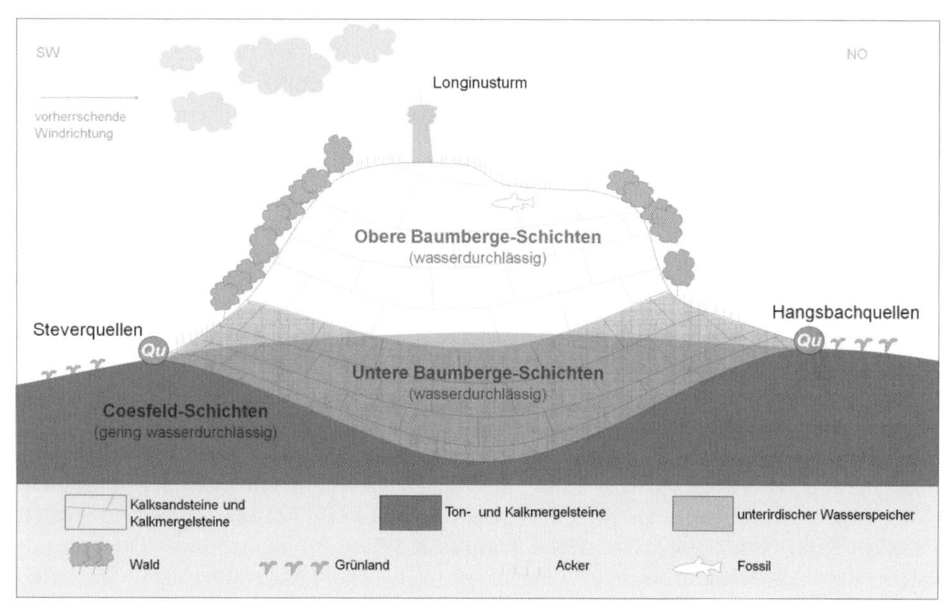

Abb. 4: Schematisches hydrogeologisches Querprofil durch die Baumberge (erstellt von KÄHLER 2009); Profil stark überhöht.

Die Grundwasser-Flurabstände betragen in den Kammlagen der Baumberge auch bei hohem Grundwasserstand mehr als 50 m. In Richtung der Quellen nimmt der Grundwasserflurabstand gegen Null ab. Der Bohrkern der Forschungsbohrung Longinusturm (R ^{25}93915, H ^{57}59330, +187,03 mNN) konnte in drei hydrogeologische Abschnitte unterteilt werden (REKER 2010): Die Sickerzone weist generell helle Farbe und leicht braune Kluftbeläge mit sehr geringen Kluftweiten und miteinander vernetztem Kluftsystem (vertikal und horizontal) bis in eine Tiefe von 45,9 m auf. Die Grundwasser-Schwankungszone reicht von 45,9 m bis 75,1 m Tiefe und ist erkennbar an der intensiven braunen Farbe der Kluftbeläge mit 1 mm bis 3 mm weiten Klüften und auffallend geringen vertikalen Kluftabständen. Ihre Obergrenze liegt innerhalb des obersten Werksteinhorizontes. Ab einer Tiefe von 75,1 m beginnt die permanente Grundwasserzone, die an einer Grünfärbung der Kluftbeläge (reduzierende Grundwasserbedingungen) erkennbar ist. Die Anzahl und Weite der Klüfte nimmt in diesem Bereich eher ab.

Bei vielen Quellbächen ziehen sich sogenannte Trockentäler noch weit über den eigentlichen Quellhorizont an den Hängen hinauf (SCHNEIDER 1940). Oberhalb des Quellhorizontes treten sie als Muldentäler auf (BEYER 1992), die an der Sohle in der Regel mit Sanden ausgefüllt sind (SCHNEIDER 1940), sodass das nur bei sehr heftigen Niederschlägen abfließende Wasser in dem Trockental versickert und den eigentlichen Quellbach gar nicht erreicht. Unterhalb von perennierenden Quellen treten sie meistens als Kerbtäler auf (BEYER 1992). Der Verlauf der Trockentäler der Münsterschen und der Steinfurter Aa scheint sich an der NE-SW streichende Kluftrichtung zu orientieren.

Der Chemismus des Quellwassers in den Baumbergen weist einen hohen Kalkgehalt auf. Als eine der Folgeerscheinungen treten in einigen Quellenbächen Sinterablagerungen auf, wie z.B. an der Bombecker Aa (SCHNEIDER 1940, FEEST 1983, Dreisewerd 1998) und an den Stever-Quellen (SCHNEIDER 1940). Weitere Verkarstungserscheinungen konnten in den Baumbergen aber bisher nicht nachgewiesen werden.

3.3 Ökologische Untersuchungen

Vor fast 80 Jahren wurde die Dissertation „Die Tierwelt der Quellen und Bäche des Baumbergegebietes" von Helmut BEYER (1932) veröffentlicht. In dieser Arbeit wird u.a. Auskunft über Vorkommen und Ökologie verschiedenster Tiergruppen in den Quellen gegeben. Die Baumberge besaßen laut BEYER (1932) eine Mischfauna aus Arten der Ebene und des Mittelgebirges. Er führt das Vorkommen von kaltstenothermen Quellarten darauf zurück, dass die Baumberge in der postglazialen Zeit als Rückzugsgebiet für Arten dienten, die bei der stattfindenden Erwärmung in der Ebene keine geeigneten Biotope mehr vorfanden. Außerdem haben sich an den hohen Kalkgehalt angepasste Tierarten in den Quellen der Baumberge angesiedelt.

In den letzten Jahrzehnten war die Landschaft in den Baumbergen durch die Intensivierung der Landwirtschaft großen Veränderungen unterlegen. Die damit einhergehende Veränderung des Artenbesatzes wurde in den letzten 40 Jahren mehrfach untersucht (MELCHERS 1976, FEEST et al. 1976, BEYER & REHAGE 1985, ASHOFF, 1989, GOSEFORTH 1988/89, KOSTERSITZ 1997, LAU 1999, RIBBROCK 1999). An die Stelle der Quellspezialisten sind mehrheitlich Bachgeneralisten getreten. Die kaltstenothermen Quellarten treten nur noch äußerst selten auf. Die Gründe liegen hauptsächlich in einer verminderten Quellwasserschüttung und in der mechanischen Beanspruchung der Quellstruktur. Weiterhin spielen landwirtschaftliche Stoffeinträge eine Rolle. Der Grad der Beeinträchtigung ist in den Quellen der Baumberge als sehr heterogen zu bezeichnen. Einige Quellstandorte scheinen eine massivere Beeinträchtigung erfahren zu haben, wohingegen andere nur geringfügig verändert wurden.

3.4 Weitere Untersuchungen

Auf einem Feld oberhalb der Steverquellen an dem SW-Abhang der Baumberge fanden Wissenschaftler der Abteilung für Ur- und Frühgeschichtliche Archäologie der Universität Münster unter Leitung von Christian Groer Reste der bislang ältesten nachgewiesenen dauerhaften Besiedlung in der norddeutschen Tiefebene. Die neuesten Ausgrabungen belegen Siedlungsspuren der so genannten Rössener Kultur, die ab 4.800 vor Christus in Süd- und Mitteldeutschland verbreitet war.

4 Ausblick

Die vorliegende Zusammenfassung der historischen Entwicklung der Untersuchungen an den Quellen in den Baumbergen erhebt in keiner Weise den Anspruch auf Vollständigkeit. Leider sind in den vergangenen Jahren zahlreiche Abschlussarbeiten aufgrund von Platzmangel und dem Ausscheiden von Mitarbeitern verloren gegangen. Dennoch sind die in dieser Arbeit zusammengetragenen Arbeiten für Vergleichsuntersuchungen und das Prozessverständnis innerhalb der Baumberge von ebenso großer Bedeutung wie aktuelle Untersuchungen.

Literatur:

ARNOLD, H. (1964a): Die höhere Oberkreide im nordwestlichen Münsterland. – Fortschr. Geol. Rheinld. u. Westf., **7**: 649 – 678, 6 Abb., 3 Tab.; Krefeld

ARNOLD, H. (1964b): Zur Klüftung des Münsterländer Oberkreide. – Fortschr. Geol. Rheinld. u. Westf. **7**: 611 – 619, 6 Abb.; Krefeld.

BEYER, H. (1932): Die Tierwelt der Quellen und Bäche des Baumbergegebietes.- Diss. Univ. Münster: 234 S., 56 Abb., 7 Tb., 3 Taf., 5 Kt.; Münster.

BEYER, H. & REHAGE, H.O. (1985): Ökologische Beurteilung von Quellräumen in den Baumbergen. – LÖLF-Mitteilungen, Heft 3, **10**:16 - 22.

BEYER, L. (1992): Die Baumberge.- 2.Auflage, 127 S., 60 Abb., 4 Tab.; Münster.

CASPERS, N. (1977): Die Tierwelt einiger Quellen der Baumberge – nach dem Stand Mai/Juni 1977. – In: Beyer, H. & Caspers, N. (1977): Schutzwürdigkeit der Baumberge-Quellen. - Unveröffentlicht. Gutachten, S. 1-16; Gelsenkirchen.

DÖLLING, B. (2007): Erläuterungen zu Blatt 4010 Nottuln. – Geol. Karte Nordrh.-Westf. 1:25.000, 140 S., 7 Abb., 14 Tab., 3 Taf; Krefeld (Geologischer Dienst Nordrhein-Westfalen).

DREISEWERD, M. (1998): Emergenzstudien an einem Kalktuffbach in den Baumbergen (Münsterländische Tieflandbucht). – Dipl.-Arb. Univ. Münster: 107 S., 64 Abb.

FEEST, J., BRIESEMANN, C., GREUNE, B., PENASSA, J. (1976): Zum Artenbestand von vier Quellregionen der Baumberge verglichen mit der faunistischen Untersuchungen aus den Jahren 1926 – 30. – Natur und Heimat, 36, **2**: 32 – 39; Münster.

FEEST, J. (1983): Bachtuffe der Bombecker Aa. (Baumberge, Zentralmünsterland). – Karst und Höhle, 1982/1983: 211-217; München.

FESL, S.; BORNEMANN, A.; MUTTERLOSE J. (2005): Die Baumberge-Schichten (Ober-Campan) im nordwestlichen Münsterland – Biostratigraphie und Ablagerungsraum. – Geol. u. Paläont. Westf., **65**: 95 – 116, 7 Abb., 7 Tab., Münster/Westf. (Landschaftsverband Westfalen-Lippe).

GOSEFORTH, S. (1988/89): Physikalisch-chemische Untersuchungen im Quellbereich der Stever unter besonderer Berücksichtigung ihrer ökologischen Bedeutung. – Examensarbeit an der Pädagogischen Hochschule Westfalen-Lippe, Abteilung Münster.

HEINRICHSBAUER, J. (1985): Geologie und Hydrogeologie in den östlichen Baumbergen. - Dipl.-Arb. Univ. Münster: 316 S., 99 Abb., 34 Tab., 8 Anl.; Münster.

HELLMERS, S. (1987): Werksteinuntersuchung, Klassifizierung der Varietäten des „Baumberger Sandsteins“ nach geochemischen, mineralogischen und sodimentologischen Aspekten. – Dipl.-Arb. Univ. Münster: 156 S., 55 Abb., 3 Beil.; Münster/Westf. – [Unveröff.]

HINZ, E. (1982): Geologie und Hydrogeologie in den südlichen Baumbergen. – Dipl.-Arb. Univ. Münster: 150 S., 36 Abb., 8 Tab., 9 Anl.; Münster.

HISS, M. (2001): Erläuterungen zu Blatt 3909 Horstmar. – Geol. Kt. Nordrh-Westf. 1 : 25 000, 183 S., 16 Abb., 9 Tab., 2 Taf.; Krefeld.

KLÜCK, H. (1990): Geologische Voruntersuchungen zur Planung einer Bohrung in den Baumbergen zur Erkundung der jüngsten Oberkreideschichten des Münsterlandes. – 41 S., 12 Abb., 1 Tab., 5 Anl., 1 Anh.; Krefeld (Geologischer Dienst NRW).

KÖNIG, E. (1939): Die chemische Beschaffenheit der Grundwässer und ihre hygienische Beurteilung im Gebiet der Baumberge. – Diss. Univ. Münster; Münster.

KORTE, L.F. (2010): Klüftigkeit in den Gesteinen der Baumberge (Kreis Coesfeld, NRW). – BSc.-Arb. Univ. Münster: VI+36 S., 25 Abb., 15 Tab.; Coesfeld.

KOSTERSITZ, P. (1997): Charakterisierung des oberen Einzugsgebietes der Steinfurter Aa, unter besonderer Berücksichtigung unterschiedlich ausgeprägter Verkarstungserscheinungen. – Dipl.-Arb. Univ. Münster: 105 S., 113 Abb., 19 Tab., 24 S. Anhang; Münster.
LAU, C. (1999): Die Wassermilben (Hydrachnidia et Limnohalacaridae, Acari) aus Quellen und ausgewählen Bächen der Baumberge bei Münster (Westf.). – Dipl.-Arb. Univ. Münster: VII + 136 S., 26. Abb., 30 Tab.; Münster.
MELCHERS, M. (1976): Faunistische Untersuchungen der Bombecker Aa. – Examensarbeit an der Pädagogischen Hochschule Westfalen-Lippe, Abteilung Münster.
MÜLLER-WILLE, W. (1966): Bodenplastik und Naturräume Westfalens – Landeskundliche Beiträge und Berichte. – Geographische Kommission für Westfalen, Band 14; Münster.
REKER, A. (2010): Bohrkernaufnahme der Bohrung „Longinusturm 1" in den Baumbergen und deren hydrogeologische Bewertung (Kreis Coesfeld, NRW). – BSc.-Arb. Univ. Münster: VII+28 Seiten, 12 Abb., 2 Tab., 5 Anh.; Lingen.
RIBBROCK, N. (1999): Untersuchungen zu Köcherfliegen-Imagines (Insecta: Trichoptera) an Quellen der Baumberge (Kernmünsterland, Nordrhein-Westfalen). – Dipl.-Arb. Univ. Münster: V + 79 S.,15 Abb.; 23 Tab., Münster.
RIEGRAF, W. (1995): Radiolarien, Diatomeen, Cephalopoden und Stratigraphie im pelagischen Campanium Westfalens (Oberkreide, NW-Deutschland). – N. Jb. Geol. u. Pläont., Abh. **197**: 129 – 200, 22 Abb., 2 Tab.; Stuttgart.
SCHNEIDER, H. (1940): Die geo-hydrologischen Verhältnisse des Gebietes der Baumberge. – Dechenian 100A: S.187-228, 19 Abb., 18 Taf.; Bonn.
SOLZBACHER, M. (2010): Hydrogeologische Untersuchungen des Hofbrunnens „Meyer" in den Baumbergen, Coesfeld NRW. – BSc.-Arb. Univ. Münster: VI+52 S., 27 Abb., 5 Tab., 1 Anh.; Troisdorf.
TRUSKAWA, S. (2010): Hydrogeologische Untersuchungen am Brunnen „Twickel" in den Baumbergen, Coesfeld NRW. – BSc.-Arb. Univ. Münster: VII+46 S., 29 Abb., 2 Tab., 1 Anh.; Menden.
WARD, D. (2010): Deckgebirgsmodellierung der wasserführenden Baumberge-Schichten (Kreis Coesfeld, NWR). – BSc.-Arb. Univ. Münster: VI+40 S., 29 Abb., 5 Tab., 8 Anh., 1 Anh.; Münster.
WEGENER, T. (1925): Die Mukronaten-Kreide der Baumberge – Schr. Ges. Förd. westf. Wilhelm-Univ. Münster, **7a**: 71 – 82, 7 Abb.; Münster/Westf.
WEGENER, T. (1926): Geologie Westfalens und der angrenzenden Gebiete, 2. Aufl. – 500 S., 244 Abb., 1 Taf.; Paderborn (Schöningh)
WEGMANN, H. (1949): Die Baumberge als Schichtstufenlandschaft. – Diss. Univ. Münster: 56 S., 9 Abb.; Münster..
WEHRLI, H. (1949): Erläuterungen zu Blatt Nottuln. – Kartierbericht, Archiv-Nr. GE 4010/001 9043: 10 S. 1 Abb.; Krefeld (Geol. Dienst Nordrh.-Westf.) – [Unveröff.]

Anschrift der Autorin:

PD Dr. Patricia Göbel
Abteilung Angewandte Geologie
Institut für Geologie und Paläontologie
Westfälische Wilhelms-Universität Münster
Corrensstr. 24
48149 Münster

pgoebel@uni-muenster.de

Abhandlungen aus dem Westfälischen Museum für Naturkunde, **72** (3/4): 17 - 26, Münster, 2010

Wasserhaushaltsbilanzierung und grundwasserbürtiger Abfluss in den Baumbergen (Kreis Coesfeld, Nordrhein-Westfalen)

Meike Düspohl, Frankfurt, und Johannes Meßer, Essen

Zusammenfassung

Die flächendifferenzierte Berechnung der Wasserhaushaltsgrößen mit dem Verfahren nach MEßER (2008) zeigt die Verteilungsmuster der Verdunstung, des Gesamt- und Direktabflusses wie auch des grundwasserbürtigen Abflusses bzw. der Grundwasserneubildung im Untersuchungsgebiet Baumberge. Es wird deutlich, dass die Grundwasserneubildung als wichtige Wasserhaushaltsgröße in Abhängigkeit von verschiedenen Parametern wie dem Niederschlag, den Bodenverhältnissen, dem Klima, der Flächennutzung und der Hangneigung variiert. In den Baumbergen besitzen die Flächennutzung und die Hangneigung den größten Einfluss auf die Verteilung der Grundwasserneubildung im Untersuchungsgebiet.

Die Wasserhaushaltsbilanzierung wurde für das Wasserwirtschaftsjahr 2008 und ein langjähriges Mittel durchgeführt. Erste Ergebnisse wurden mit Abflussmessungen verglichen und die Plausibilität des Einzugsgebietes geprüft. Dabei konnte kein Einfluss aufsteigender Tiefenwässer belegt, aber die hydraulische Wirksamkeit der Nottuln-Havixbecker-Aufschiebung nachvollzogen werden, da die unterirdischen Einzugsgebiete deutlich von den oberirdischen Wasserscheiden abweichen.

1 Einleitung

In den Baumbergen lassen genaue Kenntnisse über die Höhe der Grundwasserneubildung und den Abfluss in den Quellbächen Aussagen über die Fließrichtungen im Grundwasser und somit über das hydrogeologische System zu. Dies ist durch die Geologie der Baumberge bedingt: Geologisch überlagern in den Baumbergen gut durchlässige Kalk-Sandsteine (Baumberge-Schichten) weniger gut durchlässige Kalk-Mergelsteine (Coesfeld-Schichten). Die Gesteinsschichten bilden eine tektonisch bedingte Muldenstruktur, in der sich Grundwasser sammelt. Steigen die Grundwasserstände in der Mulde an, läuft die geologische „Schüssel" an den zahlreichen Quellen entlang der Ausstrichgrenze der Baumberge-Schichten in etwa +120 mNN über. BÖRGER & POLL (1991) hielten fest, dass hydrogeologische Größen und Parameter aufgrund der Muldenstruktur in den Baumbergen gut fassbar sind. Die Baumberge übernehmen so auf natürliche Weise die Funktion eines „Naturlysimeters". Die Baumberge werden als hydrographischer Knoten bezeichnet (BEYER 1992). Hier treffen sich die Wasserscheiden von fünf Flusseinzugsgebieten: Münstersche Aa (Ems), Stever (Lippe), Steinfurter Aa, Berkel und Vechte (Issel).

Der Grundwasserflurabstand beträgt in den Hangbereichen weniger als 5 m und auf den Hochlagen der Baumberge mehr als 50 m. Flussauenbereiche wie die des Stever-Einzugsgebietes stellen Bereiche mit höherer Wasserwegsamkeit dar. Der Gradient der Grundwasseroberfläche liegt in den Baumbergen bei 3,5 % (KREIS COESFELD 2007). Die Baumberge werden hauptsächlich landwirtschaftlich genutzt. Auf ca. 25 % der Fläche finden sich Wälder. Durch die relativ dünne Besiedelung ist der Anteil versiegelter Flächen gering (LAVERMA 2004). Die Böden des Untersuchungsgebietes sind vermehrt Parabraunerden auf dem Plateau und in Hanglage Braunerden, jeweils mit einer nutzbaren Feldkapazität zwischen 16 und 20 %. Im Bereich der Niederungen treten Pseudogleye auf. Das Relief der Baumberge trägt drei auffällige Merkmale: die fast ebenen Plateauflächen der Erhebung, steile und flache Hänge und die tief in die Baumberge eingreifenden, schmalen Trockentäler. An den Hängen tritt ein Steilabfall von 40 bis 60 m auf (LAVERMA 2007).

Die Berechnung der Wasserhaushaltsgrößen erfolgt mit dem GIS-basierten Verfahren nach MEßER (2008, 2010) für das gesamte Gebiet der Baumberge, während für den südlichen Teil die Berechnungen mit Abflussmessungen im Wasserwirtschaftsjahr (WWJ) 2008 verglichen werden (Abb. 1).

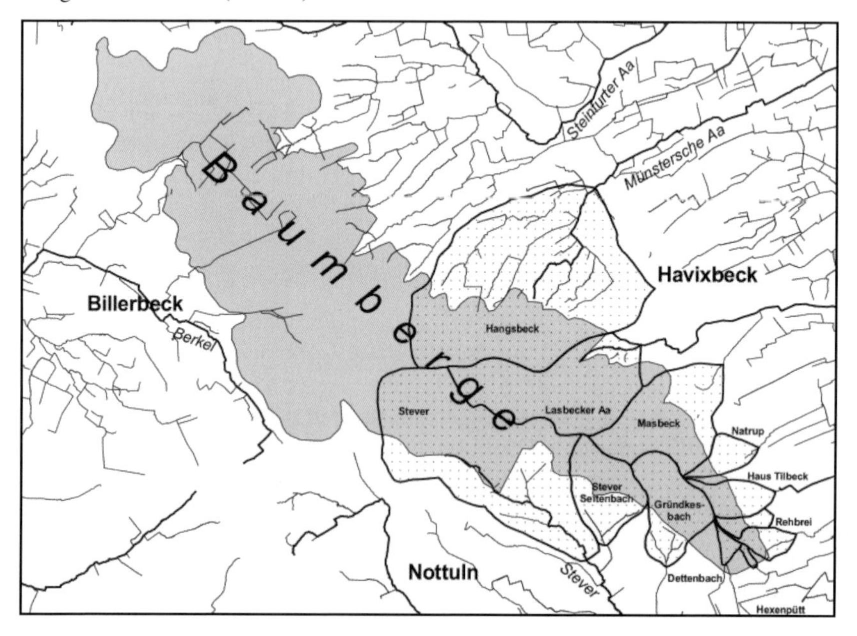

Abb. 1: Ausdehnung des Grundwasserkörpers der unteren Baumberge-Schichten (graue Fläche) mit den im WWJ 2008 untersuchten Teileinzugsgebieten (gerasterte Flächen).

Durch den Vergleich der Abflussmessungen mit den berechneten Wasserhaushaltsgrößen, insbesondere der Grundwasserneubildung, ist eine Plausibilitätsprüfung des unterirdischen Einzugsgebietes möglich. Darüber hinaus kann der Einfluss unterirdischer Zu- und Abflüsse, z.B. durch Aufstieg von Tiefenwässern oder diffuser Grundwasserabstrom über die Hangbereiche, sowie die hydraulische Wirkung von Störungen beurteilt werden.

2 Wasserhaushaltsbilanzierung

Wasser durchläuft eine geschlossene Kette von Prozessen. Dieser Zyklus wird als Wasserkreislauf bezeichnet. Das Wasser kann im Wasserkreislauf in gasförmigem (Dampf), flüssigem und festem (Eis und Schnee) Aggregatzustand auftreten. Innerhalb des Wasserkreislaufs wird Wasser horizontal und vertikal transportiert, wobei die Aggregatzustände wechseln. Die im Wasserkreislauf ablaufenden Prozesse werden in der Wasserbilanz eines Teilbereichs - Teilwasserkreislauf - erfasst. Die Summe aller Teilvolumina muss gleich Null sein, da aus dem geschlossenen Wasserkreislauf kein Wasser verloren gehen kann. Der Wasserhaushalt eines Bilanzraumes wird mit der allgemeinen Wasserhaushaltsgleichung

$$\dot{h}_{N} = \dot{h}_{V} + \dot{h}_{Ad} + \dot{h}_{AGw} \pm \dot{h}_{Z} \pm \dot{h}_{S} \qquad \text{mm/a} \qquad (1)$$

umschrieben. Hierbei bedeuten:

$\dot{h}_{N}$	=	Niederschlag (mm/a)
$\dot{h}_{V}$	=	Evapotranspiration / Verdunstung (mm/a)
$\dot{h}_{Ad}$	=	Direktabfluss (mm/a)
$\dot{h}_{AGw}$	=	Basisabfluss bzw. grundwasserbürtiger Abfluss bzw. Grundwasserneubildung (mm/a)
$\dot{h}_{Z}$	=	Zuleitung / Entnahme von Wasser (mm/a)
$\dot{h}_{S}$	=	Speicheränderung (Rücklage / Aufbrauch von Wasser, mm/a)

Alle Größen der Wasserhaushaltsgleichung werden auf dieselbe Zeiteinheit bezogen. Da hier ein hydrologisches Jahr zugrunde gelegt wird, lassen sich die Wasserhaushaltsgrößen als Jahresraten bezeichnen.

Das als Niederschlag aus der Atmosphäre in einen Bilanzraum eingetragene Wasser kann über die Evapotranspiration, den Abfluss und Entnahmen wieder ausgetragen werden. Einem betrachteten Bilanzraum kann darüber hinaus Wasser zugeführt oder entnommen werden. Es kann beispielsweise von außen Wasser zufließen (z.B. in Tal- und Senkenlagen oberirdisch bzw. über Gewässer) oder aus dem Gebiet nach außen abfließen. Hierunter fallen auch (künstlich) zugeführtes Wasser, z.B. durch Beregnung bzw. Regenwasserversickerung, oder künstliche Wasserentnahmen, z.B. Brunnenförderung, Dränung.

Die Evapotranspiration setzt sich aus der Transpiration (Pflanzenverdunstung), der Evaporation (Boden- und Gewässerverdunstung) und der Interzeption (Verdunstung von Wasser nasser Pflanzenoberflächen) zusammen. Im Merkblatt M 504 (ATV-DVWK 2002) ist der aktuelle Kenntnisstand zur Berechnung der verschiedenen Verdunstungsgrößen ausführlich dargestellt. Ausgehend von der potenziellen Evapotranspiration kann die reale Evapotranspiration, d.h. die Evapotranspiration bei gegebener Wasserverfügbarkeit und Vegetation, in Abhängigkeit von der Bodenfeuchte im durchwurzelten Bodenbereich (effektive Durchwurzelungstiefe) berechnet werden. Die Differenz zwischen potenzieller und realer Evapotranspiration ist abhängig vom Wasserdargebot und damit von den Niederschlägen. Bei geringeren Niederschlägen hängt sie von der nutzbaren Feldkapazität des Bodens im effektiven Wurzelraum sowie der Art und dem Entwicklungsstand der Vegetation ab.

Wasser, das nicht verdunstet, gelangt zum Abfluss. Beim Abfluss (auch als Gesamtabfluss bezeichnet) unterscheidet man zwischen Direktabfluss und grundwasserbürtigem Abfluss. Als Direktabfluss wird hier derjenige Anteil verstanden, der über den Oberflächenabfluss der Fließgewässer den jeweiligen Teilbereich verlässt (DIN 4049-3 1994). Dies kann direkt über Gräben erfolgen oder indirekt über die Kanalisation und über Dränagen. Ohne Entnahme oder Zuleitung von Wasser in einem Teileinzugsgebiet entspricht der grundwasserbürtige Abfluss der Grundwasserneubildung. Wenn das unterirdische Einzugsgebiet bekannt ist, kann die Grundwasserneubildung aus dem Basisabfluss eines Vorfluters bestimmt werden.

3 Berechnungsverfahren

Grundlage der hier vorgestellten Berechnungen nach MEßER (2010) ist die Wasserhaushalts-Gleichung (Gl. 1). Ziel der Bearbeitung ist die flächendifferenzierte Bestimmung der langjährig mittleren Grundwasser-Neubildung und der anderen Wasserhaushaltsgrößen. Die Wasserhaushalts-Gleichung (Gl. 1) wird für jede in sich homogene Teilfläche gelöst. In Abbildung 2 sind die benötigten Eingangsdaten bzw. die verwendeten Grundlagen (eckige Rahmen) und die berechneten Größen (gerundete Rahmen) sowie die Beziehungen zueinander angegeben. Für die Berechnung von Verdunstung und Direktabfluss wird eine Flächenverschneidung der jeweils notwendigen Grundlagenparameter mit dem Programmsystem ArcInfo durchgeführt. Für jede in sich homogene Kleinfläche werden die beiden Größen in mm/a berechnet.

Die Jahresrate der Grundwasserneubildung bzw. der grundwasserbürtige Abfluss wird nach folgenden Gleichungen berechnet:

$$\dot{h}_{\mathrm{AGw}} = \dot{h}_{\mathrm{N}} - \dot{h}_{\mathrm{V}} - \dot{h}_{\mathrm{Ad}} \qquad \mathrm{mm/a} \qquad (2)$$

$$\dot{h}_{\mathrm{Ad}} = (\dot{h}_{\mathrm{N}} - \dot{h}_{\mathrm{V}}) - \frac{p}{100} \qquad \mathrm{mm/a} \qquad (3)$$

p = Direktabflussanteil am Gesamtabfluss (%)

Die Berechnung der realen Verdunstung (Schritt 1 in Abb. 2) erfolgt für die verschiedenen Kombinationen von Klimatope, Boden, Flurabstand und Flächennutzung nach dem Verfahren BAGLUVA (Verfahren nach BAGROV und GLUGLA zur Bestimmung vieljähriger Mittelwerte von tatsächlicher Verdunstungs- und Abflusshöhe, ATV-DVWK 2002, GLUGLA et al. 2003). Die Gras-Referenzverdunstung wird dabei nach WENDLING (ATV-DVWK 2002) berechnet und daraus die maximale reale Verdunstung ermittelt.

Der Gesamtabfluss ist die Differenz aus dem Niederschlag und der Verdunstung gemäß Wasserhaushaltsgleichung (Gl. 2, Schritt 2 in Abb. 2). Auf Grund der hohen Niederschläge und der relativ geringen Verdunstung in den Mittelgebirgen nimmt der Gesamtabfluss vom Tiefland zu den höheren Lagen deutlich zu.

Vom Gesamtabfluss wird im nächsten Schritt der Direktabfluss (Gl. 3, Schritt 3 in Abb. 2) abgetrennt. Die Berechnung des Direktabflusses erfolgt über die Bestimmung des Anteils p am Gesamtabfluss. Erfahrungsgemäß nimmt der Direktabflussanteil mit steigendem Flurabstand ab und ist bei bindigen Böden deutlich größer als bei nicht bindigen Böden. Außerdem wird der Direktabflussanteil p am Gesamtabfluss von Acker- bzw. Grünland über Mischvegetation bis zum Wald größer. Auch auf Waldstandorten ist bei hohen Hangneigungen bzw. gering durchlässigen Böden ein deutlicher Direktabfluss zu verzeichnen.

Durch eine weitere Verschneidung der flächendifferenzierten Ergebnisse von Niederschlag, Verdunstung und Direktabfluss erhält man nach Gleichung 2 (Schritt 4 in Abb. 2) die Grundwasserneubildung für jede in sich homogene Kleinfläche. Durch eine Verschneidung mit den Teileinzugsgebieten wird die Grundwasserneubildung für diese flächengemittelt berechnet. Die bei der Flächenverschneidung zwangsläufig entstehenden Kleinstflächen werden eliminiert.

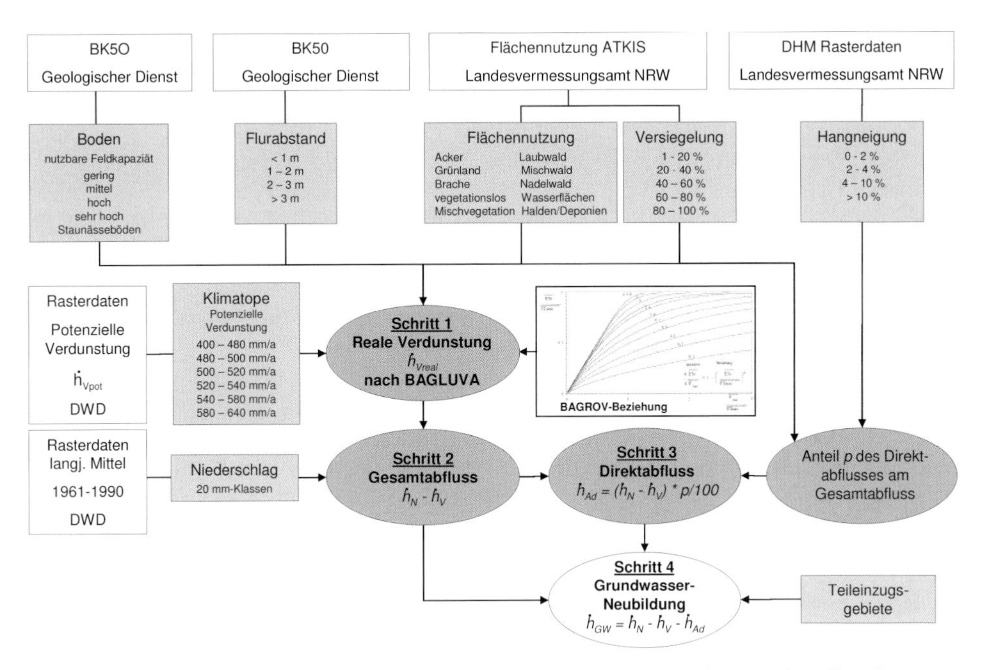

Abb. 2: Berücksichtigte Parameter und Verfahrensgang zur Berechnung der Grundwasser-Neubildung.

4 Ergebnisse

Die Berechnung der Wasserhaushaltsgrößen erfolgt zunächst für das südliche Teilgebiet der Baumberge, da hier Abflussmessungen aus dem Wasserwirtschaftsjahr 2008 vorliegen und mit den Berechnungen verglichen werden können. Im Anschluss daran wird eine Gesamtwasserbilanz bzw. flächendifferenzierte Darstellung der Wasserhaushaltsgrößen für das Gesamtgebiet der Baumberge (Abb. 1) erstellt.

4.1 Vergleich der Grundwasserneubildung mit dem Abfluss

Eine Gegenüberstellung der Grundwasserneubildungsrate mit der gemessenen Abflussrate erfolgte für den südlichen Teil des Untersuchungsgebietes im WWJ 2008, um die Wasserhaushaltsberechnung auf Plausibilität zu überprüfen, Hinweise auf aufsteigende Tiefenwässer zu erhalten und Aussagen über die unterirdischen Teileinzugsgebiete zu treffen. Der Vergleich von gemessenen und berechneten Werten ist in Tabelle 1 dargestellt. Erschwerend kam für die Auswertungen hinzu, dass die Abflussmessungen z.T. korrigiert werden mussten und im Verlauf des Wasserwirtschaftsjahres nur diskontinuierlich vorlagen, d.h. im Winterhalbjahr wurden wesentlich weniger Messungen vorgenommen als im Sommerhalbjahr (ENGEL & MEßER 2010). Der grundwasserbürtige Abfluss am Pegel Lasbeck wurde nach NATERMANN (1951) ermittelt und bei den übrigen Einzugsgebieten nach WUNDT (1958). Zu beachten ist darüber hinaus, dass der Niederschlag im Bereich der Baumberge offensichtlich kleinräumig wechselnd ist. Zwei Niederschlagsstationen zeigen eine Spanne zwischen 898 mm/a und 1082 mm/a im Wasserwirtschaftsjahr 2008 auf. Für die Berechnungen wurde das arithmetische Mittel verwendet und eine Korrektur gemäß RICHTER (1995) durchgeführt. Daraus ergibt sich ein Niederschlag von 990 mm/a. Das Wasserwirtschaftsjahr 2008 ist demnach mit einer um 14 % höheren Niederschlagsrate als im langjährigen Mittel als Nassjahr zu bezeichnen. Der berechnete grundwasserbürtige Abfluss beträgt für das Gesamteinzugsgebiet der südlichen Baumberge 113,10 l/s, während sich aus den Abflussmessungen eine mittlere monatliche Niedrigwasserabflussrate von 116,2 l/s ergibt (Tab. 1). Die Abweichung für das Gesamtgebiet beträgt 2,7 %, so dass die Gesamtwasserbilanz plausibel ist. Diese Unterschätzung der Grundwasserneubildungsrate ist in Anbetracht der unzureichenden Datengrundlage der Abflussmessungen bzw. der möglichen Ungenauigkeiten der Eingangsparameter akzeptierbar. Eine weitere Erklärung für diese Abweichung stellen die besonderen Fließvorgänge innerhalb der vorkommenden Lössablagerungen bzw. der anstehenden Grundmoräne im Untersuchungsgebiet dar. Dabei kann davon ausgegangen werden, dass der durch das Verfahren quantifizierte Direktabfluss im Bereich der Hänge wieder versickert und als Zwischenabfluss (Interflow) den einzelnen Vorflutern zufließt. Untersuchungen zu dem sogenannten lateralen Hangfluss führten KLEBER (2004) und CHIFFLARD et al. (2008) durch.

Innerhalb der einzelnen Teileinzugsgebiete ergeben sich z.T. deutliche Abweichungen zwischen dem gemessenen und dem berechneten grundwasserbürtigen Abfluss. Die Ursache hierfür ist die unzureichende Kenntnis der unterirdischen Einzugsgebiete, die offensichtlich nicht mit dem oberirdischen übereinstimmen. Abbildung 3 zeigt die Richtungen, in der die Einzugsgebietsflächen vergrößert bzw. verkleinert werden müssten. Eine größere Bedeutung hat die Nottuln-Havixbecker Aufschiebung, zumal hier mehrere störungsnahe Quellen liegen. Hierüber gelangt mit großer Wahrscheinlichkeit Wasser aus dem Einzugsgebiet Hangsbeck in das Einzugsgebiet Lasbecker Aa. Auch das Einzugsgebiet Stever müsste im Bereich der Störung auf Kosten des Einzugsgebietes Lasbecker Aa vergrößert werden (siehe auch ENGEL & MEßER 2010).

Anhang 1.1 zeigt die flächendifferenzierte Grundwasserneubildungsrate für das Wasserwirtschaftsjahr (WWJ) 2008. Die Niederschläge lagen im WWJ 2008 etwa 12 % über dem langjährigen Mittel. Auffällig ist eine erhöhte Grundwasserneubildung im nördlichen Teil des Gebietes, die mit der höheren Durchlässigkeit der Böden und der geringen Hangneigung zusammenhängt. Im Vergleich liegt die Grundwasserneubildungsrate im Bereich der Hänge zwischen 101 und 150 mm/a und im Bereich der Quellbäche aufgrund der bindigen Böden bei unter 100 mm/a. Eine besonders hohe Grundwasserneubildungsrate wie im Norden des Gebietes ist auf dem Plateau der Baumberge im westlichen Teil des Gebietes zu finden. Hier beträgt die Grundwasserneubildungsrate über 400 mm/a, wegen der geringen Hangneigung und den gut durchlässigen Böden. Gebiete mit einer Grundwasserneubildungsrate von 151 bis 200 mm/a sind vorwiegend Waldgebiete.

Tab. 1: Gemessene und berechnete Abflussraten für die einzelnen Teileinzugsgebiete im WWJ 2008.

TEG	Gebiet	Fläche	Berechnung (Niederschlag: 990 mm/a)					Messung		
			Grundwasser-neubildungsrate	Direktabflussrate	Gesamtabflussrate	grundwasserbürtige Abflussrate	Gesamtabflussrate	mittlere Abflussrate	monatliche mittlere Niedrigwasser-abflussrate (MoMNQ)	*p*-Wert
		m²	mm/a	mm/a	mm/a	l/s	l/s	l/s	l/s	
1	Hangsbeck	7.816.661	202	247	449	50,07	111,29	83,74	17,05	79,6
2	Stevern	5.553.476	168	287	455	33,21	97,67	126,20	54,62	56,7
3	Gründkesbach	1.351.280	99	337	436	4,24	18,68	2,79	0,48	82,9
4	Stever-Seitenbach	1.298.532	88	338	426	3,62	17,54	in TEG 2 eingegangen		
5	Stift Tilbeck	330.194	79	354	433	0,83	4,53	12,12	1,80	85,1
6	Hs. Tilbeck	537.926	84	332	416	1,43	7,10	0,44	0,13	70,0
7	Natrup	416.389	110	331	441	1,45	5,82	7,55	1,22	83,9
8	Dettenbach	118.893	72	347	419	0,27	1,58	1,20	0,00	100,0
9	Masbeck	2.202.401	109	322	431	7,61	30,10	10,60	2,06	80,5
10	Hexenpütt	42.860	73	358	431	0,10	0,59	5,02	2,00	60,2
11	Rehbrei	202.267	85	333	418	0,55	2,68	0,64	0,13	80,1
12	Lasbeck	2.991.833	139	319	458	13,19	43,45	51,88	36,72	29,2
	Summe	**22.862.712**	**156**	**290**	**446**	**113,10**	**323,34**	**302,17**	**116,20**	**61,5**

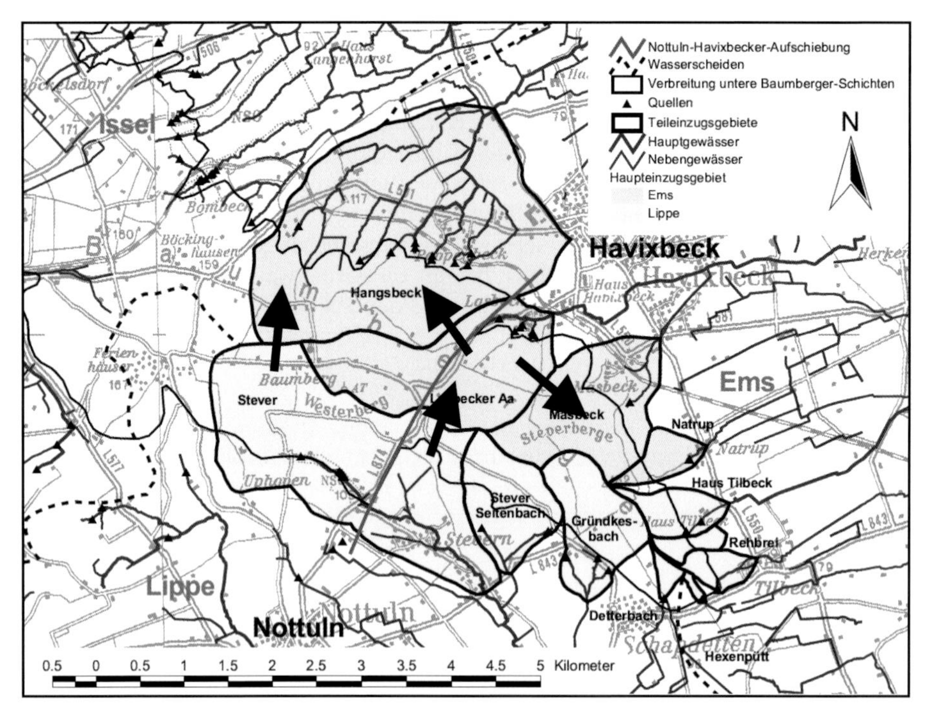

Abb. 3: Oberirdische Einzugsgebiete und Richtung der Verschiebung des unterirdischen Einzugsgebietes (Kartengrundlage: Topographische Karte 1:25.000).

4.2 Wasserhaushaltsgrößen im langjährigen Mittel

Die Wasserhaushaltsbilanzierungen für das WWJ 2008 ergeben plausible Ergebnisse, so dass die Berechnungen für das gesamte Gebiet der Baumberge, das Verbreitungsgebiet der Unteren Baumberge-Schichten, durchgeführt werden können. Die Anhänge 1.2 bis 1.5 zeigen die flächendifferenzierten Ergebnisse für die einzelnen Wasserhaushaltsgrößen. Zugrunde liegen den Berechnungen ein langjähriges Mittel des Niederschlags für die Periode 1961 bis 1990 von 869 mm/a. Die Verdunstungsrate im gesamten Untersuchungsgebiet beträgt im Mittel 508 mm/a bzw. 58 % des Niederschlags (Anh. 1.2). Die Direktabflussrate beträgt 123 mm/a bzw. 14 % des Niederschlags (Anh. 1.4) und die Grundwasserneubildungsrate 238 mm/a bzw. 27 % des Niederschlags (Anh. 1.6). Die Verdunstungsrate beträgt im nördlichen Teil 450 mm/a bis 500 mm/a und im Süden 500 mm/a bis 600 mm/a, da die nutzbare Feldkapazität der Böden im Süden (Lößverbreitung) größer ist (Anh. 1.2). Dem entsprechend ist der Gesamtabfluss im Süden größer als im Norden (Anh. 1.3). Einzelne Waldflächen sind durch ihre hohe Verdunstungsrate von ca. 600 mm/a und die geringe Gesamtabflussrate erkennbar. Die Ausbildung der Böden hat auch auf den Direktabfluss deutliche Auswirkungen (Anh. 1.4). Im mittleren und nördlichen Teilgebiet der Baumberge herrschen geringe Direktabflussraten vor, z.T. fehlt dieser komplett auf den nur gering geneigten Plateauflächen. In Bereichen mit geringen Flurabständen, wie z.B. Bachtäler, und im Süden im Verbreitungsgebiet bindiger Böden beträgt er i.d.R. zwischen 100 mm/a und 200 mm/a, auf Einzelflächen bis 350 mm/a.

Die regionalen Einflüsse wirken sich auch auf die Grundwasserneubildungsrate aus (Anh. 1.6). Durch die erhöhte Verdunstung und den erhöhten Direktabfluss im südlichen Teil der Baumberge ist dort auch die Grundwasserneubildungsrate mit 50 mm/a bis 150 mm/a deutlich geringer als im mittleren und nördlichen Teil der Baumberge mit 200 mm/a bis 400 mm/a. Im Gesamtgebiet ist die Grundwasserneubildungsrate im Bereich der oberirdischen Wasserscheide größer als in den randlichen Bereichen, da die Hangneigung auf der Wasserscheide durchweg gering und die Flurabstände hoch sind. Entlang der Gewässer ist die Grundwasserneubildungsrate i.d.R. geringer, da hier geringe Flurabstände und bindige Böden vorherrschen.

5 Ausblick

Die Berechnung der Grundwasserneubildung mit dem Verfahren nach MEßER (2008) bietet die flächendifferenzierte Darstellung und damit die detaillierte Verteilung der Grundwasserneubildung im Gebiet der Baumberge. Für die weitere Klärung des Wasserhaushaltes der Baumberge sollten folgende Untersuchungsschwerpunkte gesetzt werden:

- Ein flächendeckendes mikroskaliges Messnetz des Niederschlages, das die Besonderheiten, wie z.B. mögliche Luv- und Leeeffekte, der Baumberge erfasst, ist erforderlich.
- Kontinuierliche und repräsentative Abflussmessungen, insbesondere des Trockenwetterabflusses, sind für eine zuverlässige Bilanzierung notwendig.
- Klärung der Grundwasserströmungsverhältnisse zu einer gesicherten Abgrenzung der unterirdischen Einzugsgebiete der einzelnen Gewässer bzw. Quellen. Nur so ist eine verlässliche Gegenüberstellung der Abflussdaten mit den Wasserhaushaltsberechnungen einzelner Teileinzugsgebiete möglich.

An dieser Stelle kann mitgeteilt werden, dass in den Baumbergen die hydrogeologischen Untersuchungen weitergehen. Ein Tracer-Versuch im Umfeld des Longinus-Turms wurde bereits durchgeführt. Die Ergebnisse dieses Versuches zeigen, dass sich das unterirdische Einzugsgebiet der Stever bis zum Longinus-Turm erstreckt. Die vermutete Ausdehnung des Einzugsgebietes lässt sich in diesem Falle bestätigen.

Danksagung

Für die Organisation und Koordination des Autorenteams der vorliegenden Veröffentlichung, danken wir Frau PD Dr. Patricia Göbel und den zuständigen Koordinator auf Seite des LWL-Museums für Naturkunde Herrn Dr. Bernd Tenbergen. Des Weiteren danken wir dem Kreis Coesfeld für die Bereitstellung zahlreicher Datensätze und den Studierenden und Herrn Dr. Andreas Malkus und Karin Meinikmann der Westfälischen Wilhelms-Universität Münster, die im Rahmen eines Studienprojektes der Ausbildung zum Bachelor im Studiengang Landschaftsökologie die Messungen durchgeführt und ausgewertet haben.

Literatur:

ATV-DVWK (2002): Verdunstung in Bezug zu Landnutzung, Bewuchs und Boden. – Merkblatt M 504, 144 S.; Hennef.

BEYER, L. (1992): Die Baumberge. – Aktuelle Geographische Landeskunde des Westfälischen Heimatbundes, **8**: 127 S., 60 Abb.; Münster.

BÖRGER, R. & K. POLL (1991): Das Verhalten von PBSM und deren Abbaueigenschaften in der ungesättigten Bodenzone eines karbonatischen Grundwasserleiters. – Nachrichten Dt. Geol. Ges., **107**: 16-17; Hannover.

CHIFFLARD, P., DIDSZUN, J. & H. ZEPP (2008): Skalenübergreifende Prozess-Studien zur Abflussbildung in Gebieten mit periglazialen Deckschichten (Sauerland, Deutschland). – Grundwasser **42** (1) 27-41; Berlin.

Digitale Bodenkarte von Nordrhein-Westfalen <1 : 50 000>. – Hrsg. Geologischer Dienst Nordrhein-Westfalen; Krefeld.

DIN 4049-3 (1994): Hydrologie; Grundbegriffe. – Berlin (Beuth).

ENGEL, M & J. MEßER (2010): Abflussuntersuchungen in den Baumbergen (Kreis Coesfeld, Nordrhein-Westfalen). – Abhandl. Westf. Mus. Naturkde. **72** (3/4): 27 – 36; Münster.

GLUGLA, G., JANKIEWICZ, P., RACHIMOW, C., LOJEK, K.; RICHTER, K., FURTIG, G. & P. KRAHE (2003): BAGLUVA – Wasserhaushaltsverfahren zur Berechnung vieljähriger Mittelwerte der tatsächlichen Verdunstung und des Gesamtabflusses. – Bundesanstalt für Gewässerkunde: BfG-Bericht Nr. 1342: 102 S. – Koblenz.

LANDESVERMESSUNGSAMT FÜR NORDRHEIN-WESTFALEN (LAVERMA) (2004): ATKIS Digitale Modelle der Erdoberfläche. – www.lverma.nrw.de.

LANDESVERMESSUNGSAMT FÜR NORDRHEIN-WESTFALEN (LAVERMA) (2007): Digitales Geländemodell 50x50 m. – www.lverma.nrw.de.

KLEBER A. (2004): Lateraler Wasserfluss in Hangsedimenten unter Wald. – In: LORZ, C.; HAASE, D. [Hrsg]: Stoff- und Wasserhaushalt in Einzugsgebieten; 7-22; Berlin.

KREIS COESFELD (2007): Grundwasserbericht 2007. – 27 S.; Coesfeld.

HAASE, D. [Hrsg]: Stoff- und Wasserhaushalt in Einzugsgebieten; 7-22; Berlin.

MEßER, J. (2008): Ein vereinfachtes Verfahren zur Berechnung der flächendifferenzierten Grundwasserneubildung in Mitteleuropa. – Lippe Gesellschaft für Wassertechnik mbH, 61 S., www.gwneu.de; Essen.

MEßER, J. (2010): Begleittext zum Doppelblatt Wasserhaushalt und Grundwasserneubildung von Westfalen– In: Geographisch-landeskundlicher Atlas von Westfalen, Themenbereich II LANDESNATUR, Hrsg.: Geographische Kommission für Westfalen, Landschaftsverband Westfalen-Lippe; Münster.

NATERMANN, E. (1951):Die Linie des langfristigen Grundwassers (AuL) und die Trockenwetterabflusslinie (TWL). – Wasserwirtschaft **103** (Sonderh.): 12-20; Wiesbaden (Vieweg)

RICHTER, D. (1995): Ergebnisse methodischer Untersuchungen zur Korrektur des systematischen Messfehlers des Hellmann-Niederschlagsmessers. – Berichte des Deutschen Wetterdienstes, 194, 93 S.; Offenbach a.M.

WUNDT, W. (1958): Die Kleinstwasserführung der Flüsse als Maß für die verfügbaren Wassermengen. – In: GRAHAM, R.: Die Grundwässer der Bundesrepublik Deutschland und ihre Nutzung. – Forsch. Deutsch. Landeskunde, **104**: 47-54; Remagen.

Anschriften der Verfasser:

Dipl.-Landschaftsökologin Meike Düspohl
Institut für Physische Geographie
Goethe-Universität Frankfurt
Altenhöferallee 1, 60054 Frankfurt
duespohl@em.uni-frankfurt.de

Dr. Johannes Meßer
Emscher Gesellschaft für
Wassertechnik mbH
Hohenzollernstraße 50
45128 Essen
messer@ewlw.de

Abhandlungen aus dem Westfälischen Museum für Naturkunde, **72** (3/4): 27 - 36, Münster, 2010

Abflussuntersuchungen in den Baumbergen (Kreis Coesfeld, Nordrhein-Westfalen)

Michael Engel, Aachen, und Johannes Meßer, Essen

Zusammenfassung

Die vorliegende Arbeit befasst sich mit der räumlichen und zeitlichen Erfassung der Abflusskomponente in einem als Natur-Lysimeter beschreibbaren Grundwasserleiter. Ziel der Untersuchungen ist es, aufbauend auf den Untersuchungen einer Diplomarbeit zu dieser Thematik, den Abfluss im Untersuchungsgebiet der Baumberge (Münsterland, NRW) mithilfe eines Messnetzes für das Hydrologische Jahr 2008 – den Bilanzierungszeitraum der Wasserhaushaltsberechnung – zu ermitteln.

Der aus dem gemessenen Abfluss berechnete grundwasserbürtige Abfluss dient als Vergleichsgröße für die Grundwasserneubildungsrate. Aus dem Zusammenhang von grundwasserbürtigem Abfluss der Einzugsgebiete im Kernuntersuchungsgebiet für das Hydrologische Jahr 2008 und der Flächengröße des jeweiligen Einzugsgebiets wird ein Verfahren aufgezeigt, wie unterirdische Einzugsgebiete näherungsweise bestimmt werden können. Für die Einzugsgebiete „Lasbeck" und „Stevern" kann das unterirdische Einzugsgebiet im Vergleich zum oberirdischen Einzugsgebiet als tendenziell größer angenommen werden.

1 Einleitung

Der Abfluss integriert alle hydrologischen Prozesse und Speicherungen im Einzugsgebiet zum Zeitpunkt der Messung (Dyck & Peschke 1995). Der Erfassung des Abflusses kommt daher eine entscheidende Bedeutung zu. Für die Baumberge gibt es eine Besonderheit, da es sich hier um eine hydrologisch isolierte Einheit – ein sog. „Naturlysimeter" – handelt (Düspohl et al. 2009). Da eine flächendifferenzierte Wasserhaushaltsberechnung nach Meßer (2007) für den Zeitraum des Hydrologischen Sommerhalbjahres 2007 und Winterhalbjahres 2008 durchgeführt wurde, war es Ziel der Abflussuntersuchungen, ein Messnetz in Anlehnung an die DIN 4049-3 (1994) zu entwerfen und eine flächendeckende Erfassung der Abflusskomponente zu ermöglichen (Engel 2008). Die angewendete Abflussmessmethode war dem jeweiligen Messstandort angepasst und führte aufgrund der Einzelmessungen zu einem diskontinuierlichen Datensatz. In dieser Arbeit wird eine Methode aufgezeigt, die in Anlehnung an McMahon (1978) Tagesabflüsse für jedes Einzugsgebiet durch eine Referenzstation mit kontinuierlicher Messung ermittelt. Basierend auf der regionalen Übertragung oder Regionalisierung nach Kleeberg (1992) lagen diesem Ansatz die von Rees et al. (2006) und Leibundgut & Uhlenbrook (2007) beschriebenen Kriterien zugrunde.

Um den gemessenen Abfluss als Vergleichsgröße für die Grundwasserneubildungsrate zu verwenden, dient der aus der Durchflussganglinie des Referenzpegels (RP) „Lasbeck" nach Natermann (1951) bzw. aus den Einzelmessungen an den übrigen Standorten nach Wundt (1953) bestimmte grundwasserbürtige Abfluss (Düspohl & Meisser 2010).

2 Methodik

Im Rahmen von Geländebegehungen in den Monaten Oktober bis Dezember 2007 sowie der in DÜSPOHL et al. (2009) beschriebenen hydrogeologischen Kartierung wurden in den fünf Einzugsgebieten von Berkel, Münsterscher Aa, Steinfurter Aa, Stever und Vechte Abflussmesseinrichtungen erfasst sowie ihr Standort und ihr Zustand dokumentiert. Für diese Standorte wurde zunächst die Lage des oberirdischen Einzugsgebiets A_{Eo} eines Abflussmessstandortes anhand der topographischen Verhältnisse mittels GIS abgegrenzt.

Da sich, wie PROBST (2002) annimmt, die Grundwasserströmung an der Oberflächenmorphologie orientiert, wurde das unterirdische Einzugsgebiet A_{Eu} dem oberirdischen zunächst gleichgesetzt. Die Voraussetzung, dass die Ausstrichsgrenze der unteren Baumberge-Schicht (krca4-Schicht) durch die aufgespannten oberirdischen Einzugsgebiete erfasst und der Abfluss somit flächendeckend ermittelt wird, erforderten Korrekturen in der Standortwahl. Da der Abfluss im nördlichen Teil des Messnetzes aufgrund der flacheren Morphologie schwerer zu erfassen war, beschränkten sich im weiteren Verlauf der Untersuchungen die Abflussmessungen auf den südöstlichen Bereich der Baumberge (Kernuntersuchungsgebiet). Dieses umfasst die Einzugsgebiete von Münsterscher Aa sowie Stever.

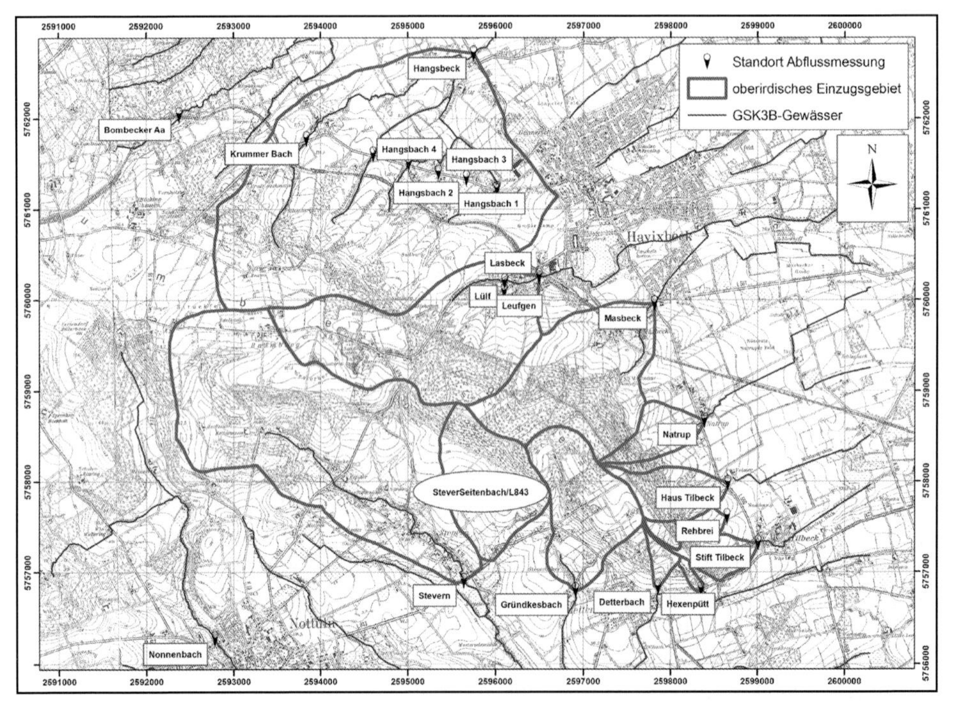

Abb. 1: Kernuntersuchungsgebiet mit Abflussmesstandorten an Gewässern (**G**ewässer**s**tationierungs**k**arte Stand 3B) und ihren Einzugsgebieten im südöstlichen Bereich der Baumberge, Kreis Coesfeld (Grundlage: Topographische Karte 1:25.000).

Unter diesen Vorgaben wurde ein an das Untersuchungsgebiet angepasstes Messnetz aufgestellt, aus dem die endgültigen Teileinzugsgebiete (TEG) hervorgingen. Das Messprogramm beinhaltete den für jeden dieser Standorte gewählten Abflussmesstyp (Tab. 1).

Als Abflussmesstyp kam bei Gewässern mit geringen Abflüssen die kalibrierte Gefäßmessung / Methode des „Auslitern" zur Anwendung (SHAW 2004). Mehrheitlich erfolgte die Abflusserfassung durch Flügelmessung mittels WOLTMAN-Messflügel nach GORDON et al. (2004) sowie MANIAK (2005). Einen weiteren Messtyp stellte die Pegelstandsmessung dar, die am Standort „Lasbeck" durch den LANUV-Pegelschreiber genutzt wurde. Detailliertere Ausführungen zu den gewählten methodischen Ansätzen sind ENGEL (2008) zu entnehmen.

Tab. 1: Verwendeter Typ der Abflussmessung an ausgewählten Standorten des Kernuntersuchungsgebiets in den Baumbergen.

Kernuntersuchungsgebiet					
TEG	**Standort der Abflussmessung**	**Gewässername**	**Typ der Abflussmessung**	**Anzahl der Messungen**	
				Winter	**Sommer**
1	Hangsbeck	Münstersche Aa	Flügelmessung	9	13
2	Stevern	Stever	Flügelmessung	10	16
3	Gründkesbach	Gründkesbach	Flügelmessung, "Auslitern"	8	21
4	SteverSeitenbachL843*	n.b.	n.m.		
5	Stift Tilbeck	Tilbecker Bach	Flügelmessung	7	21
6	Hs. Tilbeck	Helmerbach	"Auslitern"	7	22
7	Natrup	n.b.	Flügelmessung	7	23
8	Detterbach	Detterbach	Flügelmessung	6	21
9	Masbeck	Zitterbach	Flügelmessung	8	23
10	Hexenpütt	Kuckenbecker Bach	Flügelmessung	7	20
11	Rehbrei	n.b.	"Auslitern"	3	22
12	Lasbeck	Schlautbach	Flügelmessung, Pegelschreiber (LANUV)	14	15

Bemerkungen: * nicht möglich; ständiges „Trockenfallen" des Gewässers

Da sich aufgrund der Häufigkeit der ausgeführten Einzelmessungen ein Datensatz mit diskontinuierlichen Abflussdaten ergab, erfolgt die Berechnung von Tagesabflüssen mittels Übertragung kontinuierlicher Abflussdaten des RP „Lasbeck" des LANUV NRW auf die übrigen Abflussmessstandorte bzw. ihre TEG. Die Übertragung von Abflussdaten setzt die von REES et al. (2006) aufgeführten Kriterien voraus, die sich auf einheitliche Gebietseigenschaften – und damit Regimefaktoren – stützen. Die in der Literatur erwähnten Gebietsmerkmale wie Landnutzung, Relief und Bodentypen werden für das Referenzeinzugsgebiet „Lasbeck" als repräsentativ gegenüber den weiteren TEG angesehen. LEIBUNDGUT & UHLENBROOK (2007) weisen ebenfalls darauf hin, dass die hydrologische Reaktion der TEG bei nur geringen Unterschieden hinsichtlich der naturräumlichen Gegebenheiten und dem Vorhandensein aller wichtigen Abflussbildungsprozesse als vergleichbar anzusehen ist. Weiterhin repräsentiert der zum Messzeitpunkt ermittelte Abfluss den Tagesmittelwert dieses Messstandortes. Es wird angenommen, dass es sich bei den Abflusscharakteristika des RP „Lasbeck“ um ein für die Quellbäche der Baumberge repräsentatives Gewässer handelt.

Die in ENGEL (2008) beschriebene zeitweise Überschätzung des Abflusses durch den LANUV-Datensatz des RP „Lasbeck“ wurde berücksichtigt, indem eine segmentweise Korrektur dieser Daten ab dem Zeitraum März 2008 durchgeführt wurde. Durch die korrigierte Abflussganglinie des RP „Lasbeck“ stehen mittlere tägliche Abflüsse für das Wasserwirtschaftsjahr 2008 zur Verfügung. Als Zeitraum für die Übertragung der Abflussdaten werden das Winter- und das Sommerhalbjahr zunächst getrennt betrachtet. Die mittleren täglichen Abflüsse werden auf die aus dem Messprogramm stammenden Abflussdaten der übrigen Abflussmessstandorte bezogen, die für denselben Tag gelten. Die erhobenen Abflussdaten fungieren als Stützstellen für die zu berechnende Abflussganglinie. Im Sommerhalbjahr wurden häufiger Abflussmessungen durchgeführt als im Winterhalbjahr (Tab. 1). Bei der Ausführung der Abflussmessung war die klimatische Situation nicht immer homogen, so dass sowohl bei trockeneren als auch bei feuchteren Wetterlagen gemessen wurde. Der Mittelwert aller Quotienten aus gemessenem Einzelwert des Abflusswerts an der gesuchten Messstation und Referenzabfluss wird als Anteilsfaktor bezeichnet (Gl. 1).

$$\bar{a}_{EZG} = \frac{\sum_i \frac{\dot{V}_{EZG}}{\dot{V}_{Lasbeck}}}{i}$$

Gl. 1: Berechnung des Anteilsfaktors

Es gilt:

$\bar{a}_{EZG}$ = Anteilsfaktor

$\dot{V}_{EZG}$ = Bezugsabfluss; Abfluss eines Abflussmessstandortes in seinem Einzugsgebiet (EZG) an einem Messtag *i* (l/s)

$\dot{V}_{Lasbeck}$ = Referenzabfluss am RP „Lasbeck“ des selben Tages *i* (l/s)

In Anlehnung an MCMAHON (1978) können somit die täglichen Abflüsse anhand der simulierten Abflussganglinie für die ausgewählten Abflussmessstandorte und deren TEG berechnet werden.

Die segmentweise korrigierte Abflussganglinie des RP „Lasbeck“ dient als Datengrundlage zur Ermittlung des grundwasserbürtigen Abflusses durch das graphische Verfahren nach NATERMANN (1951) (Abb.2).

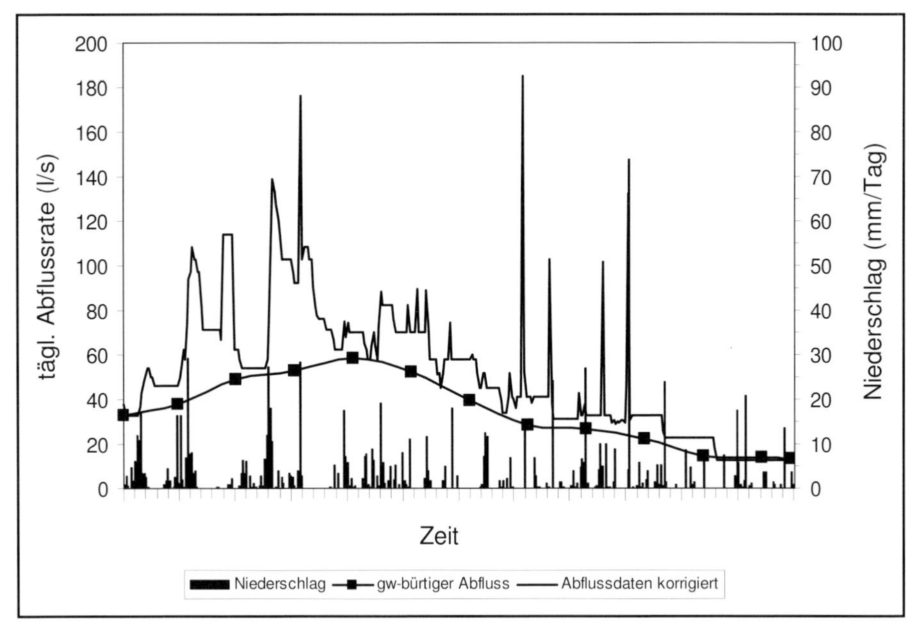

Abb. 2: Korrigierte Abflussganglinie des Pegels „Lasbeck" sowie der daraus resultierende grundwasserbürtige Abfluss nach NATERMANN (1951) für das Hydrologische Jahr 2008 und die Niederschlagsrate der Baumberg II-Station auf dem Plateau der Baumberge.

In die weitergehende Berechnung des grundwasserbürtigen Abflusses eines TEG gehen die nach WUNDT (1953) ermittelten niedrigsten Abflüsse eines Monats (MoMNQ) ein. Der Berechnung liegt der Ansatz zu Grunde, dass die Niedrigwasserabflussspende eines TEG für den Zeitraum des Hydrologischen Jahres 2008 aus den gemittelten Einzelmessungen des hydrologischen Sommerhalbjahres sowie dem Winterabfluss berechnet wird. Aufgrund der geringeren Anzahl von Messungen während des Winterhalbjahres wird der mittlere Winterabfluss mittels Korrekturfaktor des RP „Lasbeck" projiziert. Der Korrekturfaktor berechnet sich wie folgt (Gl. 2):

$$a_{\text{Lasbeck}} = \frac{\dot{V}_{\text{MoMNQ\_Lasbeck2008}}}{\dot{V}_{\text{MoMNQ\_Lasbeck\_HS}}} = \frac{36{,}7}{28{,}7} = 1{,}28$$ Gl. 2: Korrekturfaktor RP „Lasbeck"

Es gilt:

a_{Lasbeck} = Korrekturfaktor

$\dot{V}_{\text{MoMNQ\_Lasbeck2008}}$ = Mittelwert der MoMNQ des Messstandorts „Lasbeck" für das Hydrol. Jahr 2008 (l/s)

$\dot{V}_{\text{MoMNQ\_Lasbeck\_HS}}$ = Mittelwert der MoMNQ des Messstandorts „Lasbeck" für das Hydrol. Sommerhalbjahr 2008 (l/s)

Daraus berechnet sich die korrigierte MoMNQ für jedes TEG (Gl. 3):

$$\dot{V}_{\text{MoMNQ}} = \bar{a}_{\text{Lasbeck}} \cdot \dot{V}_{\text{MoMNQ\_Lasbeck\_HS}}$$ Gl. 3: korrigierte MoMNQ eines Einzugsgebiets

Es gilt:

$\dot{V}_{MoMNQ}$	=	korrigierte MoMNQ eines Einzugsgebiets (l/s)
$a_{Lasbeck}$	=	1,28
$\dot{V}_{MoMNQ\_Lasbeck\_HS}$	=	Mittelwert der MoMNQ des Messstandorts „Lasbeck“ für das Hydrol.Sommerhalbjahr 2008 (l/s)

3 Ergebnisse

Die durch das konzipierte Abflussmessnetz abgedeckte Einzugsgebietsfläche des Kernuntersuchungsgebietes liegt bei 22,87 km². Die Flächengröße der TEG reicht von sehr kleinen TEG (0,04 km² bis 0,33 km²) wie „Hexenpütt“, „Detterbach“ und „Stift Tilbeck“ hin zu TEG mit einer Fläche von 5,55 km² („Stevern“) und 7,82 km² („Hangsbeck“) (Tab. 2). Von den fünf Einzugsgebieten in den Baumbergen wird in den vorliegenden Untersuchungen nur der Abfluss in den TEG von Münsterscher Aa und Stever erfasst.

Tab. 2: Jahresabflussraten der Einzugsgebiete des Kernuntersuchungsgebiets im Hydrologischen Jahr 2008 sowie der Flächengröße des oberirdischen Einzugsgebiets mit tendenzieller Schätzung der Flächengröße des unterirdischen Einzugsgebiets.

Kernuntersuchungsgebiet					
				Flächengröße	
TEG	**Bezeichnung des Einzugsgebietes**	**mittlere Abflussrate**	**monatl. Mittl. Niedrigwasserabflussrate (MoMNQ) n. WUNDT (1953)**	A_{Eo}	A_{Eu}**-Tendenz**
		l/s	l/s	km²	
1	Hangsbeck	83,74	17,05	7,82	kleiner
2	Stevern	126,20	54,62	5,55	größer
3	Gründkesbach	2,79	0,48	1,36	kleiner
5	Stift Tilbeck	12,12	1,80	0,33	kleiner
6	Hs. Tilbeck	0,44	0,13	0,54	kleiner
7	Natrup	7,55	1,22	0,42	größer
8	Detterbach	1,20	0,00	0,12	kleiner
9	Masbeck	10,60	2,06	2,20	kleiner
10	Hexenpütt	5,02	2,00	0,04	größer
11	Rehbrei	0,64	0,13	0,20	größer
12	Lasbeck	51,88	36,72	2,99	größer
	Summe	302,18		22,87	

Die MoMNQ-Abflussrate der Einzugsgebiete im Kernuntersuchungsgebiet für das Hydrologische Jahr 2008 können der Flächengröße des jeweiligen Einzugsgebiets gegenübergestellt werden (Abb. 3). Für diesen definierten Zeitraum können die Abflussrate mit der Flächengröße des zugehörigen Einzugsgebiets linear miteinander korreliert werden. Bei der Bezugsfläche handelt es sich um die den oberirdischen Einzugsgebieten gleichgesetzten unterirdischen Einzugsgebieten. Da die MoMNQ den Abfluss aus einem unterirdischen Einzugsgebiet umfasst, kann bei Annahme einer in diesem Zeitraum konstanten MoMNQ-Abflussrate die Fläche des unterirdischen Einzugsgebiets angeglichen werden. Die Korrektur („Pfeildarstellung") stellt das tendenzielle Anpassen der Flächengröße des unterirdischen Einzugsgebiets an die durch die lineare Korrelation idealisierte Flächengröße dar (Abb. 3).

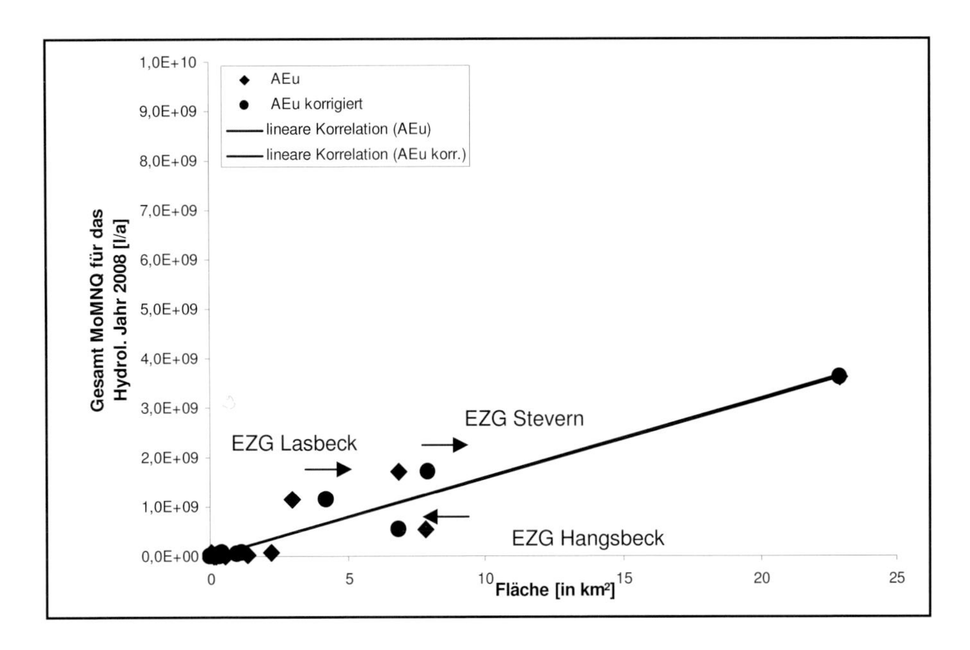

Abb. 3: MoMNQ-Abflussrate für das Hydrol. Jahr 2008 linear korreliert mit der Flächengröße des unterirdischen Einzugsgebiets (mit $A_{Eo} = A_{Eu}$) und des korrigierten unterirdischen Einzugsgebiets ($A_{Eu\ korr}$) in Anlehnung an ENGEL (2008) für das südöstliche Gebiet der Baumberge.

Die lineare Korrelation der unkorrigierten unterirdischen Einzugsgebiete besitzt ein Bestimmtheitsmaß von R^2= 0,88, wohingegen durch die Verwendung der korrigierten Flächengrößen eine Korrelation mit $R^2 = 0,94$ erreicht wird.

Werden die angenommenen Flächengrößen des unterirdischen Einzugsgebiets A_{Eu} mit den Flächengrößen des oberirdischen Einzugsgebiets A_{Eo} verglichen, so zeigt sich für die Einzugsgebiete „Lasbeck", „Stevern", „Hexenpütt", „Natrup" sowie „Rehbrei", dass die unterirdischen Einzugsgebiete in ihrer Flächengröße nicht den oberirdischen Einzugsgebieten entsprechen sondern als tendenziell größer anzunehmen sind. Für die restlichen und bestenfalls benachbarten Einzugsgebiete ergibt sich somit eine tendenzielle Verkleinerung ihrer unterirdischen Einzugsgebiete.

Da das Gebiet der Baumberge durch Aufschiebungen sowie Verwerfungen innerhalb der Muldenstruktur geprägt ist (DÖLLING 2007), können stark wasserführende Störungs- und

Kluftzonen Lage und Ausdehnung unterirdischer Einzugsgebiete beeinflussen. Durch ein Grundwassereinzugsgebiet angeschnittene Klüfte beispielsweise erweitern dieses in einigen Bereichen und führen Wassermengen aus benachbarten Einzugsgebieten zu. Es ist zu vermuten, dass insbesondere die Nottuln-Havixbecker Aufschiebung die Ursache für die Flächenneuzuweisung der unterirdischen Einzugsgebiete „Lasbeck“, „Hangsbeck“ und „Stevern“ darstellt.

4 Diskussion

Bei der Durchführung von Abflussmessungen treten in Abhängigkeit von der verwendeten Methode Messfehler auf, die sich für den überwiegend benutzten hydrometrischen Flügel als ein systematischer Fehler von 2 % bis 5 % belaufen (WMO 1994). Für Niedrigwassermessungen werden von MORGENSCHWEIS (1994) Fehler von 20% bis 30% angegeben.

Da insbesondere bei der Ermittlung der MoMNO-Abflussrate Trockenwetterphasen entscheidend für die Repräsentativität der Abflussdaten sind, kann die Qualität der Datensätze verbessert werden, indem das Messprogramm auf geeignete Wetterlagen abgestimmt wird.

Die für das hydrologische Jahr 2008 geltende Gegenüberstellung von MoMNQ-Abflussrate und zugehöriger Flächengröße des unterirdischen Einzugsgebiets bestätigt den in ENGEL (2008) dargelegten linearen Zusammenhang, der durch die relativ hohen Bestimmtheitsmaße belegt wird (Abb. 3). Die tendenziell richtige Methodik zur Festlegung von Flächen unterirdischer Einzugsgebiete bestätigt sich.

Im Vergleich zu den topographisch eindeutig abgrenzbaren oberirdischen Einzugsgebieten können für die unterirdischen Einzugsgebiete nur tendenzielle Aussagen gemacht werden. Weiterhin erfordert die Korrektur und Neuzuweisung der Flächen angrenzender unterirdischer Einzugsgebiete homogene Grundwasserneubildungsraten für das Kernuntersuchungsgebiet. Es zeigt sich jedoch, dass die Grundwasserneubildungsraten im Untersuchungsgebiet kleinräumig sehr variable sind (DÜSPOHL & MEßER 2010). Eine eindeutige Festlegung der Flächengröße unterirdischer Einzugsgebiete im südöstlichen Gebiet der Baumberge ist daher noch nicht möglich.

5 Ausblick

Für alle auf dieser Arbeit aufbauende Untersuchungen ist es von Bedeutung, dass das aufgestellte Messnetz in den Baumbergen ausgebaut und in Bezug auf eine kontinuierliche Erfassung des Abflusses verbessert wird. So lassen sich mithilfe einer umfangreichen Matrix nicht nur TEG in ihrer Landnutzung und ihrem Bodentyp vergleichen sondern auch Kenntnisse zu Abflussregimen der TEG in den Baumbergen gewinnen.

Die Ausführungen legen nahe, dass zur Festlegung der unterirdischen Einzugsgebiete in den Baumbergen weiterer Forschungsbedarf besteht. Bei zukünftigen Untersuchungen ist die gebietsweise sehr variable Grundwasserneubildungsrate bei der Zuweisung von Flächen unterirdischer Einzugsgebiete zu berücksichtigen. Im Hinblick auf die tektonische Beanspruchung des Untergrunds sind detaillierte Kenntnisse über die Grundwasserströmungsrichtung im Gebiet der Baumberge unerlässlich, um unterirdische Wasserscheiden besser bestimmen zu können. Ein erst kürzlich durchgeführter Tracer-Versuch sowie zukünftige Messungen dieser Art können dazu wichtige Hinweise geben.

Danksagung

Mein herzlicher Dank gilt Frau PD Dr. P. Göbel für die Initiierung des Quellenprojekts und ihre fachliche Begleitung bei der Entwicklung dieser Arbeit. Bei ihr und Herrn Dr. Bernd Tenbergen des Westfälischen Museums für Naturkunde bedanke ich mich für das starke Engagement bei der Erarbeitung dieser Publikation. Zu danken ist Herrn Dr. Andreas Malkus und Karin Meinikmann für die Aufarbeitung zur Verfügung gestellter Datensätze. Weiterhin bedanken möchte ich mich bei Frau Teubner (LANUV NRW) für die erneute Bereitstellung von Pegeldaten und fachliche Unterstützung. Mein Dank gilt auch Meike Düspohl für hilfreiche Anregungen zu dieser Arbeit.

Literatur:

DÖLLING, B. (2007): Geologische Karte von Nordrhein-Westfalen 1:25 000 – Erläuterungen Blatt 4010 Nottuln. –140 S., 7 Abb., 14 Tab., 3 Taf.; Krefeld (Geologischer Dienst NRW).

DÜSPOHL, M., ENGEL, M., HAFOUZOV, B., KRÜTTGEN, B. & F. MÜLLER (2009): Wo die Schüssel überläuft – eine interdisziplinäre Untersuchung der Quellen in den Baumbergen (Münsterland, NRW); Münster [unveröffentl. Projektbericht].

DIN 4049-3 (1994): Hydrologie; Grundbegriffe. – Berlin (Beuth).

DÜSPOHL, M & J. MEßER (2010): Wasserhaushaltsbilanzierung und grundwasserbürtiger Abfluss in den Baumbergen (Kreis Coesfeld, Nordrhein-Westfalen). – Abhandl. Westf. Mus. Naturkde. **72** (3/4): 17 – 26; Münster.

DYCK, S. & G. PESCHKE (1995): Grundlagen der Hydrologie, 3. Aufl., Verlag für Bauwesen, Berlin. S, 536

ENGEL, M. (2008): Erfassung der Abflusskomponente in den Baumbergen (Münsterland, NRW) im Rahmen des Projekts „Quellen in den Baumbergen" – Erhaltung, Erforschung und Entwicklung der Quellen im Natur- und Erlebnisraum Baumberge", XII + 164 S., 152 Abb., 18 Tab., 2 Anh., 1 Anl.; Witten a.d. Ruhr [unveröffentl. Diplomarbeit].

GORDON, N. D., THOMAS, A., MCMAHON, B.L., FINLAYSON, C.J. GIPPEL & R..J. NATHAN (2005): Stream Hydrology – An Introduction for Ecologists, 2. Aufl., 429 S.; Chichester (Wiley).

KLEEBERG, H.-B. (Hrsg.) (1992): Regionalisierung in der Hydrologie – Ergebnisse von Rundgesprächen der Deutschen Forschungsgemeinschaft. – In: Senatskommission für Wasserforschung, 11; Weinheim.

LEIBUNDGUT, C. & S. UHLENBROOK (Hrsg.) (2007): Abflussbildung und Einzugsgebietsmodellierung. – Freiburger Schriften zur Hydrologie, 24, 203 S.; Freiburg i. Br..

MANIAK, U. (2005): Hydrologie und Wasserwirtschaft, 5 Aufl., 666 S.; Berlin (Springer).

MCMAHON, T. A. (1978): A Review of Data Estimation Procedures and Associated Errors. – Journal of Hydrology, 41, 1-10.

MEßER, J. (2007): Ein vereinfachtes Verfahren zur Berechnung der flächendifferenzierten Grundwasserneubildung in Mitteleuropa. Lippe Wassertechnik. – 65 S.; gwneu.de; Essen.

MORGENSCHWEIS, G. (1994): Hydrometrische Möglichkeit der Erfassung und Kontrolle von Niedrigwasserabflüssen. In: GRÜNEWALD, U. (Hrsg.)(1994): Wasserwirtschaft und Ökologie, 266 S., Taunusstein.

NATERMANN, E. (1951):Die Linie des langfristigen Grundwassers (AuL) und die Trockenwetterabflusslinie (TWL). – Wasserwirtschaft **103** (Sonderh.): 12-20; Wiesbaden (Vieweg).

PROBST, M. (2002): Der Einfluss des Grundwasserhaushaltes auf das Abflussverhalten kleiner Einzugsgebiete im Festgesteinsbereich der Mittelgebirge : Systemanalyse und numerische Modellierung – Diss. Univ. Kaiserslautern: 161 S.; Kaiserslautern.

REES, G., MARSH, T. J., ROALD, L., DEMUTH, S., Van LANEN, H.A. J. & L. KAŠPÁREK (2006): Hydrological Data. – In: LANEN, H. A. J. Van & L. M. TALLAKSEN (Hrsg.)(2006): Hydrological Drought – Processes and Estimation Methods for Streamflow and Groundwater, 579 S., Amsterdam (Elsevier).

SHAW, E. M. (2004): Hydrology in Practice, 4. Aufl., 569 S.; London (Chapman & Hall).

WMO (1994): Guide to Hydrological Practice – Data acquisition and processing analysis, forecasting and other applications, No. 168.

WUNDT, W. (1953): Gewässerkunde. 320 S., 185 Abb.; Berlin (Springer).

Anschrift der Verfasser:

Dipl.-Landschaftsökologe
Michael Engel
Ingenieurgesellschaft für Wasser und Umwelt mbH
Bachstraße 62-64
52066 Aachen

Michael.Engel@hydrotec.de

Dr. Johannes Meßer
Emscher Gesellschaft für Wassertechnik mbH
Hohenzollernstraße 50
45128 Essen

messer@ewlw.de

Abhandlungen aus dem Westfälischen Museum für Naturkunde, **72** (3/4): 37-44 , Münster, 2010

Hydrochemie des Grund- und Quellwassers in den Baumbergen

Birhan Hafouzov, Münster

Zusammenfassung

Im Rahmen des interdisziplinären Projektes „Quellen in den Baumbergen - Erhaltung, Erforschung und Entwicklung der Quellen im Natur- und Erlebnisraum Baumberge" wurde der Wasserchemismus der Quellen und des Grundwassers in den Baumbergen erforscht. Die hydrochemischen Untersuchungen fanden vom November 2007 bis Oktober 2008 statt. Mehr als 500 Wasserproben von 76 verschiedenen Quellstandpunkten wurden analysiert. Bei den Untersuchungen im Gelände handelte es sich um Messung von Temperatur, pH-Wert, Leitfähigkeit sowie Sauerstoffgehalt. Die Analyse von Kationen, Anionen sowie Spurenelemente erfolgte im Labor. Die Untersuchungen ergaben, dass die Quellen im Allgemeinen einen ähnlichen Chemismus (Ca-HCO_3-Typ Grund- bzw. Quellwasser) aufweisen. Diese Feststellung trifft vor allem auf die Hauptbestandteile Calcium Ca^{2+}, Natrium Na^{+}, Magnesium Mg^{2+}, Hydrogenkarbonat HCO_3^{-}, Chlorid Cl^{-}, Sulfat SO_4^{2-} und Silizium SiO_3^{2-} zu. Die Parameter, die im Mikrobereich wirken, wie z.B. Phosphat PO_4^{3-}, zeigen gewisse Schwankungen in der Konzentration. Eine Besonderheit in den Quellen der Baumberge wiesen die Nitrat NO_3^{-}-Konzentrationsänderungen auf. Als Ursache dafür kommt der Eintrag aus gedüngten landwirtschaftlich genutzten Flächen in Frage. Die Vermutung, dass Tiefenwässer entlang Störungen und Kluftsystemen emporsteigen, konnte anhand der vorliegenden Strontium Sr^{2+}-, Bor B^{5+}- und Fluorid F^{-}-Konzentrationen, die in den Tiefenwässern im Münsterland allgemein vorkommen, nicht bestätigt werden. Die Hydrochemie des Grund- und Quellwassers in den Baumbergen unterliegt anthropogenen und geogenen Einflüssen. Als anthropogene Faktoren kommen Landnutzung jeder Art und Düngung in Frage. Als geogene Einflüsse sind die Beschaffenheit und Lagerung der Gesteinsschichten, Hangneigung, Relief, Vegetation, Klima und Exposition zu nennen.

1 Einleitung

Mit der Beschreibung der aktuellen Hydrochemie der Quellen in den Baumbergen wird hier erstmals eine Region im Münsterland untersucht, die eine einmalige Besonderheit als „natürliches Lysimeter" in ihrer Ausbildung aufweist. Zugrunde liegt ein hydrochemischer Datensatz von mehr als 76 Quellen (DÜSPOHL et al. 2009). Diese Problemstellung ist eines der Themen in dem interdisziplinären Projekt „Quellen in den Baumbergen - Erhaltung, Erforschung und Entwicklung der Quellen im Natur- und Erlebnisraum der Baumberge". Ziel dieser Erforschung ist es, die Quellen der Baumberge, die entlang der +120 mNN Höhenlinie entspringen, hydrogeochemisch zu untersuchen. An diesen Quellen tritt das Grundwasser zutage, dass den gesättigten Bereich der Baumberge-Schichten durchflossen hat. Besonderes Augenmerk gilt der Bestimmung des Wasserchemismus von Quellen mit ganzjähriger Schüttung.

Ferner wird der Versuch unternommen, eventuell auftretende Tiefenwässer zu lokalisieren. Diese können entlang der Störungen und der Kluftsysteme aufsteigen. Tiefenwässer zeigen in der Regel differenziertere chemische Zusammensetzungen als Quell- und Grundwasser an (z.B. höhere Sr^{2+}- oder NaCl-Gehalte als die durchschnittliche Werte).

2 Methoden

2.1 Probennahme

Die Quellwasserprobennahmen wurde monatlich insgesamt 12-mal für das hydrologische Jahr 2008 durchgeführt (2007: 47. KW [75 Proben], 51. KW [75 Proben]; 2008: 3. KW [60 Proben], 7. KW [67 Proben], 11. KW [72 Proben], 16. KW [68 Proben], 22. KW [33 Proben], 25. KW [22 Proben], 29. KW [17 Proben], 33. KW [17 Proben], 38. KW [16 Proben], 42. KW [28 Proben]). Die konkrete Probennahmestelle in den Quellbereichen bzw. -tälern war während der Untersuchungen lagestabil, obwohl die oberirdische Austrittsstelle des Quellwassers in den Sommermonaten häufig talabwärts „wanderte". Dies hatte zur Folge, dass in den Sommermonaten wesentlich weniger Quellstandorte beprobt werden konnten. Direkt vor Ort wurden zuerst die Vor-Ort Parameter Temperatur, elektrische Leitfähigkeit, pH-Wert und Sauerstoffgehalt bestimmt. Die Quellwasserprobennahme erfolgte über Schöpfproben unter der Wasseroberfläche. Dabei wiesen die Wasserproben oft Verunreinigungen (Laub, organisches Material) oder Beimengungen (Sediment) auf. Die Quellwasserproben wurden vor Ort zur Vorbereitung für die weiteren Untersuchungen im Labor filtriert (Porengröße 4-7 µm); 50 ml der Wasserprobe wurde mit HNO_3 für die Kationenbestimmung stabilisiert. Im Labor wurden 500 ml der Quellwasserproben für die Anionenbestimmung weiterhin über Membranfilter (Porengröße 0,45 µm) filtriert.

2.2 Untersuchungen im Labor

Die Untersuchungen zur hydrochemischen Beschaffenheit der Quellwasserproben erfolgte anhand ausgewählter Kationen (Na^+, K^+, Ca^{2+}, Mg^{2+}, Aluminium Al^{3+}, Eisen $Fe^{2/3+}$), Anionen (HCO_3^-, SO_4^{2-}, Cl^-, SiO_3^{2-}, PO_4^{3-}), Spurenelemente (Sr^{2+}, B^{5+}, F^-) sowie Stickstoffverbindungen (Nitrat NO_3^-, Nitrit NO_2^-). Die Kationen und Spurenelemente wurden mittels Optische Emissionsspektroskopie mit induktiv gekoppeltem Plasma (ICP-OES) ermittelt; die Anionen und Stickstoffverbindungen mittels Ionochromatograph (IC). Der HCO_3^--Gehalt wurde titrometrisch bestimmt. Die Laborwerte wurden nach aktuellen DIN-Verfahren ermittelt. Die Plausibilität der Laborwerte wurde anhand gültiger Ionenbilanz-Berechnungen bestätigt.

2.3 Grafische Darstellung

Die grafischen Darstellungen der Laborwerte ermöglichen den Vergleich der hydrochemischen Ergebnisse und erleichtern deren Auswertung. Während der hydrochemischen Untersuchungen von Quellwässern in den Baumbergen wurde speziell das Programm *AquaChem* (Fa. „*Waterloo*", Canada, Version 5.1) eingesetzt. Dieses Programm ermöglicht die grafische Darstellung in PIPER-, SCHOELLER- sowie Scatter-Diagramme. Weiterhin wurden Kreisdiagramme für die Gesamtlösungsinhalte der Quellwässer sowie Ionen-Ganglinien ausgewählter Inhaltsstoffe mit Microsoft Office EXCEL 2003/2007 dargestellt. Für die Ergebnisse der Multivariaten Analyse wurde das Programm *PAST* eingesetzt.

3 Ergebnisse

3.1 Hydrochemische Situation im Februar 2008

Im Februar 2008 führten die meisten der 76 Quellen Wasser (67 Quellwasserproben). Das Messprogramm war zu diesem Zeitpunkt überaus ausgereift (4. Probennahme-Kampagne). Außerdem zeigt der Monat Februar in der Jahres-Abflussdynamik ein Abflussmaximum (ENGEL 2008).

In Anhang 2.1 ist ersichtlich, dass alle Quellwasserproben einen ± einheitlichen Ca-HCO_3-Typ aufzeigen. Nach HÖLTING & COLDEWEY (2009) können diese als ein erdalkalisches Wasser, überwiegend hydrogen-karbonatisch (HCO_3^-), betrachtet werden. Diese Einteilung ermöglicht eine schnelle und einfache Übersicht für die Quell- bzw. Grundwasserzusammensetzung. Die Proben zeigen bei tiefergehenden Betrachtung eine leichte Variation in der Konzentration. Hierbei lassen sich leicht drei verschiedene Gruppen von Proben bilden:

- mit hohem HCO_3^- -Gehalt > 80 % in der Punktwolke,
- mit mittlerem HCO_3^- -Gehalt 70-80 % in der Punktwolke und
- mit niedrigem HCO_3^- -Gehalt < 70 % in der Punktwolke.

In Anhang 2.2 ist ebenfalls ersichtlich, dass Ca^{2+} und HCO_3^- die Hauptinhaltsstoffe des Quellwassers darstellen. Sie zeigen konstante Konzentrationen gegenüber allen anderen meist viel geringer konzentrierten Inhaltsstoffen. Die Kationen Na^+, Mg^{2+} und K^+ (Markierung 1) sowie die Anionen NO_3^-, SO_4^{2-} und Cl^- (Markierung 3) weisen Variationen in den Konzentrationsniveaus auf. Hierbei zeigen K^+ und NO_3^- die größten Variationen. Die Variationen von Na^+ und Cl^- liegen auf dem gleichen Konzentrationsniveau. Das Spurenelement Sr^{2+} – als möglicher Hinweis für aufsteigendes Tiefengrundwasser – weist geringe Abweichungen (Markierung 2) auf.

Die räumlichen Variationen der NO_3^--Konzentration der Quellwässer in den Baumbergen liegen im Februar 2008 zwischen 7,54 mg/l und 81,58 mg/l (in Anhang 2.3). 18 Quellaustritte weisen NO_3^--Konzentrationen aus, die über dem Grenzwert der Trinkwasserverordnung (TRINKWV 2001) von 50 mg/l liegen. Die niedrigsten Konzentrationen wurden im nordöstlichen Zentralbereich der Baumberge (Einzugsgebiet der Steinfurter Aa) registriert; die höchsten Konzentrationen dagegen werden in den nordwestlichen (Einzugsgebiet der Vechte) und südöstlichen Teil des Arbeitsgebietes (Einzugsgebiet der Stever) verzeichnet.

3.2 Hydrochemische Situation im WWJ 2008

Für die Beschreibung der ganzjährigen hydrochemischen Situation in den Baumbergen werden die Quellen in Betracht gezogen, die bei mehr als 10 Probennahme-Kampagnen eine Schüttung aufwiesen. Hierbei musste die Auswahl der Quellen auf 6 Quellstandorte mit insgesamt 10 Quellaustritten beschränkt werden (Anhang 2.4). Der Datensatz besteht aus 115 Quellwasserproben.

3.2.1 Gesamtmineralisation

Eine weitere Darstellungsform für hydrochemische Daten von Wasserproben sind räumlich verteilte Kreisdiagramme für die Quellwasserproben mit ganzjähriger Schüttung (Anhang 2.5). Der größte Kreis weist die höchste mittlere Gesamtmineralisation von 695,1 mg/l in der Vechtequelle D I_D auf und der kleinste Kreise zeigt die niedrigsten Werte von 642,0 mg/l in der Steverquelle A XII_A an.

3.2.2 Korrelationsanalyse

Scatter-Diagramme werden verwendet, um mögliche Zusammenhänge zwischen zwei oder mehrere Parametern festzustellen. Im Scatter-Diagramm des $[K^+ + Cl^-]:[NO_3^-]$-Verhältnisses lassen sich Inhaltsstoffe aus der Düngung gegeneinander darstellen (Anhang 2.6). Es sind drei Punktwolken zu verzeichnen. Die erste Punktwolke 1 (mit langem Strichpunkt-Punkt markiert) deutet auf eine positive Korrelation zwischen K^+, Cl^- und NO_3^- an den Hexenpüttquellen A V_A und B, der Berkelquelle B XVI und der Vechtequelle D I_D hin. Es ist auffallend, dass sich bei diesen Proben um die Quellen mit höchsten NO_3^--Gehalten handelt. Aus diesem Anlass könnte ein anthropogener Ursprung für die K^+ und Cl^- bestehen. Die Punktwolken 2 (mit Strichlinie markiert) und die Punktwolke 3 (mit ununterbrochener Linie markiert) zeigen dagegen eine schwach bzw. stark negative Korrelation an. Diese Plotwolken kreisen die Ergebnisse der Steverquellen A XII_A, B und E sowie der Arningquelle F VII ein. Bei diesen Quellen sind die niedrigsten NO_3^--Werte registriert. Für die Proben der Steverquelle A X II_I und die Arningquelle F VI kann keine eindeutige Zuordnung gemacht werden. Ausreißer stellen die Steverquellen A XII_A, I, die Berkelquelle B XVI und die Arningquelle F VI dar.

3.2.3 Ganglinienanalyse

Der Jahres-Ganglinienverlauf der Hauptinhaltsstoffe Ca^{2+} und HCO_3^- aller Quellen zeigt generell leicht abnehmende Konzentrationen im Laufe des WWJ 2008. Lediglich die Arningquellen (westlich und östlich) F VI und F VII sowie die Vechtequelle D I_D zeigen ein Maximum im April bzw. Mai 2008. Die Mg^{2+}-Konzentrationen weisen sehr ähnliche Ganglinien-Verläufe für alle Quellstandorte mit einem Maximum in den Monaten Februar, März und April 2008 auf. Die Quellen, die eine NO_3^--Konzentration über dem Grenzwert (TRINKWV 2001) aufweisen, haben ihr Maximum in den Monaten April, Mai und Juni 2008 (Anhang 2.7). Dabei handelt es sich um die Hexenpüttquellen A V_A und B, Berkelquelle B XVI und die Vechtequelle D I_D. Im Gegensatz dazu, zeigen die Quellen mit niedrigeren NO_3^--Konzentrationen Ganglinien-Verläufe mit kurzzeitigen Spitzen.

Im Allgemeinen zeigt K^+ ein niedriges Konzentrationsniveau im Bereich von 2 mg/l an (Anhang 2.8). Die Steverquelle A XII_B und E, die Berkelquelle B XVI und die Arningquelle F VI stellen Ausreißer im Winterhalbjahr 2008 dar. Der K^+-Gehalt hat die größten Schwankungen in einem Zeitraum, in dem ein Auswaschen der landwirtschaftlich genutzten Flächen durch Niederschläge in das Grundwasser passieren kann.

Die Ganglinien der PO_4^{3-}-Konzentrationen weisen sehr niedrige Werte im Bereich von etwa 0,01 mg/l bis 2 mg/l (Anhang 2.9). Ein Ausreißer stellt die Steverquelle A XII_I für den Monat Januar 2008 dar. Auffällig ist, dass in der Zeitspanne von April bis Juni 2008 relativ niedrige und konstante Konzentrationen um 0,5 mg/l registriert werden. Der PO_4^{3-} -Gehalt offenbart einen anthropogenen Ursprung, da die größten Konzentrationsänderungen durch Niederschläge in den Wintermonaten bedingt sind.

3.2.4 Korrespondenzanalyse

Mit Hilfe der Multivariaten Analyseverfahren werden die physikalisch-chemischen Vor-Ort-Parameter sowie die analysierten Ionen, Spurenelemente und die Quellstandorte gemeinsam statistisch ausgewertet. Dadurch können „versteckte“ Zusammenhänge bzw. Ähnlichkeiten/Unähnlichkeiten innerhalb der beobachteten Daten registriert werden. Außerdem lassen sich die Parameter, die im Mikrobereich wirken, besser darstellen. Betrachtet werden die Ergebnisse der Quellen mit mehr als 10 Probennahmen (Anhang 2.10).

Mittels dieser Verfahren lassen sich drei Gruppen anhand der vorgegebenen Merkmale, wie z.B. Ionenkonzentration, Vor-Ort-Parameter und Quellstandort, bilden. Hier wird zum ersten Mal zwischen PO_4^{3-}-haltigen (Gruppe 1), NO_3^--haltigen (Gruppe 2) und K^+- und Mg^{2+}-haltigen (Gruppe 3) Quellen unterschieden, wobei die letzten zwei Gruppen eine Abhängigkeit von ihren anthropogenen Ursprung (NO_3^- und K^+) unter sich aufweisen. Die Vechtequelle D I_D präsentiert sowohl beträchtliche NO_3^--Werte als auch hohe K^+ und Mg^{2+}-Gehalte und kann ebenso wie die Steverquelle A XII_A nicht eindeutig gruppiert werden.

Zu der ersten Gruppe 1 (PO_4^{3-}-haltig) zählen die Steverquelle A XII_I, die Berkelquelle B XVI und die Arningquelle F VII (östlich). Diese Gruppierung zeigt einen Gehalt unter 10 mg/l auf. Laut SCHIRMER (2009) verändert nach HÜTTER (1994) ist diese Feststellung auf die Einleitung von Abwässern zurückzuführen. Eine andere Erklärung für diesen Befund wäre die Zufuhr von PO_4^{3-} aus landwirtschaftlich genutzten Flächen. PO_4^{3-} wird über kürzere Wege ins Grundwasser deponiert. Somit stellt dieses Anion einen Anzeiger von direktem Abfluss dar. Die Verfrachtung dieser Parameter findet oft über Dränagenrohre statt.

Die zweite Gruppe 2 (NO_3^--haltig) wird von den Hexenpüttquellen A V_A und B gebildet, deren Austritte sich in einer unmittelbarer Nachbarschaft befinden. Gleichzeitig bestätigt die Korrespondenzanalyse vorherige Annahmen. Als Beispiel hierfür dient die Bestimmung der NO_3^--Unähnlichkeit und die NO_3^--Konzentrationsänderung der Quellen. Zu den NO_3^--haltigen Quellen zählen die Hexenpüttquellen A V_A und B (in Anhang 2.10).

Die dritte Gruppe 3 (K^+ und Mg^{2+}-haltig) ist aus den Steverquellen A XII_B und E, und den Arningquelle F VI (westlich) zusammengefasst. In dieser Hinsicht sind zwei Ausnahmen festzustellen.

Ein Beispiel für „versteckte" Zusammenhänge liefert die Bestimmung der Unähnlichkeit des Parameters PO_4^{3-} gegenüber den anderen Parametern. In Anhang 2.10 lässt sich erkennen, dass das PO_4^{3-} die größte Abweichung der Konzentration und somit die ausgeprägteste Unähnlichkeit aufweist. Außerdem besagt diese Darstellung, dass die höchst gemessene PO_4^{3-}-Konzentration bei der Steverquelle A XII_I zu verzeichnen ist. Anderes Beispiel liefert die Berkelquelle B XVI. Diese ist nach bisherigen Angaben als eine NO_3^--haltige Quelle anzugeben. Der Konzentrationsunterschied bzw. die Unähnlichkeit zwischen PO_4^{3-} an diesem Quellstandort und den anderen Parametern ist entsprechend so groß, dass diese Quelle eher als PO_4^{3-}-haltige statt als NO_3^--haltige bezeichnet werden kann. Diese Tatsache ist durch die Verzerrung des Diagramms in Richtung PO_4^{3-} zu bestimmen. Eine weitere PO_4^{3-}-haltige Quelle ist die Arningquelle F VII (östlich), welche aus der Sicht der Ionen-Ganglinien Auswertung nicht zu erkennen ist. Grund dafür sind die niedrigen PO_4^{3-}-Werte im Vergleich zu den anderen Parametern.

4 Dünnschliffe

Für die Dünnschliffanalyse wurden 15 Sedimentproben an verschiedenen Quellstandorten entnommen. Das Lockermaterial wurde auf Glasträger aufgeklebt und auf 27 µm Dicke heruntergeschliffen. Unter dem Polarisationsmikroskop sind Kalzitbildungen in Form von Ooiden an vielen Quellstandorten, wie z.B. Hexenpütt erkennbar (Anhang 2.11). Andere Quellen zeigten hohen Karbonatanteil an, der als Hinweis auf Sinterbildungen gilt.

5 Ausblick

Die Hydrochemie der Quellwässer in den Baumbergen weist eine Abhängigkeit von den jahreszeitlichen und räumlichen Faktoren auf. Im Raum haben die Flächennutzung, die Hangneigung und die Vegetation unterschiedlich starken Einfluss. Um eine umfassende Erklärung des Flächennutzungsfaktors zu geben, sind eine Auswertung mittels Analyse von Luftbildreihen und eine Kartierung der Landflächen von Nöten. Innerhalb der multivariaten Analyse ist es empfehlenswert, weitere hydrochemische Analysen (auch an Sommerquellen) durchzuführen und weitere Parameter (auch sogenannte „Softparameter") einzubinden.

Danksagung

Ganz besonders möchte ich einer speziellen Person danken, ohne die meine Arbeit nie in einem solchen Umfang entstanden wäre. Diese Person ist Frau Dr. Patricia Göbel. Ihr möchte ich für die Vergabe und hervorragende Betreuung meiner Masterarbeit danken. Sie bereicherte mich und meine Arbeit mit Denkanstößen und Diskussionsgrundlagen. Des Weiteren möchte ich Herrn Prof. Dr. Wilhelm G. Coldewey meinen Dank zollen. Durch ihn wurde das Projekt „Quellen in den Baumbergen - Erhaltung, Erforschung und Entwicklung der Quellen im Natur- und Erlebnisraum der Baumberge" ermöglicht. Ebenso bedanke ich mich bei den Projektteilnehmern Meike Düspohl, Michael Engel, Catharina Kähler, Birte Krüttgen und Frauke Müller. Ich danke Euch für die Unterstützung bei den Probenahmen und Eurem tatkräftigen Willen zur Diskussion. So konnten wir alle etwas voneinander lernen. Mein Dank gilt Frau Alexandra Reschka für die Labormessungen der Proben sowie Herrn Dr. Wolfgang Riss, der mir hilfsbereit bei der statistischen Auswertung zur Seite stand. Ferner möchte Frau Dr. Bettina Dölling vom Geologischen Dienst NRW in Krefeld meinen Dank ausdrücken. Sie stellte mir Kartenmaterial und ihre fachliche Beratung zur Verfügung. Ebenso möchte ich dem Kreis Coesfeld wie auch die Bezirksregierung Münster lobend erwähnen.

Literatur:

DÜSPOHL, M., ENGEL, M., HAFOUZOV, B., KÄHLER, C,, KRÜTTGEN, B. & F. MÜLLER (2009): Wo die Schüssel überläuft – eine interdisziplinäre Untersuchung der Quellen in den Baumbergen (Münsterland, NRW); Münster. – [Unveröff. Projektbericht].

ENGEL, M. (2008): Erfassung der Abflusskomponente in den Baumbergen (Kreis Coesfeld, NRW) im Rahmen des Projekts „Quellen in den Baumbergen – Erhaltung, Erforschung und Entwicklung der Quellen im Natur- und Erlebnisraum Baumberge"; Münster. – [Unveröff. Diplomarbeit].

Geologische Karte 1:25 000 - Blatt C 4010 Nottuln; DÖLLING, B. (2007): Geologisches Landesamt Nordrhein-Westfalen; Krefeld.

HÖLTING, B. & W. G. COLDEWEY (2009): Hydrogeologie. Einführung in die allgemeine und angewandte Hydrogeologie, 7. Aufl.; 326 S., 69 Tabellen; München.

HÜTTER, L., A. (1994): Wasser und Wasseruntersuchung: Methodik, Theorie und Praxis chemisch-physikalischer, biologischer und bakteriologischer Untersuchungsverfahren.- 6. Aufl., 515 S.; Frankfurt.

PICHLER, H. & C. SCHMITT-RIEGRAF (1993): Gesteinsbildende Minerale im Dünnschliff.- 2. Aufl., S. 233., 436 Abb., 16 Farbb., 22 Tab., 1 Farbt.; Stuttgart.

SCHIRMER, C. (2009): Chemisch-ökologische Untersuchung der Eutrophierung des Berkelquelltopfes in Billerbeck. - 64 S., 16 Abb.; Münster. - [Unveröff. Bachelorarbeit].

TRINKWASSERVERORDNUNG (2001): Verordnung über die Qualität von Wasser für den menschlichen Gebrauch TrinkwV 2001-Trinkwasserverordnung; BGBI I Nr.24 vom 28.5.2001, Berlin.

Anschrift des Verfassers:

M. Sc. Birhan Hafouzov
Hollenbeckerstr.31
48143 Münster

birhan_chispas@gmx.de

Abhandlungen aus dem Westfälischen Museum für Naturkunde, **72** (3/4): 45-50, Münster, 2010

Chemisch-ökologische Untersuchung der Eutrophierung des Berkelquelltopfes in Billerbeck (Kreis Coesfeld, Nordrhein-Westfalen)

Claudia Schirmer, Essen

Zusammenfassung

Im Berkelquelltopf südöstlich von Billerbeck im Münsterland führt ein ansteigender Nährstoffgehalt jährlich zu einer sommerlichen Algenblüte. Diese beeinträchtigt die Naherholungsfunktion des Berkelquellgebietes und führt daher zu lokalen Konflikten. Im Rahmen einer Bachelorarbeit (SCHIRMER 2009) wurde nun die aktuelle ökologische Situation des Berkelquelltopfes untersucht, um Maßnahmen zur Verbesserung seines Zustandes zu formulieren.

Dazu wurden morphologische, chemische und biologische Untersuchungen durchgeführt, der Trophiegrad des Sees bestimmt sowie ein Vergleich mit historischen Messwerten durchgeführt. Weiterhin wurden Luftbilder herangezogen, um den Stoffeintrag aus dem Einzugsgebiet einzuschätzen.

Es zeigte sich, dass der Berkelquelltopf aufgrund seiner Morphologie sehr sensibel auf Nährstoffeintrag reagiert. Er ist seit vielen Jahren einer hohen Fracht ausgesetzt, die zur Eutrophierung und ihren Auswirkungen führt. Es ist anzunehmen, dass der Quelltopf stark durch den Eintrag aus seinem Einzugsgebiet beeinflusst wird. Jedoch kann dieses erst vollständig bestimmt werden, wenn das hydraulisch wirksame Kluftsystem der Baumberge erforscht ist.

Es wurde festgestellt, dass der See aus zwei verschiedenen Grundwasserleitern gespeist wird, in denen verschiedene Redoxbedingungen herrschen. Ein hoher Stickstoffeintrag erfolgt über die für Touristen ausgeschilderte Berkelquelle („Touristenquelle"), deren Einzugsgebiet in den Baumbergen liegt und die durch einen vollständig nitrifizierten Kluftgrundwasserleiter beliefert wird. Ein seitlicher Zufluss bringt Phosphor in den See ein. Der Zufluss wird durch einen oberflächennahen Grundwasserleiter gespeist, in dem es bei Staunässe und sauerstoffzehrender Mineralisation von organischer Substanz zu reduzierenden Bedingungen und der Freisetzung von Ammonium, Mangan, Eisen und Phosphat kommt. Stickstoff und Phosphor sind eutrophierungswirksame Elemente.

Stellt sich eine stabile Schichtung im See ein, kann die Sedimentoberfläche am Grund leicht reduziert werden und eine Rücklösung von Phosphat und damit die Verstärkung der Eutrophierung auslösen.

Die Trophieklassifikation des Berkelquelltopfes kennzeichnet ihn als eutrophes Gewässer. In einer Untersuchung der dominanten Phytoplankter wurden Indikatororganismen für übermäßig verschmutzte Gewässer gefunden.

Ein Vergleich der aktuellen Messergebnisse mit historischen Analysen ergab, dass ein Anstieg des Nährstoffeintrags infolge des Grünlandumbruchs in den 1960er Jahren stattgefunden hat. Später stellte sich ein neues Gleichgewicht mit durchgehend erhöhtem Eintrag ein. Der Phosphoreintrag über den Zufluss ist zuvor nicht festgestellt worden.

Die landwirtschaftliche Intensivierung war auch anhand von Luftbildern erkennbar. Demnach kann davon ausgegangen werden, dass die Auswaschung aus landwirtschaftlich genutzten Flächen, wie im gesamten Münsterland, den Anstieg des Stickstoffeintrags verursacht.

Der Eintrag von Stickstoff könnte gemindert werden, wenn die landwirtschaftliche Nutzung im Einzugsgebiet an dem Kluftsystem der Baumberge angepasst würde. Zur Reduzierung des Phosphoreintrags sollte der Zufluss kanalisiert und umgelenkt werden.

1 Einleitung

In den vergangenen Jahrzehnten konnte ein unnatürlich starker Anstieg des Trophiegrades in vielen Binnengewässern beobachtet werden, was als eine der gravierendsten und großflächigsten anthropogenen Einflussnahmen auf aquatische Ökosysteme angesehen werden kann (LAMPERT & SOMMER 1999). Die Eutrophierung führt zu einer vollständigen Umformung der Ökosysteme, einem allgemeinen Artenverlust (SCHMIDT 1996) und der Massenentwicklung einiger toleranter Arten (SCHÖNBORN 2003). In Billerbeck wird die Eutrophierung der Gewässer am Berkelquelltopf deutlich. Jährlich kommt es zu starken sommerlichen Algenblüten, wobei ansonsten Artenarmut vorliegt.

Das Quellgebiet der Berkel befindet sich südöstlich der Stadt Billerbeck. Die Berkel wird von verschiedenen Quellen entlang des Talverlaufs parallel zu Billerbecker Abschiebung in nordwestlicher Richtung gespeist. Nordöstlich davon liegen die Baumberge mit den Baumberger Schichten und einer guten Trennfugendurchlässigkeit aufgrund der Klüftung. Auf der Westseite liegen die dagegen wasserstauenden Oberen Osterwicker Schichten. Darauf lagern weiter südwestlich die Coesfelder Schichten, die von Süden nach Norden durchlässiger werden. Nahe der Berkel liegen Niederterrassensedimente aus der Weichsel-Kaltzeit vor. Die Berkelaue wird aus holozänischen Bach- und Flussablagerungen gebildet (GEOLOGISCHES LANDESAMT NORDRHEIN-WESTFALEN 1975a). Hier hat sich aufgrund von Staunässe ein vergleyter Boden entwickelt (ÖKON 1989).

Die erste Quelle, welche die Alte Berkel speist, liegt im Süden auf einem Feld in der Bauernschaft Dörholt. Von hier aus fließt der Fluss Richtung Billerbeck. Ca. 2 km flussabwärts liegt ein Feuchtbiotop mit einigen Teichen. Mehrere kleine Quellaustritte, welche an dessen östlichem Rand gefunden werden können, fallen im Sommer trocken und werden Winterquelle genannt (Anh. 3.1 und 3.2). Von hier aus verläuft entlang eines Spazierweges ein Drainagegraben und fließt in den Berkelquelltopf. Dieser See wird darüber hinaus durch eine größere Quelle gespeist, welche für Touristen als die offizielle Berkelquelle ausgewiesen ist. Es handelt sich hier um die Sommerquelle, die normalerweise nicht trocken fällt. Ein Wehr staut den See an der westlichen Ecke. Unterhalb des Wehrs beginnt der Flusslauf der Neuen Berkel, der sich nach etwa 500 m mit der Alten Berkel verbindet.

Die Umgebung der Berkelquellen wird, wie 2/3 des Münsterlandes (STUA 2005), hauptsächlich landwirtschaftlich genutzt. Bei der Alten Berkel handelt es sich um einen künstlich angelegten Entwässerungskanal. Quellteich und Neue Berkel wurden Anfang des

20. Jahrhunderts angelegt. Im Quellteich wurden schon mehrfach Entschlammungen durchgeführt.

2 Methoden

Die ökologische Situation des Berkelquelltopfes lässt sich mit Hilfe von morphologischen, physikalischen, chemischen und biologischen Kenngrößen beurteilen. Im Rahmen dieser Arbeit soll eine Momentaufnahme der Sommersituation des Sees erfolgen.

Zur Charakterisierung des Stoffhaushaltes wurde die Verweilzeit des Wassers im See bestimmt, da sie Rückschlüsse auf ablaufende Prozesse und eine erste Einschätzung zur Trophie ermöglicht. Ebenfalls wurde mit dem Quotienten aus der Fläche des Einzugsgebiets und der Seeoberfläche der Umgebungsfaktor berechnet, welcher anzeigt, wie stark ein See durch Stoffeintrag aus seinem Einzugsgebiet beeinflusst wird.

Im Gebiet des Quelltopfes wurden chemisch-physikalische Messungen durchgeführt und Proben entnommen und im Labor auf ihre Bestandteile untersucht. Weiterhin wurde ein Tiefenprofil für den Berkelquelltopf entlang einer Querlinie angelegt und dort beprobt.

Zur Trophiebestimmung wurde die „Vorläufige Richtlinie für die Trophieklassifikation von Talsperren" (LAWA 2001) verwendet. Zur Ergänzung der Messwerte wurden aus Schöpf- und Sammelproben die dominanten Phytoplankter in einer Abundanzschätzung erfasst und als Indikatororganismen zur Trophieeinstufung verwendet (STREBLE & KRAUTER 2002).

Um die aktuellen Messungen besser in ihren chemischen und historischen Zusammenhang einordnen zu können, wurden sie mit historischem Datenmaterial verglichen.

Der Stoffeintrag in einen See wird immer durch sein Einzugsgebiet beeinflusst. Daher wurden zusätzlich Luftbilder der Jahre 1961 und 2006 und die Landnutzung sowie ihre Veränderung betrachtet.

3 Analyse der Ergebnisse

3.1 Verweilzeit und Umgebungsfaktor

Die Verweilzeit des Wassers im Quelltopf bewegte sich zwischen rund 40,6 und 101,3 Stunden und ist damit als sehr gering anzusehen. Da eine Korrelation der Verweilzeit zur Höhe der vorausgehenden lokalen Tagesniederschläge erkennbar war, kann man davon ausgehen, dass im Einzugsgebiet tatsächlich geklüftetes Gestein vorliegt, in dem das Niederschlagswasser sich zügig bewegt. Würde man also die Ursache des Eintrags eutrophierungswirksamer Stoffe, zum Beispiel die Stickstoffdüngung im Einzugsgebiet, einstellen, würde der See sich sehr schnell wieder regenerieren. Insgesamt ist somit die Schüttung und Auswaschung von Stoffen und der Eintrag in den See sehr stark vom Niederschlag abhängig.

Für den Berkelquelltopf ergibt sich für sein gesamtes Einzugsgebiet ein Umgebungsfaktor von rund 1606. Dabei handelt es sich um einen übermäßig hohen Wert, der bedeutet, dass der Quelltopf stark von allochtonem Stoffeintrag beeinflusst wird (SCHÖNBORN 2003). Der Wert muss jedoch als ungenau angesehen werden, da das Einzugsgebiet der

Touristenquelle, welche offenbar das Kalkgestein der Baumberge entwässert, erst vollständig bestimmt werden kann, wenn die Klüftung genau erforscht ist.

3.2 Chemisch-physikalische Untersuchung

Die Messergebnisse zeigen, dass sich die Stoffkonzentrationen der Touristenquelle und des südlichen Zuflusses, die beide den Quelltopf speisen, stark unterscheiden. Im Zufluss sind der pH-Wert, die Leitfähigkeit und die Ionen Na^+, Ca^{2+}, NH_4^+, Mn^{2+}, Fe^{2+}, HCO_3^- , Cl^-, SO_4^-, NO_2^-, und PO_4^{3-} gegenüber der Touristenquelle leicht bis sehr stark erhöht. Ebenfalls wird eine stärkere Trübung gemessen, die spektrale Absorption und auch der Gehalt an Gesamtphosphat-Phosphor sowie gesamtem organischen Kohlenstoff fallen höher aus. In der Touristenquelle ist dagegen die höchste Nitratkonzentration des ganzen Untersuchungsgebietes messbar (Anhang 3.1). Daraus wird ersichtlich, dass diese Wässer unterschiedlichen Bedingungen ausgesetzt sind, die ihren stofflichen Charakter beeinflussen. Weiterhin fällt auf, dass der Tümpel südöstlich des Quelltopfs, sowie die Biotope dem Zufluss in einigen Messwerten ähnlich sind. Diese Ergebnisse lassen vermuten, dass zwischen der Alten Berkel, dem Winterquellsee, dem Tümpel und dem Zufluss eine Verbindung besteht. In einer Optimierungsmaßnahme wurde 1993 versucht, das Wasser, das an der Winterquelle austritt, sowie die Alte Berkel um den Quelltopf herumzuleiten. Offenbar war dieser Eingriff noch nicht effektiv genug.

Diese Ergebnisse sprechen dafür, dass es sich hier um zwei Liefergebiete und zwei Grundwasserleiter handelt, in denen unterschiedliche Bedingungen vorherrschen. Die Touristenquelle entwässert über einen Kluftgrundwasserleiter ein Einzugsgebiet, das auf den Baumbergen liegt. Die Analyseergebnisse belegen, dass unter aeroben Bedingungen eine vollständige Nitrifizierung stattgefunden hat. Der Stickstoffeintrag in den See findet hauptsächlich über die Touristenquelle statt (Anhang 3.1). Der Zufluss wird dagegen durch einen oberflächennahen Grundwasserleiter gespeist, da hier ein oberflächennaher Grundwasserstauer vorliegt (GEOLOGISCHES LANDESAMT NORDRHEIN-WESTFALEN 1975b). Ein hoher Anteil an organischer Substanz wird hier bei Staunässe sauerstoffzehrend mineralisiert, wobei das Redoxpotential absinkt. Durch reduzierende Prozesse werden erhöhte NH_4^+, Mn^{2+}, Fe^{2+}, PO_4^{3-} und TOC-Konzentrationen gemessen. Der seitliche Zufluss bringt demnach den Phosphor in den See ein (Anhang 3.2). Die eutrophierungswirksamen Elemente Stickstoff und Phosphor entstammen also verschiedenen Gebieten.

Die bei der Beprobung des Querprofils gewonnenen Daten legen nahe, dass im Sediment des Sees ebenfalls reduzierende Bedingungen vorliegen. Kommt es zur Stagnation, kann die Sedimentoberfläche leicht reduziert werden, was zu einer Rücklösung von Phosphat und damit zu einer Verstärkung der Eutrophierung führt (Resuspension).

3.3 Trophiebestimmung nach LAWA (2001)

Die Trophiebestimmung nach LAWA (2001) ergab für den Quelltopf den Grad „eutroph 2", womit bestätigt ist, dass es sich um einen eutrophen See handelt. Bei der mikroskopischen Bestimmung der dominanten Phytoplanktonarten wurde die Leitart *Thiopedia rosea* nachgewiesen, welche dem polytrophen Gewässerzustand zugeordnet wird und mit Stufe IV der Gewässergüte für „übermäßig verschmutzt(es)" Wasser spricht. Weiterhin wurden *Spirogyra spec.* und *Chaetophora pisiformis* als dominante Artenfestgestellt. Sie kennzeichnen zwar mesotrophe bis eutrophe Gewässer, also gering bis mäßig belastete Lebensräume, sind aber keine Leitarten, da sie tolerant bis sehr tolerant gegenüber ihren Lebensbedingungen sind (STREBLE & KRAUTER 2002).

3.4 Vergleich der Messwerte mit historischen Daten

Aus den historischen Messwerten wird deutlich, dass die Zunahme der Eutrophierung des Quelltopfes durch einen Anstieg des Nährstoffeintrages hervorgerufen wurde, der dem Grünlandumbruch in den 1960er Jahren folgte. Auch die räumliche Trennung der Einzugsgebiete ist in den historischen Daten sichtbar. Zum Eintrag von unter anaeroben Bedingungen freigesetzten Stoffen über den Zufluss kommt es sehr wahrscheinlich erst seit der Anlage der Feuchtbiotope und der darauf folgenden Akkumulation von Biomasse.

3.5 Stoffeintrag aus dem Einzugsgebiet

In der Luftbildanalyse, wobei Bilder aus den Jahren 1961 und 2006 verwendet wurden, ist ebenfalls die Intensivierung, bei der Grünland zu Ackerland umgewandelt wurde, sichtbar. Ein solcher Grünlandumbruch hat zur Folge, dass durch die Bodenbearbeitung die Mineralisation der organischen Substanz verstärkt abläuft, bis sich ein neues Gleichgewicht im Boden eingestellt hat (SCHEFFER & SCHACHTSCHABEL 2002). Während dieser Zeit werden vermehrt Nährstoffe ins Grundwasser ausgeschwemmt. Nitrat wird leicht über das Grundwasser ausgewaschen und kann über weite Strecken transportiert werden. Aus Ackerflächen, die bereits einer langjährigen Nutzung unterliegen, kann auch das ansonsten wenig mobile Phosphat ausgewaschen werden. Durch die alljährliche Phosphatdüngung bei der Aussaat kann es passieren, dass der Boden bereits so stark damit versetzt ist, dass weitere Phosphatzugaben nicht mehr adsorbiert, sondern ausgeschwemmt werden (SCHEFFER & SCHACHTSCHABEL 2002).

4 Fazit und Ausblick

Für eine effektive Verminderung der Eutrophierung sollte der übermäßige Nährstoffeintrag gestoppt werden. Die Erforschung des Kluftsystems der Baumberge könnte eine genaue Eingrenzung des Einzugsgebietes und damit Maßnahmen zur Reduzierung der Gewässerbelastung durch Stickstoff ermöglichen, z.B. die Einrichtung von Wasserschutzgebieten. Der Phospateintrag über den Zufluss sollte durch eine Kanalisation verhindert werden, sodass der oberflächennahe Grundwasserleiter am Quellsee vorbeigeführt wird. Als Renaturierungsmöglichkeit empfiehlt sich das erneute Ausbaggern des Sees zur Verhinderung der Resuspension. Möglich ist weiterhin die Ansiedlung gegenüber den Algen konkurrenzstarker Makrophyten, die die speziellen Bedingungen des Flachsees tolerieren.

Literatur:

GEOLOGISCHES LANDESAMT NORDRHEIN-WESTFALEN (1975a): Geologische Karte von Nordrhein-Westfalen 1:100.00, Blatt C4306 Recklinghausen; Krefeld.

GEOLOGISCHES LANDESAMT NORDRHEIN-WESTFALEN (1975b): Hydrogeologische Karte von Nordrhein-Westfalen 1:100.00, Blatt C4306 Recklinghausen; Krefeld.

LAMPERT, W. & SOMMER, U. (1999): Limnoökologie; Stuttgart.
LAWA (2001): Gewässerbewertung – stehende Gewässer. Vorläufige Richtlinie für die Trophieklassifikation von Talsperren; Schwerin.
ÖKON (1989): Das Quellgebiet der Berkel. Bestandsaufnahme und Bewertung des aktuelen Zustands mit Hinweisen zur ökologischen Optimierung. O.O.
SCHEFFER, F. & SCHACHTSCHABEL, P. (2002): Lehrbuch der Bodenkunde; Heidelberg.
SCHIRMER, C. (2009): Chemisch-ökologische Untersuchung der Eutrophierung des Berkelquelltopfes in Billerbeck. – 64 S., 16. Abb.; Münster. – [unveröffentl.- Bachelorarbeit].
SCHMIDT, E. (1996): Ökosystem See. Der Uferbereich des Sees; Wiesbaden.
SCHÖNBORN, W. (2003): Lehrbuch der Limnologie; Stuttgart.
STREBLE, H. & KRAUTER, D. (2002): Das Leben im Wassertropfen. Mikroflora und Mikrofauna des Süßwassers. Ein Bestimmungsbuch; Stuttgart.
STUA (2005): Umsetzung der WRRL. Gewässerbelastung durch Stickstoffeinträge im Münsterland; Münster.

Anschrift der Verfasserin:

Claudia Schirmer
B.Sc. Landschaftsökologin
Havelring 55
45136 Essen

c_schirmer@gmx.de

Abhandlungen aus dem Westfälischen Museum für Naturkunde, **72** (3/4): 51-62, Münster, 2010

Bewertung der Biodiversität in den Quellen der Baumberge (Kreis Coesfeld, Nordrhein-Westfalen)

Frauke Müller, Hamburg, Norbert Kaschek, Wolfgang Riss
und Elisabeth I. Meyer, Münster

Zusammenfassung

Quellen stellen hohe Ansprüche an die Anpassungsfähigkeit von Organismen. Kleinräumigkeit, geringe Nährstoffgehalte, konstant niedrige Temperaturen und ein oftmals fehlender Habitatverbund haben zur Ausbildung von hoch spezialisierten Artengemeinschaften geführt, die auf naturnahe Quellen als Lebensraum angewiesen sind. Durch Flurbereinigungsverfahren und die Anlage von Dränagen sind auch die Quellen der Baumberge als Lebensraum stark verändert worden.

Im Rahmen des interdisziplinären Projekts „Quellen in den Baumbergen – Erhaltung, Erforschung und Entwicklung der Quellen im Natur- und Erlebnisraum Baumberge" wurde die ökologische Qualität der Baumbergequellen naturschutzfachlich bewertet. Hierzu fand von Januar bis März 2008 eine Strukturkartierung und -bewertung an 51 Quellen statt. Im März 2008 folgte eine Bewertung des Makrozoobenthos an 16 Standorten.

Es zeigte sich, dass die Lebensgemeinschaften im Vergleich zu anderen Untersuchungen an Quellen zwar ähnlich divers sind, ihre Zusammensetzung aber überwiegend als quellfremd, bzw. sehr quellfremd zu bewerten ist. Ein in der naturschutzfachlichen Praxis oft unterstellter Zusammenhang zwischen hoher faunistischer Diversität und hoher ökologischer Qualität des Lebensraums konnte mit dem angewandten Verfahren daher nicht festgestellt werden.

Die Strukturbewertung fällt insgesamt positiver aus als die faunistische Bewertung. Viele Quellen sind naturnah oder bedingt naturnah, und nur wenige erscheinen als stark geschädigt. Obwohl die Strukturkartierung zum Ziel hat, die Qualität der Quelle als Lebensraum zu bewerten, lässt sich kein Zusammenhang zur faunistischen Bewertung herstellen: Eine strukturreiche Quelle verfügt nicht zwangsläufig über eine quelltypische Artenzusammensetzung. Einzelne Strukturparameter, die sich nicht auf das Umfeld der Quelle sondern auf den eigentlichen Quellbereich beziehen, sind allerdings signifikant mit der Taxa- und Quelltaxazahl verbunden. Ihnen sollte in dem Bewertungsverfahren mehr Gewicht gegeben werden.

1 Einleitung

Die Literatur zur Quellökologie verweist auf eine systemtypische Artenarmut in Quellen (SLOAN 1956, MINSHALL 1968, LISCHEWSKI & LAUKÖTTER 1993). Dass ihre Artenvielfalt dennoch als wertbestimmendes Kriterium für den Naturschutz empfohlen wird, gründet sich auf ihren relativen Artenreichtum im Verhältnis zu der sie umgebenden, oft artenarmen, Kulturlandschaft (BEIERKUHNLEIN & HOTZY 1999). Diese Gleichsetzung von Artenreichtum und hohem ökologischen Wert des Lebensraums wird im Naturschutz häufig praktiziert (MAYER et al. 2002). Am Beispiel der Quellen in den Baumbergen (Kreis Coesfeld, NRW) wurde nun der Frage nachgegangen, ob eine solche Prämisse für die hiesigen Quelllebensräume zulässig ist und eine hohe Artenvielfalt tatsächlich mit einer hohen ökologischen Wertigkeit einhergeht.

Ergänzend zur Artenvielfalt wurde auch die Vielfalt der Strukturen in den Quellen betrachtet. Die Strukturdiversität gilt als wichtigste Einflussgröße für die Zusammensetzung von Biozönosen (BELL et al. 1991). Auch in den gängigen Strukturkartierungen für Quellen (HINTERLANG & LISCHEWSKI 1993, HOTZY & RÖMHELD 2003, SCHINDLER 2006) wird vorausgesetzt, dass sich eine hohe Strukturvielfalt günstig auf die Quellfauna auswirkt. Nach SMITH et al. (2003) ist jedoch der Zusammenhang zwischen der Quellfauna und den Umweltfaktoren bisher kaum untersucht worden. Es wurde daher ermittelt, ob eine hohe Strukturdiversität eine hohe Diversität der quellspezifischen Fauna in den Baumberger Quellen begünstigt.

2 Untersuchungsgebiet

Die Baumberge ragen als kleinräumige Hügellandschaft aus dem flachen Kernmünsterland in Nordrhein-Westfalen. Mit +186 mNN bilden sie die höchste Erhebung der Westfälischen Bucht, dem südlichsten Ausläufer des Norddeutschen Tieflandes. Während der Oberkreide überdeckte ein Schelfmeer das Gebiet. Sedimente formten eine muldenartige Struktur, die sich auch nach der späteren tektonischen Hebung der Baumberge in ihrem Innern erhalten hat. Diese „Schüsselstruktur“ mit unterschiedlich wasserdurchlässigen Gesteinsschichten bildet heute ein Reservoir für Grundwasser, das zahlreiche Überlaufquellen speist. Insgesamt speist das karbonathaltige Quellwasser fünf Einzugsgebiete.

3 Methoden

3.1 Faunistische Probennahme

Im März 2008 wurden 16 Quellen einer Einmalbeprobung des aquatischen Makrozoobenthos unterzogen. Die Erfassung erfolgte mit der 'Zeitsammelmethode mit Flächenbezug': Eine Fläche von 500 Quadratzentimetern wurde während einer Minute mit einem Handkescher (Maschenweite 250 Mikrometer) beprobt. Hirudinea (Egel) und Turbellaria (Strudelwürmer) wurden lebend bestimmt. Die Bestimmung der übrigen Taxa erfolgte nach Fixierung in 70prozentigem Äthylalkohol am Stereomikroskop (50-fache Vergrößerung) sowie am Mikroskop (100- bis 250-fache Vergrößerung). Zwar wurden Arten der Meiofauna nicht berücksichtigt, aufgrund ihrer Aussagekraft über mögliches Trockenfallen der Quellen wurden die wenigen gefundenen Wassermilben trotzdem bestimmt. Gleiches gilt für die Grundwasserfauna, die ein guter Indikator für naturnahe Quellen sein kann und deshalb nicht unbeachtet bleiben sollte.

3.2 Faunistische Diversität

α-Diversität: Als Maß für die standörtliche Diversität wurde die Taxazahl *S* verwendet. Rückschlüsse über die Größe der Populationen erlaubte die Abundanz. Um die relativen Anteile der Taxa an der Lebensgemeinschaft zu berücksichtigen, wurde für jeden Standort der inverse Simpson-Diversitätsindex $1/D$ berechnet (Gl. 1).

$$1/D = 1/\sum p_i^2 \quad (1)$$

Mit: D = Simpson-Index; p_i = relative Abundanz der i-ten Art.

Die Simpsons Evenness $E_{1/D}$ sagt aus, wie gleichverteilt die Taxa in der Biozönose sind (Gl. 2).

$$E_{1/D} = \frac{1/D}{S} \quad (2)$$

Mit: $E_{1/D}$ = Simpsons Evenness; D = Simpson-Index; S = Gesamttaxazahl.

β-Diversität: Die β-Diversität sagt aus wie ähnlich sich zwei miteinander verglichene Biozönosen in ihrer Zusammensetzung sind. Sie wird als Bray-Curtis-Ähnlichkeit in Prozent angegeben (Gl. 3).

$$C_N = \frac{2jN}{N_a + N_b} \quad (3)$$

Mit: C_N = Bray-Curtis-Ähnlichkeitskoeffizient; N_a = Anzahl der Individuen an Standort A; N_b = Anzahl der Individuen an Standort B; jN = Wert der niedrigeren Abundanz eines an beiden Standorten gefundenen Taxons.

γ-Diversität: Die Gesamtzahl unterschiedlicher Taxa in einem betrachteten Landschaftsausschnitt ist die γ-Diversität.

3.3 Quellbewertung

Es kamen zwei unterschiedliche Verfahren zur Bewertung der Quelllebensräume zum Einsatz. Mit dem „Bewertungsverfahren zur Quellfauna" nach FISCHER (1996) stand ein naturschutzfachliches Werkzeug bereit, das eine Beurteilung von Quelllebensräumen in Bezug auf das Vorhandensein speziell angepasster Arten erlaubt. Hierzu wird die Anzahl der Quelltaxa ins Verhältnis zur Gesamtanzahl der in einer Quelle vorkommenden Taxa gesetzt (Gl. 4, Tab. 1). Als Quelltaxa gelten krenobionte (nur in Quellen oder im Grundwasser lebende) und krenophile (im Quellbach oder quellnah lebende) Taxa.

$$ÖWS_{Fauna} = \sum_{i=1}^{n} \frac{ÖWZ_i \cdot HK_i}{n} \quad (4)$$

Mit: $ÖWS_{Fauna}$ = Ökologische Wertsumme der Fauna; $ÖWZ_i$ = Ökologische Wertzahl des i-ten Taxons; HK_i = Häufigkeitsklasse des i-ten Taxons; n = Anzahl der indizierten Taxa in der Probe.

Der Berechnung liegt eine Indexliste zugrunde, in der die Taxa entsprechend ihrer Stenökie mit Werten von „0,5“ (saprophil = verschmutzungsanzeigend) bis „16“ (krenobiont) eingestuft sind. Die Berechnung der Häufigkeitsklasse *HK* wurde für diese Arbeit angepasst, um der Probennahme mit Flächenbezug und den damit höheren Abundanzen gerecht zu werden: Ein Individuum in der ursprünglichen Einteilung (LISCHEWSKI & LAUKÖTTER 1993) entspricht hier 20 Individuen.

Tab. 1: Wertklassen des „Bewertungsverfahrens zur Quellfauna“ nach FISCHER (1996). $ÖWS_{Fauna}$ = Ökologische Wertsumme der Fauna.

$ÖWS_{Fauna}$	Bewertung	Wertklasse
> 20,0	quelltypisch	1
15,0-19,9	bedingt quelltypisch	2
10,0-14,9	quellverträglich	3
5,0-9,9	quellfremd	4
< 5,0	sehr quellfremd	5

Die Anzahl der Arten, die in der Roten Liste gefährdeter Tiere Deutschlands (BINOT et al. 1998), im Folgenden RL BRD, oder der Roten Liste der gefährdeten Pflanzen und Tiere in Nordrhein-Westfalen (LÖBF/LAFAO NRW 1999), im Folgenden RL NRW, verzeichnet sind, ergänzte die Bewertung.

Zusätzlich zur faunistischen Bewertung wurde an 50 Quellen zwischen Januar und März 2008 das „Kartier- und Bewertungsverfahren zur Quellstruktur“ nach SCHINDLER (2006) angewandt. Die Berechnung erfolgte nach Gleichung 5:

$$ÖWS_{Struktur} = \frac{A+B}{2} \quad (5)$$

Mit: $ÖWS_{Struktur}$ = Ökologische Wertsumme der Struktur; A = Höchster erhobener Wert aus Kategorie „Einträge/Verbau“; B = Mittelwert aus den Kategorien „Vegetation/Nutzung“ und „Struktur“ (Tab. 2).

In die Bewertung gehen insgesamt 16 Kriterien ein. Sie beziehen sich auf mögliche Einträge in die Quelle und ihren Verbau (z. B. Verrohrungen), auf Vegetation und Nutzung im Umfeld des Standorts (z. B. Laub- oder Nadelwald) und auf Lebensraumstrukturen innerhalb der Quelle. Hier gilt etwa eine hohe Vielfalt an unterschiedlichen Substraten auf dem Gewässergrund (z. B. Laub, Kies, Detritus) oder an unterschiedlichen Strömungszuständen (z. B. glatt, plätschernd, fallend) als positiv. Auch das Vorhandensein „besonderer Strukturen“, wie Inseln und kleinere Wasserfälle, ist relevant (Anhang 10).

Tab. 2: Wertklassen des „Kartier- und Bewertungsverfahrens zur Quellstruktur“ nach SCHINDLER (2006). $ÖWS_{Struktur}$ = Ökologische Wertsumme der Struktur.

$ÖWS_{Struktur}$	Bewertung	Wertklasse
1,00-1,8	naturnah	1
1,81-2,6	bedingt naturnah	2
2,61-3,4	mäßig beeinträchtigt	3
3,41-4,2	geschädigt	4
4,21-5,0	stark geschädigt	5

Taxazahl, Simpson-Index und Simpsons Evenness wurden mit dem Statistikprogramm PAST (Version 1.82b) berechnet. Zur Bestimmung des Bray-Curtis-Ähnlichkeitskoeffizienten diente EstimateS (Version 7.5). Mit SPSS (Version 16.0.1) wurde auf Normalverteilung getestet und die Korrelationen ermittelt.

4 Ergebnisse

4.1 Faunistische Diversität

α-Diversität: Im Durchschnitt konnten 22 Taxa pro Quelle unterschieden werden (Anhang 4.1, 4.2). Die Anzahl lag zwischen 4 (Ludgerusbrunnen B II) und 45 Taxa pro Quelle (Hexenpütt A V). Das Stevereinzugsgebiet wies mit 29 Taxa den höchsten und das Berkeleinzugsgebiet mit 10,5 Taxa den geringsten durchschnittlichen Wert pro Standort auf (Anhang 4.11). In den Quellen fanden sich hohe Individuendichten von im Schnitt 7333 Individuen pro Quadratmeter. Die Spanne der Abundanzen reichte von 1740 Individuen pro Quadratmeter in der Berkelquelle im südöstlichen Billerbeck (B XVI) bis 30760 in der renaturierten Vechtequelle in Darfeld (D I).

Der inverse Simpson-Index $1/D$ lag im Mittel bei 4,83 und deckte mit Werten von 1,39 (Ludgerusbrunnen B II) bis 9,12 (Hexenpütt A V) ein breites Spektrum ab. Die Simpsons Evenness $E_{1/D}$ variierte ebenfalls stark, eine sehr hohe Gleichverteilung erreichte keine der Quellen. Den höchsten Wert hatte die großflächige helokrene Steinfurter Aaquelle bei Sommer (E XVII) mit einer Evenness von 0,57. Diesem stand die geringste Gleichverteilung von 0,16 in der Hangsbachquelle bei Jeiler (F IV) gegenüber.

Die Tiergruppen waren an den Standorten unterschiedlich stark vertreten. Da ausnehmend viele Zweiflüglerarten gefunden wurden, waren die Insecta (Insekten) bezogen auf die Taxazahlen stärker vertreten als jede andere Tiergruppe. Die Anteile an den Abundanzen zeigten ein abweichendes Bild: Hier überwogen die Crustacea (Krebstiere), vertreten in den meisten Fällen durch *Gammarus pulex*. In der Hälfte der Quellen konnte erstmals auch *G. fossarum* nachgewiesen werden, der bisher im Arteninventar dieser Quellen fehlte und in den Baumbergen nur unterhalb der 100m-Höhenlinie gefunden wurde (TIMM 1995).

***β*-Diversität**: Die Lebensgemeinschaften der einzelnen Quellen ähnelten einander wenig, was an der niedrigen Bray-Curtis-Ähnlichkeit von im Mittel 29,6 % abzulesen ist. Am stärksten überschnitten sich die faunistischen Spektren der Burloer Bachquelle (D II) und der relativ weit entfernt liegenden Tilbecker Bachquelle (A IV) mit einer Bray-Curtis-Ähnlichkeit von über 50 %.

4.2 Quellbewertung nach der Fauna

Die Quellen wurden in dem faunistischen Bewertungsverfahren nach FISCHER (1996) in ihrem ökologischen Wert relativ niedrig eingestuft (Abb. 1, Anhang 4.11). Nur je eine Quelle erreichte die Wertklasse 1 (quelltypisch) und 2 (bedingt quelltypisch). In zwei Fällen konnte das Verfahren nicht durchgeführt werden, da die Mindestzahl von 5 indizierten Taxa nicht erreicht wurde. Die Ökologischen Wertsummen, aus denen sich die Wertklassen ableiten, bewegten sich mit einem Mittelwert von 10,6 auf einem allgemein niedrigen Niveau (einziger Ausreißer: Steinfurter Aaquelle bei Sommer E XVII mit 29,4). Es fällt auf, dass in mehreren Quellen eine relativ große Anzahl quellspezifischer Arten anzutreffen war und der Standort trotzdem nur eine niedrige Einstufung erreichte. So fanden sich die drei Quellen mit den höchsten Quelltaxazahlen (A V, A IV und A XXX) allesamt nur in der Wertklasse 4 (quellfremde Biozönosen) wieder.

Es wurden in allen untersuchten Quellen insgesamt nur dreizehn krenophile, fünf krenobionte Taxa und sechs Arten der Roten-Listen gefunden, unter ihnen die Köcherfliege *Drusus trifidus* und die Tellerschnecke *Gyraulus laevis* (beide RL NRW und BRD). Die größte Anzahl Rote-Liste-Arten, insgesamt vier, war in den Steverquellen (AXII) zu finden.

Die faunistische Diversität und die faunistische Bewertung zeigten keinen statistischen Zusammenhang. Weder die Anzahl der Taxa noch der inverse Simpson-Index waren mit dem Ergebnis der Bewertung ($ÖWS_{Fauna}$) korrelierbar. Nur die Evenness stieg signifikant mit einer höheren Quellbewertung ($n = 14$, $r_P = 0,60$, $p < 0,05$).

4.3 Quellbewertung nach der Struktur

Die Strukturbewertung fiel insgesamt besser aus als die faunistische Bewertung (Abb. 1, Abb. 2, Anhang 10). Von den 50 kartierten Quellen konnten 19 als naturnah oder bedingt naturnah angesehen werden. Insgesamt 21 Quellen waren mäßig beeinträchtigt, und 10 Quellen wurden als geschädigt oder stark geschädigt eingestuft.

Die beste Bewertung erreichte die Steinfurter Aaquelle bei Böving (östlich) (E XXII) mit einer Ökologischen Wertsumme von 1,2. Der Ludgerusbrunnen (B II) mit einer $ÖWS_{Struktur}$ von 4,3 schnitt in der Bewertung am schlechtesten ab. Die Quellen der Steinfurter Aa (E) wurden insgesamt am besten bewertet, sie waren überwiegend naturnah und bedingt naturnah.

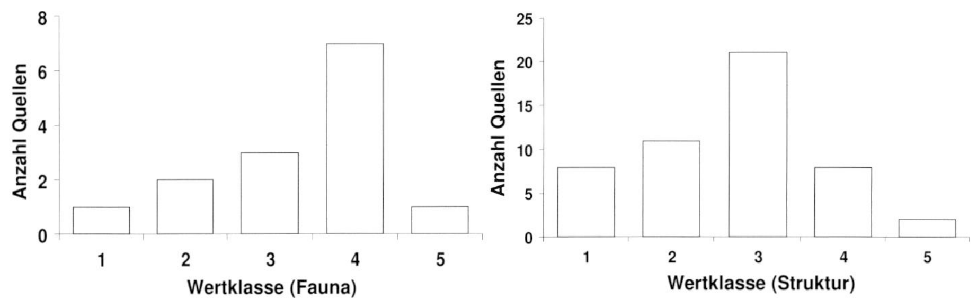

Abb. 1: Quellbewertung nach der Fauna (n = 14; 1 = quelltypisch; 2 = bedingt quelltypisch; 3 = quell-verträglich; 4 = quellfremd; 5 = sehr quellfremd).

Abb. 2: Quellbewertung nach der Struktur (n = 50; 1 = naturnah; 2 = bedingt naturnah; 3 = mäßig beeinträchtigt; 4 = geschädigt; 5 = stark geschädigt).

Die Kartierung der Vegetation und Nutzung (Anhang 4.2 - 4.10) ergab deutliche Unterschiede zwischen den räumlich sehr quellnahen Bereichen (Quellbach, -bereich und -ufer) und den quellferneren Bereichen (Einzugsgebiet und Umfeld). In direkter Quellnähe dominierten als positiv bewertete Vegetations- und Nutzungstypen (Laubwald, standorttypische Vegetation, Moosgesellschaften), während im Einzugsgebiet als negativ bewertete Landnutzungen vorherrschen (Acker/Sonderkultur, künstlich vegetationsfrei/Siedlung).

Im Mittel konnten in jeder Quelle 2,7 unterschiedliche Strömungszustände kartiert werden. Der morphologisch sehr variantenreiche Hexenpütt (A V) zeigte mit 8 Strömungszuständen die größte Bandbreite. In 21 Quellen gestaltete sich das Strömungsbild mit 1 bis 2 unterschiedlichen Zuständen eher einförmig.

Die Anzahl der Taxa stand in keinem statistischen Zusammenhang mit der $ÖWS_{Struktur}$. Auch der Zusammenhang des Diversitätsindex mit der $ÖWS_{Struktur}$ war nur schwach (Abb. 3). Die faunistische Bewertung war gar nicht mit der Strukturbewertung verbunden, fiel im Vergleich sogar überwiegend schlechter aus als letztere. Nur zwei Quellen (E XVII und F III) wurden nach ihrer Fauna besser bewertet als nach ihrer Struktur.

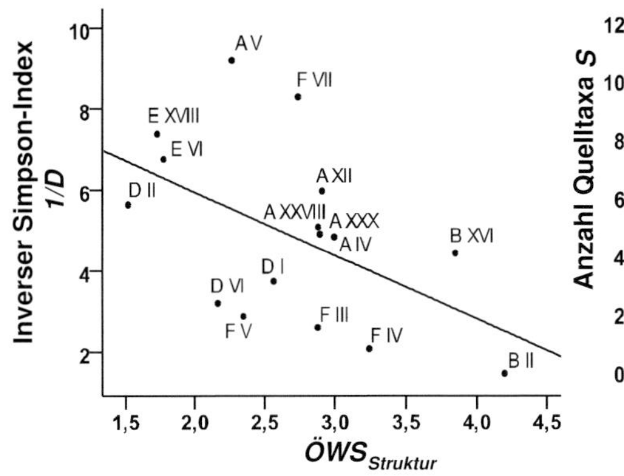

Abb. 3: Zusammenhang $ÖWS_{Struktur}$ und inverser Simpson-Index $1/D$: signifikant (n = 16 $r_p = -0{,}51$, $p < 0{,}05$). Eine geringere $ÖWS_{Struktur}$ bedeutet eine bessere Bewertung.

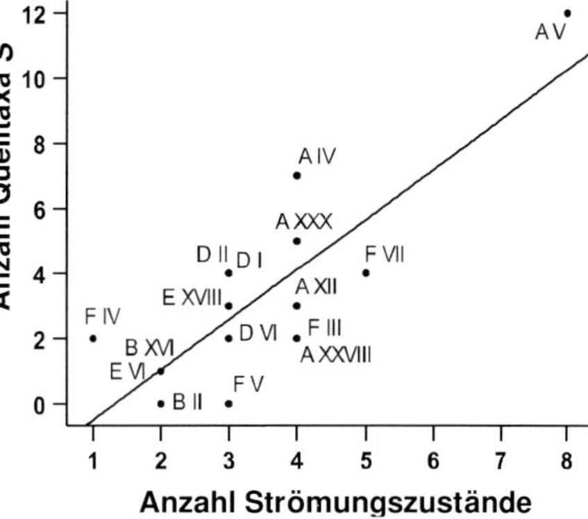

Abb. 4: Zusammenhang Anzahl Strömungszustände und Anzahl Quelltaxa: sehr signifikant (n = 16, $r^2 = 0{,}51$, $p < 0{,}01$).

Ferner war kein signifikanter Zusammenhang zwischen der faunistischen Bewertung und einzelnen Strukturparametern festzustellen. Die Taxazahlen und Quelltaxazahlen hingegen stiegen mit der Anzahl der Strukturparameter in der Quelle. Für die Taxazahl bedeutete dies im Einzelnen einen höchst signifikanten Anstieg mit der Zahl der Substrattypen ($r_p = 0{,}82$, $p < 0{,}001$), einen sehr signifikanten Anstieg mit der Anzahl der Strömungszustände ($r_P = 0{,}67$, $p < 0{,}01$) und einen signifikanten Anstieg mit der Anzahl besonderer Strukturen ($r_P = 0{,}61$, $p < 0{,}05$). Die Zahl der quelltypischen Taxa stieg hoch signifikant mit der Anzahl der Strömungszustände ($r^2 = 0{,}67$, $p < 0{,}001$; Abb. 4) und signifikant mit der Anzahl der Substrattypen ($r_P = 0{,}66$, $p < 0{,}05$).

5 Diskussion

5.1 Zusammenhang von faunistischer Diversität und ökologischer Wertigkeit

Verglichen mit Ergebnissen aus Untersuchungen ähnlicher Quellgebiete ist die Gesamtdiversität (γ-Diversität) in den Baumbergequellen mit 120 Taxa der Makrofauna als mittelhoch bis hoch einzustufen (vgl. GERECKE et al. 2005, VON FUMETTI et al. 2007). Die standörtliche Diversität (α-Diversität) entspricht in ihrer Größenordnung den Angaben anderer Autoren (vgl. SMITH et al. 2003, VON FUMETTI et al. 2007). Die β-Diversität mit geringen Bray-Curtis-Ähnlichkeiten von im Mittel nur 29,6 % weist auf eine ausnehmend hohe faunistische Heterogenität der Standorte hin (vgl. WOOD et al. 2005). Die Baumbergequellen zeigen also eine relativ hohe Diversität, wobei wenige artenreiche und sehr wenige artenarme Quellen vorkommen und die Werte insgesamt stark streuen.

Nach BASTIAN (1999) ist die alleinige Betrachtung der Diversität nicht geeignet, um auf die Qualität eines Lebensraumes zu schließen. Vielmehr sollte die Relation zum entsprechenden Ökosystemtyp und zum Grad anthropogener Einflussnahme berücksichtigt werden. Die aus dieser Motivation heraus durchgeführte faunistische Bewertung der Quellen fällt trotz des Vorhandenseins einiger quelltypischer Taxa wie *Crunoecia irrorata* (Quellköcherfliege), *Pisidium personatum* (Quellerbsenmuschel) und *Niphargus* sp. (Grundwasserkrebs) überwiegend negativ aus. Die Vermutung, dass eine hohe faunistische Diversität, wie sie in den Baumbergen anzutreffen ist, mit einer hohen ökologischen Wertigkeit einherginge, wurde demnach hier nicht bestätigt.

An dieser Stelle muss aber auch auf mögliche Defizite in der faunistischen Bewertung hingewiesen werden. Die Indexliste der Lebensraumbindung mit 319 Taxa ist für die hessischen und rheinland-pfälzischen Mittelgebirge erstellt worden (FISCHER 1996) und deckt dort bereits sehr unterschiedliche Naturräume wie den Pfälzer Wald (Sandstein) und das Schiefergebirge (Kalkstein) ab. SCHINDLER (2006) ergänzte die Liste um 65 Taxa, basierend auf Untersuchungen in 15 weiteren Naturräumen in Rheinland-Pfalz. Dieses Zusammenfassen unterschiedlicher Naturräume lässt das Verfahren insgesamt unscharf werden. Zudem ist problematisch, dass die durch SCHINDLER (2006) hinzugefügten Taxa überwiegend niedrig indizierte Ubiquisten sind: Das Verfahren bildet quellspezifische Zoozönosen schlechter ab, wenn dort entweder mehr Ubiquisten angetroffen werden oder aber mehr Ubiquisten in der Indexliste eingestuft sind (ZOLLHÖFER 1999). Da jedoch in jeder Quelle – und zwar in naturfernen wie in naturnahen gleichermaßen –

auch eine große Zahl ubiquitärer Taxa beheimatet sein kann, gerät das Verfahren an seine Grenzen. FISCHER (1996: 231) hat die Methode als „Positivbewertung" entwickelt. Konsequent wäre es, die ubiquitären Taxa gänzlich aus dem Verfahren herauszunehmen und nur noch das Vorhandensein der Quelltaxa zu berücksichtigen.

Für künftige Quellbewertungen in Naturräumen außerhalb der Mittelgebirgsregion ist die Auswahl von naturnahen Referenzquellen mit naturraumtypischer Fauna, zu empfehlen. Mit nicht regionalisierten Index-Listen der Faunenelemente kann die Aussagekraft der Bewertung nicht als ausreichend betrachtet werden. Generell ist eine Bewertung mit der Fauna als biologischem Indikator aber sinnvoll. Aufgrund ihres Lebenszyklus' integrieren die Organismen Veränderungen des Ökosystems in der Vergangenheit ebenso wie dessen gegenwärtigen Zustand (NAGEL 1999, MAYER et al. 2002).

5.2 Zusammenhang von Struktur und Fauna

Biodiversität lässt sich nicht auf die reine Artenvielfalt beschränken (HARPER & HAWKSWORTH 1995). Die unterschiedlichen Ebenen der Diversität beeinflussen einander, und besonders der Struktur wird ein großer Einfluss auf die faunistische Vielfalt zugesprochen (BELL et al. 1991). Die Habitat-Heterogenitäts-Hypothese besagt, dass Lebensräume mit einer hohen Vielfalt an Strukturelementen den Organismen mehr Optionen bieten, den Raum und die Ressourcen zu nutzen und damit auch die Vielfalt der Lebewesen steigt (BAZZAZ 1975). Bei der Betrachtung der Struktur ist allerdings auch die Wahl eines geeigneten Maßstabs entscheidend. Die Erhöhung der Strukturvielfalt kann für eine Organismengruppe von Vorteil sein, während sie für eine andere die Zerschneidung des Lebensraums bedeutet (TEWS et al. 2004). Der in gängigen Strukturkartierungen für Quellen vorausgesetzte positive Einfluss einer hohen Strukturvielfalt auf die Quellfauna wird von SMITH et al. (2003) in Frage gestellt. Zumindest für Karstquellen in den East Midlands, UK, bewerten sie den Einfluss der Struktur als gering.

Für die Quellen der Baumberge ist festzuhalten, dass ihre Struktur überwiegend positiv bewertet wird. Ein Zusammenhang mit der faunistischen Diversität ist allerdings zunächst nicht ersichtlich: Als einziger Parameter zeigt der inverse Simpson-Index eine leichte, positive Korrelation mit der Strukturbewertung. Mehrere Quellen mit hohen Anteilen quellassoziierter Taxa (Hexenpütt A V, Tilbecker Bachquelle A IV) erreichen entgegen der Erwartung nur relativ schlechte Strukturbewertungen. Ändert man allerdings den Maßstab der Betrachtung und berücksichtigt nur diejenigen Strukturmerkmale, die innerhalb des eigentlichen Quellbereichs liegen, so zeichnet sich ein differenzierteres Bild ab. Standorte mit einer großen Anzahl an Substrattypen, Strömungszuständen oder besonderen Strukturen sind durch signifikant höhere Taxazahlen und auch Quelltaxazahlen gekennzeichnet. Überdies sind sich Quellen, die viele der genannten Parameter in sich vereinen, untereinander faunistisch ähnlicher. Beispiele sind die östliche Arningquelle (F VII) und der Hexenpütt (A V), die neben einer hohen Anzahl aller Strukturparameter eine hohe faunistische Diversität und viele Taxa gemein haben. Die Vermutung liegt daher nahe, dass hier tatsächlich eine Beziehung zwischen ausgeprägter Strukturvielfalt und hoher faunistischer Diversität bestehen könnte. Für den Hexenpütt ist bereits früher eine reiche Fauna dokumentiert worden (BEYER 1932, FEEST et al. 1976), die Faunenvielfalt der östlichen Arningquelle ist jedoch überraschend. Obwohl

BEYER (1932: 78) sie eine der „ehemals schönsten Rheokrenen" im Gebiet nennt, bezieht er sie nicht in seine Untersuchung ein, da das Quellwasser zum Betreiben eines so genannten Widders zur Wasserversorgung des Viehs abgeleitet wurde und die Quelle nicht mehr ganzjährig schüttete (LEUFKE mündl. Mitt.). Spätere Untersuchungen in den 70er und 80er Jahren verzeichnen lange nach der Aufgabe des Widderbetriebs um 1950 nur insgesamt 8, bzw. 6 Taxa in der Quelle (FEEST et al. 1976, BEYER & REHAGE 1985). Das Versiegen der Quelle im Juni 1976, hervorgerufen durch das zeitliche Zusammentreffen einer übermäßigen Grundwasserförderung am ehemaligen Wasserwerk Havixbeck und geringe Niederschläge könnte hier zusätzlich zu einer Verminderung der Besiedlung beigetragen haben. Für den Hexenpütt ist zwar ebenfalls ein Versiegen der Hauptquellen dokumentiert, doch konnten die aquatischen Organismen hier im noch durchfeuchteten hyporheischen Interstitial der Gewässersohle überdauern (BERGER & BEYER 1976). Für die Arningquelle (F VII) stellt heute die Erosion eines oberhalb des Quellgebiets gelegenen Ackers die größte Belastung dar. Umso positiver ist die relativ hohe Anzahl von 31 Taxa zu bewerten, die in der Quelle gefunden wurden. Der Vergleich mit dem in Struktur und Schüttungsverhalten ähnlichen Hexenpütt verdeutlicht dennoch das unausgeschöpfte Potenzial der Quelle. Während im Hexenpütt 12 krenobionte und krenophile Taxa gefunden wurden, sind es hier nur 4 Taxa: der Grundwasserkrebs *Niphargus* sp., die Larve der Köcherfliege *Micropterna sequax* (Rote-Liste-Status 3 in NRW, WICHARD & ROBERT 1999), der Dreieckskopfstrudelwurm *Dugesia gonocephala* und die Zweiflüglerlarve *Dixa maculata/nubilipennis*.

Zwar müssen Gewässer und Umfeld aufgrund ihrer vielschichtigen Wechselwirkungen ganzheitlich betrachtet werden (LACOMBE 1999), die vorliegenden Ergebnisse deuten jedoch auf einen wesentlich größeren Einfluss der Strukturen im eigentlichen Quellbereich hin. Würde dieser Zusammenhang bei zukünftigen Quellbewertungen stärker berücksichtigt, wäre ein deutlicher Zusammenhang zwischen der Strukturdiversität der Strukturen und biozönotischen Vielfalt zu erwarten.

Danksagung

Die Untersuchung war Bestandteil einer Diplomarbeit, die im Rahmen des interdisziplinären Projekts „Quellen in den Baumbergen – Erhaltung, Erforschung und Entwicklung der Quellen im Natur- und Erlebnisraum Baumberge" angefertigt wurde. Sie wurde mitbetreut von PD Dr. Patricia Göbel vom Institut für Geologie und Paläontologie der Westfälischen Wilhelms-Universität Münster. Wir möchten an dieser Stelle dem Kreis Coesfeld und allen Teilnehmern des „Quellenprojekts" für die Unterstützung bei der Strukturkartierung danken. Bei Dr. Johannes Messer und Dr. Reinhard Gerecke bedanken wir uns für die Unterstützung bei der Bestimmungsarbeit.

Literatur:

BASTIAN, O. (1999): Ansätze der Landschaftsbewertung. – In: BASTIAN, O. & K.-F. SCHREIBER (Hrsg.): Analyse und ökologische Bewertung der Landschaft. 2. Aufl. – Berlin, Heidelberg: Spektrum Akademischer Verlag: 289-347.

BAZZAZ, F.A. (1975): Plant species diversity in old-field successional ecosystems in Southern Illinois. – Ecology **56** (2): 485-488.

BEIERKUHNLEIN, C. & R. HOTZY (1999): Naturschutzfachliche Bewertung von Waldquellen. – In: BEIERKUHNLEIN, C. & T. GOLLAN (Hrsg.): Ökologie silikatischer Waldquellen in Mitteleuropa (Bayreuther Forum Ökologie, **71**): 247-257.

BELL, S.S., MCCOY, E.D. & H.R. MUSHINSKY (Hrsg.) (1991): Habitat Structure – The Physical Arrangement of Objects in Space. – London, New York: Chapman and Hall: 1-267.

BERGER, M. & H. BEYER (1976): Dokumentation über das Versiegen von Baumbergequellen. – Unveröffentl. Akteneintrag vom 12. Nov. 1976: 1-7.

BEYER, H. (1932): Die Tierwelt der Quellen und Bäche des Baumbergegebiets. – Unveröffentl. Dissertation, Westfälische Wilhelms-Universität Münster: 1-4, 13, 41-85, 186, 250-290.

BEYER, H. & H.-O. REHAGE (1985): Ökologische Beurteilung von Quellräumen in den Baumbergen. – LÖLF-Mitteilungen, **10** (3): 16-22.

BINOT, M., BLESS, R., BOYE, P., GRUTTKE, H. & P. PRETSCHER (1998): Rote Liste gefährdeter Tiere Deutschlands. – Bonn-Bad Godesberg (Schriftenreihe für Landschaftspflege und Naturschutz **55**): 1-196.

FEEST, J., BRIESEMANN, C., GREUNE, B. & J. PENASSA (1976): Zum Artenbestand von vier Quellregionen der Baumberge verglichen mit faunistischen Untersuchungen aus den Jahren 1926-30. – Natur und Heimat **36** (2): 32-39.

FISCHER, J. (1996): Bewertungsverfahren zur Quellfauna. – Crunoecia **5** (1): 227-240.

FUMETTI, S. VON, NAGEL, P. & B. BALTES (2007): Where a springhead becomes a springbrook – a regional zonation of springs. – Fundamental and Applied Limnology **169** (1): 37-48.

GERECKE, R., STORCH, F., MEISCH, C. & I. SCHRANKEL (2005): Die Fauna der Quellen und des hyporheischen Interstitials in Luxemburg. Unter besonderer Berücksichtigung der Acari, Ostracoda und Copepoda. – Ferrantia **41**: 1-140.

HARPER, J.L. & D.L. HAWKSWORTH (1995): Preface. – In: HAWKSWORTH, D.L. (Hrsg.): Biodiversity – Measurement and Estimation. **343**: 5-12.

HINTERLANG, D. & D. LISCHEWSKI (1993): Quellbewertungsverfahren – Konzeption, Stand der Entwicklung und Ausblick. – Crunoecia **2** (1): 15-23.

HOTZY, R. & J. RÖMHELD (2003): Aktionsprogramm Quellen. Bewertungsverfahren zum Bayerischen Quellerfassungsbogen BayQEB. Version 2.0. – Hrsg. Bayerisches Landesamt für Wasserwirtschaft, München, Hilpoltstein: 1-13.

LACOMBE, J. (1999): Grundlagen der Gewässerstrukturgütekartierung. – In: ZUMBROICH, T., MÜLLER, A. & G. FRIEDRICH (Hrsg.): Strukturgüte von Fließgewässern. Grundlagen und Kartierung. – Springer, Berlin: 21-44.

LEUFKE, B. (2008): Mündl. Mitt. am 15.12. zur Geschichte der östlichen Arningquelle.

LISCHEWSKI, D. & G. LAUKÖTTER (1994): Quellkartieranleitung NRW. Anleitung zur Quellkartierung in NRW, Naturschutzzentrum NRW, Recklinghausen: 1-160.

LÖBF/LAfAO NRW (Hrsg.) (1999): Rote Liste der gefährdeten Pflanzen und Tiere in Nordrhein-Westfalen. 3. Fassung. – LÖBF Schriftenreihe **17**: 1-641.

MAYER, P., ABS, C. & A. FISCHER (2002): Biodiversität als Kriterium für Bewertungen im Naturschutz – Eine Diskussionsanregung. – Natur und Landschaft **77** (11): 461-463.

MINSHALL, G.W. (1968): Community dynamics of the benthic fauna in a woodland springbrook. – Hydrobiologia **32** (3-4): 305-339.

NAGEL, P. (1999): Biogeographische Raumanalyse und Raumbewertung mit Tieren. – SCHNEIDER-SLIWA, R., SCHAUB, D. & G. GEROLD (Hrsg.): Angewandte Landschaftsökologie – Grundlagen und Methoden. – Springer, Berlin: 397-425.

SCHINDLER, H. (2006): Bewertung der Auswirkungen von Umweltfaktoren auf die Struktur und Lebensgemeinschaften von Quellen in Rheinland-Pfalz. – Universität Kaiserslautern: Fachgebiet Wasserbau und Wasserwirtschaft (Berichte **17**): 1-203.

SLOAN, W.C. (1956): The distribution of aquatic insects in two Florida springs. – Ecology **37** (1): 81-98.

SMITH, H., WOOD, P.J. & J. GUNN (2003): The influence of habitat structure and flow permanence on invertebrate communities in karst spring systems. – Hydrobiologia **510** (1-3): 53-66.

TEWS, J., BROSE, U., GRIMM, V., TIELBÖRGER, K., WICHMANN, M.C., SCHWAGER, M. & F. JELTSCH (2004): Animal species diversity driven by habitat heterogeneity/diversity: the importance of keystone structures. – Journal of Biogeography **31** (1): 79-92.

TIMM, T. (1995): Gammarus fossarum – ein vergessener Bachflohkrebs im Nordwestdeutschen Tiefland. – Deutsche Gesellschaft für Limnologie: Erweiterte Zusammenfassungen der Jahrestagung 1994 in Hamburg, Krefeld 1995: 587-591.

WICHARD, W. & B. ROBERT (1999): Rote Liste der gefährdeten Köcherfliegen (Trichoptera) in Nordrhein-Westfalen. 3. Fassung. Stand Mai 1997. – In: LÖBF/LAfAO NRW (Hrsg.): Rote Liste der gefährdeten Pflanzen und Tiere in Nordrhein-Westfalen, 3. Fassung. – LÖBF Schriftenreihe **17**: 627-640.

WOOD, P.J., GUNN, J., SMITH, H. & A. ABAS-KUTTY (2005): Flow permanence and macroinvertebrate community diversity within groundwater dominated headwater streams and springs. – Hydrobiologia **545** (1): 55-64.

ZOLLHÖFER, J.M. (1999): Spring Biotopes in Northern Switzerland: Habitat Heterogeneity, Zoobenthic Communities and Colonization Dynamics. – Dissertation, ETH Zürich: 1-142.

Anschriften der Verfasser:

Dipl.-Landschaftsökol. Frauke Müller
Biozentrum Klein Flottbek, Universität Hamburg
Ohnhorststr. 18
22609 Hamburg
frauke.mueller@botanik.uni-hamburg.de

Prof. Dr. Elisabeth Irmgard Meyer
Dr. Norbert Kaschek
Dr. Wolfgang Riss
Institut für Evolution und Biodiversität
Westfälische Wilhelms-Universität Münster
Hüfferstr. 1
48149 Münster
meyere@uni-münster.de

Abhandlungen aus dem Westfälischen Museum für Naturkunde, **72** (3/4): 63-74, Münster, 2010

Ökologische Charakterisierung des Makrozoobenthos in den Quellen der Baumberge (Kreis Coesfeld, Nordrhein-Westfalen)

Birte Krüttgen, Heidelberg, Norbert Kaschek, Wolfgang Riss
und Elisabeth I. Meyer, Münster

Zusammenfassung

Den analytischen Schwerpunkt dieser Arbeit stellt die Charakterisierung der biozönotischen Strukturen des Makrozoobenthos im Frühjahr 2008 an 26 Quellmündern in den Baumbergen, Kreis Coesfeld (NRW) dar. Es werden die Ergebnisse multivariater Statistik mit denen zweier autökologischer Verfahren verglichen und bewertet.

Die multivariate statistische Untersuchung zeigte, dass die Besiedlung einer Quelle stärker durch die Quellschüttung als von ihrem Quelltypus beeinflusst wurde. Es wurde ein ökologischer Zusammenhang zwischen bestimmten Taxa und Substrattypen festgestellt. So konnten die Habitatgruppen „grobe organische Ablagerungen" und „kiesige Sohlstruktur" abgegrenzt werden. Erstere trat stark in Verbindung mit intermittierenden Quellmündern auf. Eine Ausnahme bildete die heterogene Gruppe „keine eindeutige Habitatstruktur", bei der kein ausschlaggebender Besiedlungsfaktor identifiziert werden konnte. Jede Habitatgruppe wies stenotope, für die drei Quelltypen der Baumberge typische Taxa auf.

Das autökologische Bewertungsverfahren nach SCHMEDTJE & COLLING (1996) zeigte eine gewisse Übereinstimmung mit den hier gewonnenen Ergebnissen. Das autökologische Verfahren nach TACHET et al. (2000) („species traits", Arteigenschaften) hingegen konnte nicht für die ökologische Charakterisierung verwendet werden. In größerem Umfang als bei SCHMEDTJE & COLLING (1996) sind hier Taxa autökologisch abweichend eingestuft oder wurden von den Autoren nicht berücksichtigt.

Die biozönotische Struktur der Baumberge-Quellen wird im höheren Maße reproduzierbar durch die hier durchgeführte multivariate Analyse abgebildet, da im Gelände direkt gemessene Umweltparameter als Referenz einbezogen werden.

1 Einleitung

August THIENEMANN nahm bereits Mitte der 20er Jahre eine Einteilung von Quellen in die drei Quelltypen Sturz-, Tümpel- und Sickerquelle vor (THIENEMANN 1925). Diese klassischen Quelltypen besitzen unterschiedliche morphologische und hydrologische Eigenschaften, weshalb die Abhängigkeit der Besiedlung von diesen Quelltypen untersucht wurde. VON FUMETTI et al. (2006) verweisen auf einen ökologischen Zusammenhang zwischen Besiedlung und Dauer der Quellschüttung, daher wurde ebenso dieses Verhältnis beleuchtet. In gleicher Weise wurde die Beziehung zwischen Besiedlung und unterschiedlich vorhandenen Substraten untersucht, da z.B. ILMONEN & PAASIVIRTA (2005) einen ökologischen Zusammenhang zwischen Faunistik und Substratvorkommen darstellen. Des Weiteren sollten die Fragestellungen geklärt werden, ob sich regionale Quelltypen unterscheiden lassen und diesen stenotope Taxa zugeordnet werden können.

Es werden drei Funktionsmodelle der ökologischen Systemanalyse zur Darstellung der ökologischen Zusammenhänge eingesetzt.

Die multivariate Analyse korreliert im Freiland aufgenommene Fauna und Umweltparameter aller Quellen. Die Besiedlungsfaktoren werden auf diese Weise statistisch herausgearbeitet. Anhand dieser sollen Habitatgruppen bestimmt werden. Die Biozönosen werden aufgrund ihrer aktuell erfassten Umweltfaktoren und Taxa an den verschiedenen Standorten abgebildet.

Die vorkommenden Arten in den daraus abgeleiteten Habitatgruppen werden anschließend mit zwei autökologisch-analytischen Ansätzen bearbeitet. Diese betrachten den Einzelorganismus, welcher in seinen Beziehungen zu den ihn umgebenden Umweltfaktoren in den Mittelpunkt gestellt wird (SCHAEFER 2003). Die erfassten Umweltparameter selbst werden nicht analysiert. Die Biozönose wird anhand der aufgenommenen Taxa und deren wissenschaftlich nachgewiesenen Umweltansprüchen charakterisiert.

Abschließend wird die Aussagekraft und Anwendbarkeit der drei Modelle auf die Ergebnisse der Untersuchungen und Fragestellungen verglichen.

2 Untersuchungsgebiet

Die Baumberge liegen im Kernmünsterland zwischen den Städten Münster und Coesfeld. Sie bezeichnen ein aus den weiten Ebenen der Westfälischen Bucht, dem südlichsten Ausläufer des Norddeutschen Tieflandes, herausragendes kleinräumiges Hügelland. Mit maximal +186 mNN stellen sie die höchste Erhebung dieser Region dar.
Das Münsterland wurde in der Oberkreide vom Norden her vollständig von einem Schelfmeer überflutet. Durch die geologische Ablagerung von Sedimentgesteinen entstanden in dieser Zeit die Schichten der Baumberge. Diese setzen sich aus wasserundurchlässigen Kalkmergelsteinen (Coesfeld-Schichten) und den darüber gelagerten wasserdurchlässigen Kalksandsteinen (Baumberge-Schichten) zusammen. Durch spätere tektonische Erhebung (Übergang Kreide/Tertiär) bildeten die abgelagerten Kreideschichten die heutige muldenförmige Struktur.

Diese „Schüsselstruktur“ bildet bei +120 mNN, der Schichtgrenze zwischen Grundwasserstauer- und -leiter, einen sehr ergiebigen Grundwasserhorizont, an dem zahlreiche Überlaufquellen entspringen (BEYER 1992). Die Quellen ergießen sich in alle Himmelsrichtungen („Hydrografischer Knoten“) und speisen die Vorfluter Berkel, Vechte, Steinfurter Aa, Münstersche Aa und Stever. Daraus ergeben sich fünf Einzugsgebiete.

3 Methoden

3.1 Erfassung der Quellen und faunistische Bestandsaufnahme

Die Struktur von Quellen wird durch die Durchführung einer formalisierten Strukturkartierung erfasst. Diese erfolgte im Quellenprojekt nach SCHINDLER (2006). Die Kartierung führten die Projektteilnehmer zwischen Januar und März 2008 an 50 Quellen durch (Anhang 10). Ausführliche Informationen zu den kartierten Strukturparametern beschreibt MÜLLER (2008, siehe auch den Beitrag in diesem Band).

Bei der Auswahl repräsentativer Quellen galt es, Untersuchungsobjekte aus jedem der fünf Einzugsgebiete zu ermitteln, da die Probeentnahme-Stellen nach Möglichkeit über das gesamte Untersuchungsgebiet verteilt sein sollten. Ein weiteres Auswahlkriterium stellte die Repräsentation der verschiedenen kartierten Quelltypen dar.

Die faunistische Bestandsaufnahme erfolgte einmalig im März und April 2008. Um repräsentative Proben eines Quellmundes zu erhalten, muss das Eukrenal (Quellmund) vom Hypokrenal (anschließender Quellbach) abgegrenzt werden. Diese Grenzziehung erfolgte in der vorliegenden Arbeit, im Hinblick auf die zu dieser Jahreszeit vorhandene Temperaturdifferenz zwischen Eu- und Hypokrenal, anhand der Temperaturmessung nach VON FUMETTI et al. (2007). Hier wird das Gewässer nur bis zu dem Punkt faunistisch beprobt, an dem die Wassertemperatur um maximal ein Grad Celsius von der gemessenen Temperatur des Quellaustritts abweicht. Die Größe der Beprobungsflächen in den Quellmündern betrug in der Regel 500 Quadratzentimeter. Diese wurden eine Minute lang beprobt. Im Labor wurden die Tiere in 70%igem Ethanol konserviert. Die möglichst weitgehende Bestimmung erfolgte anschließend mit der gängigen Bestimmungsliteratur und mit Hilfe einer Binokularlupe (Modell STEMI 2000, Firma Zeiss) mit 6,5 bis 50facher Vergrößerung.

3.2 Multivariate Statistik

Die multiple multivariate Regressionsanalyse mit Vorwärtsselektion errechnete die im Hinblick auf die faunistische Zusammensetzung signifikanten Umweltvariablen. Die ursprünglichen 31 Umweltvariablen wurden so auf 21 Variablen reduziert. Der Zusammenhang zwischen Umweltparameter und Taxa-Zusammensetzung wurde anschließend anhand einer direkten Gradientenanalyse (CCA) dargestellt (TER BRAAK & ŠMILAUER 2002). Einbezogen wurden nur die bei der Vorwärtsselektion errechneten aussagekräftigen Umweltvariablen. Es wurden zwei Biplots mit den Variablen Taxa und Umweltparameter (Abb. 1a) und mit den Variablen Spezies und Probennahme-Stellen erzeugt (Abb. 1b).

3.3 Autökologische Charakterisierung der Biozönosen

SCHMEDTJE & COLLING (1996) entwickelten eine „Datenbank Autökologie“. Diese Datenbank soll als Nachschlagewerk autökologischer Angaben dienen, um ökologische Bewertungen zu vereinfachen. Hierbei werden die Taxa in Kenngrößen eingeordnet. Diese Arbeit berücksichtigt nur die Kenngrößen Habitatpräferenz und Ernährungstyp. Die Anzahl der auf die Kenngrößen taxaspezifisch verteilten Punkte beschreibt die Höhe der Affinität der eingestuften (oder berücksichtigten) Arten zu den jeweiligen Kenngrößen.

TACHET et al. (2000) entwickelten ein ähnliches autökologisches Bewertungsschema limnischer Lebensgemeinschaften. Die Habitatpräferenz wird hier als Mikrohabitat bezeichnet. Der Unterschied beider Analyseverfahren ist in den aufgenommenen Taxa und deren Determinationsniveau sowie in den betrachteten autökologischen Eigenschaften zu finden.

Aufgrund der unterschiedlichen Aussagekraft und bezüglich der Fragestellungen wird hier lediglich die Auswertung nach SCHMEDTJE & COLLING (1996) grafisch dargestellt (Abb. 2).

4 Ergebnisse

4.1 Erfassung der Quellen und faunistische Bestandsaufnahme

Die Aufnahmen berücksichtigten 16 Quellen. Es wurden, wenn vorhanden, mehrere Quellaustritte einer Quelle einbezogen. So fanden letztlich faunistische Beprobungen an 26 Standorten statt. Aufgrund der geologischen Gegebenheiten stellt die Sturzquelle den vorherrschenden Quelltypus in den Baumbergen dar. Die Auswahl ergab daher 21 Sturzquellen, drei Tümpelquellen und zwei Sickerquellen.

Die faunistischen Bestandsaufnahme ergab insgesamt 85 Taxa (Anhang 5.1, 5.2). Über die Hälfte der Taxa konnten bis auf das Gattungs- bzw. Artniveau determiniert werden.

4.2 Multivariate Statistik

Anhand der Anordnung der Spezies und der Probenentnahme-Standorte im Ordinationsraum (Abb. 1a, b) konnten die Quellstandorte in drei Habitatgruppen eingeteilt werden. Des Weiteren war die Zuweisung derjenigen Taxa möglich, die zu den jeweiligen Habitatgruppen eine hohe Affinität zeigten (Tab. 1).

Tab. 1: Zuordnung der Taxa und Quellmünder auf die CCA-basierte Gruppierung der Habitatstrukturen (A V A, A V B = Hexenpütt, A XII A, A XII B, A XII C = Steverquellen, A XXX A, A XXX B = Steverquelle unterhalb Leopoldshöhe, A XXVIII = Hangenfelsbach (Loßbecke), B II = Ludgerusbrunnen, B XVI = Berkelquelle (südöstliches Billerbeck), E VI A, E VI B = Bombecker Aaquelle, E XVII = Steinfurter Aaquelle bei Sommer (Wiese), F III A, F III B = Hangsbachquelle bei Iber (östlich), F IV A, F IV B = Hangsbachquelle bei Jeiler, F V A, F V B = Lasbecker Aaquelle, F VII B, F VII C = Arningquelle (östlich). Quellbez. = Bezeichnung der Quelle).

Intermittierender Abfluss			Perennierender /intermittierender Abfluss					
Grobe organischen Ablagerungen			Kiesige Sohlstruktur			Keine eindeutige Habitatstruktur		
Quellbez.	Quellmund	Taxa	Quellabk.	Quellmund	Taxa	Quellabk.	Quellmund	Taxa
A XXX	A, B	Ceratopogonidae n. d.	A XII	A, B, C	*Baetis rhodani*	A V	A	*Crunoecia irrorata*
A XXVIII		Chironomidae n. d.	B II		*Drusus trifidus*	F VII	B, C	Enchytraeidae n. d.
D VI	A, B	*Lumbriculus variegatus*	B XVI		*Dugesia gonocephala*			*Erioconopa* sp.
E VI	A, B	Lymnaeidae n. d.	F IV	A	*Gammarus fossarum*			*Nemoura cambrica*
E XVII	A, B	Naididae n. d.	F V	A, B	*Gammarus pulex*			*Nemoura cinerea*
F III A	B	*Tubifex* sp.			*Potamophylax rotundipennis*			Nemouridae n. d.
F IV								Oligochaeta n. d.
								Oxycera pardalina

Die Habitatgruppe „grobe organische Ablagerungen“ wurde aufgrund der gehäuften Anordnung der Taxa und Standorte um den Gradienten „Totholz“ und die Anordnung der Standorte nahe des Gradienten „Falllaub“ gebildet. Diese Gruppe fasste die intermittierenden Quellmünder mit organischen Grobsubstraten zusammen. Der starke Einfluss des intermittierenden Abflusses auf die Besiedlung zeigte sich aus dem gegenläufigen Gradienten des Umweltparameters „perennierender Abfluss“.

Die Habitatgruppe „kiesige Sohlstruktur“ umfasst die Quellmünder, deren Organismen an Grobsubstrate gebunden sind. Die Spezies ordneten sich entlang des Umweltgradienten „Kies und Schotter“ an.

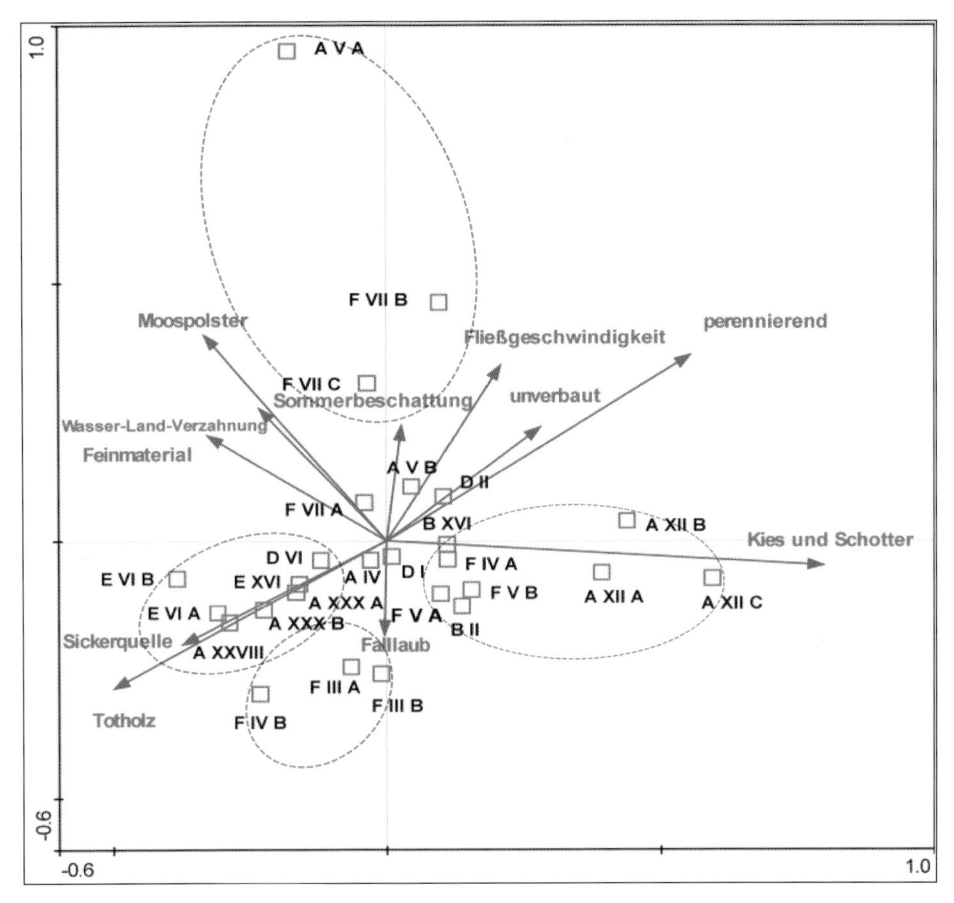

Abb. 1a: CCA der 26 Standorte und 21 signifikantesten Umweltparameter, Eigenwerte: 1. Achse = 0,531, 2. Achse = 0,404; Art-Umwelt-Korrelation: 1. Achse = 0,991, 2. Achse = 0,986; kumulative prozentuale Varianz der Artdaten: 1. Achse = 13 %, 2. Achse = 22,9 %; kumulative prozentuale Varianz der Art-Umwelt-Relation: 1. Achse = 15,2 %, 2. Achse 26,8 %; Summe der Eigenwerte (Total inertia) = 4,084; Summe der kanonischen Eigenwerte 3,489. A IV = Tilbecker Bachquelle, A V A, A V B = Hexenpütt, A XII A, A XII B, A XII C = Steverquellen, A XXX A, A XXX B = Steverquelle unterhalb Leopoldshöhe, A XXVIII = Hangenfelsbach (Loßbecke), B II = Ludgerusbrunnen, B XVI = Berkelquelle (südöstliches Billerbeck), D I = Vechtequelle, D II = Burloer Bachquelle, D VI = Nebenquelle Vechte, E VI A, E VI B = Bombecker Aaquelle, E XVII = Steinfurter Aaquelle bei Sommer (Wiese), F III A, F III B = Hangsbachquelle bei Iber (östlich), F IV A, F IV B = Hangsbachquelle bei Jeiler, F V A, F V B = Lasbecker Aaquelle, F VII A, F VII B, F VII C = Arningquelle (östlich), A XXX A, D II und F V B = Tümpelquellen, A XXVIII und E XVII = Sickerquellen, restliche Quellen = Sturzquelle.

Die Habitatgruppe „keine eindeutige Habitatstruktur“ bildete sich aus einer nicht eindeutig zu erkennbaren Affinität bestimmter Arten zu bestimmten Umweltgradienten. Die Gruppierung erfolgte anhand einer Clusterbildung bestimmter Taxa im Ordinationsraum.

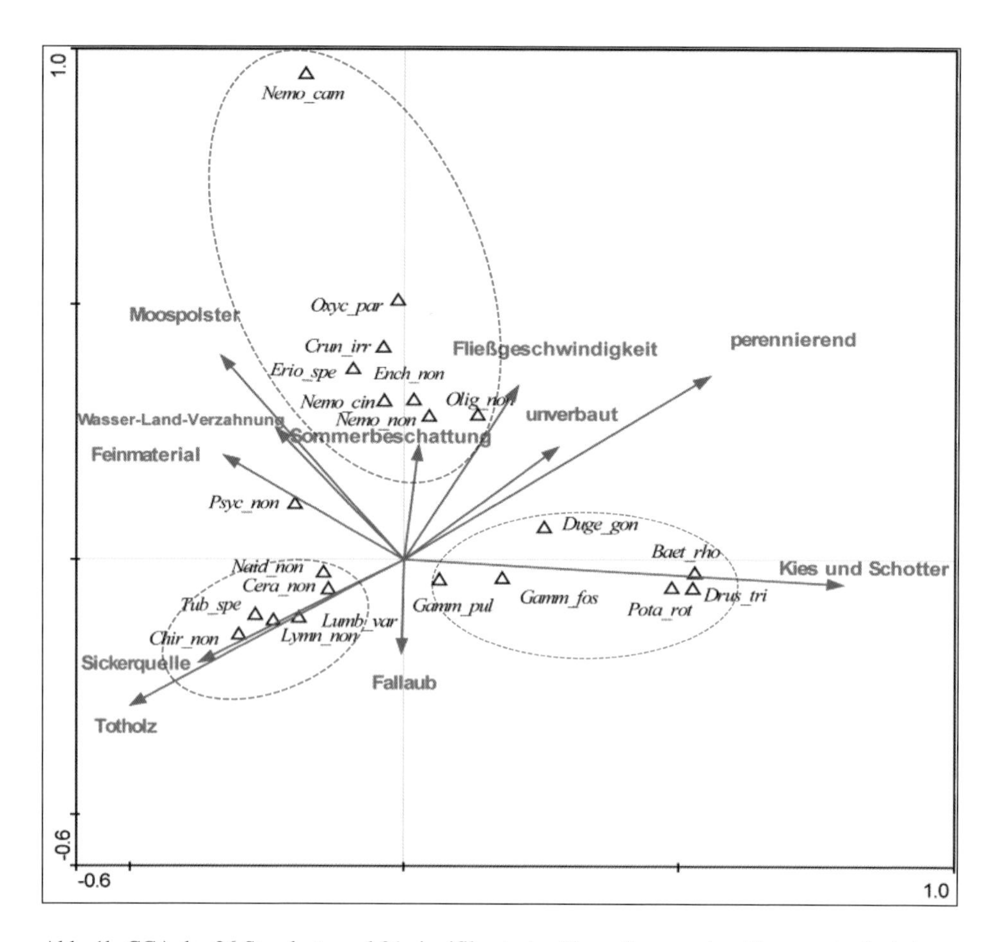

Abb. 1b: CCA der 26 Standorte und 21 signifikantesten Umweltparameter, Eigenwerte: 1. Achse = 0,531, 2. Achse = 0,404; Art-Umwelt-Korrelation: 1. Achse = 0,991, 2. Achse = 0,986; kumulative prozentuale Varianz der Artdaten: 1. Achse = 13 %, 2. Achse = 22,9 %; kumulative prozentuale Varianz der Art-Umwelt-Relation: 1. Achse = 15,2 %, 2. Achse 26,8 %; Summe der Eigenwerte (Total inertia) = 4,084; Summe der kanonischen Eigenwerte 3,489. Baet_rho = *Baetis rhodani*, Cera_non = Ceratopogonidae non det., Chir_non = Chironomidae non det., Crun_irr = *Crunoecia irrorata*, Drus_tri = *Drusus trifidus*, Duge_gon = *Dugesia gonocephala*, Ench_non = Enchytraeidae non det., Erio_spe = *Erioconopa* sp., Gamm_fos = *Gammarus fossarum*, Gamm_pul = *Gammarus pulex*, Lumb_var = *Lumbriculus variegatus*, Lymn_non = Lymnaeidae non det., Naid_non = Naididae non det., Nemo_cam = *Nemoura cambrica*, Nemo_cin = *Nemoura cinerea*, Nemo_non = Nemouridae non det., Olig_non = Oligochaeta non det., Oxyc_par = *Oxycera pardalina*, Pota_rot = *Potamophylax rotundipennis*, Psyc_non = Psychodidae non det., Tub_spe = *Tubifex* sp..

4.3 Autökologische Charakterisierungen der Biozönosen

Die autökologischen Einstufungen nach SCHMEDTJE & COLLING (1996) ließen im Schnitt etwa 7 % der Arten in den Habitatgruppen unberücksichtigt, sie mussten daher ausgeschlossen werden. Etwa 9 % konnten nur durch die Einordnung in ein höheres taxonomisches Niveau verrechnet werden. Bezüglich der Habitatpräferenz lagen Einstufungen für mehr als 68 % der Nachweise vor, für den Ernährungstyp konnten über 85 % der Nachweise berücksichtigt werden.

In den autökologischer Einstufungen nach TACHET et al. (2000) wurden in den Habitatgruppen durchschnittlich etwa 14 % der Taxa nicht berücksichtigt und circa 39 % einem höheren taxonomischen Niveau zugesprochen. Zusätzlich mussten im Mittel etwa 6 % der Taxa zusammengefasst und in ein höheres Taxon eingeordnet werden.

Grobe organische Ablagerungen - Im Vergleich mit den anderen beiden Habitatgruppen waren nach SCHMEDTJE & COLLING (1996) in dieser Gruppe die Bewohner des „Phytals" (z. B. Algenaufwuchs, Moose oder Makrophyten) und des „Pelals" (Schlick, Schlamm; Korngröße < 0,063 mm) anteilig am stärksten vertreten. Der Ernährungstyp „Filtrierer" (Beutetiere/feinpartikuläres organisches Material; z. B. durch aktives Strudeln) war hauptsächlich in dieser Gruppe zu finden.

Nach TACHET et al. (2000) konnte keine charakteristische Besiedlung bestimmter Mikrohabitate erkannt werden. Der Ernährungstyp „Filtrierer" war im Vergleich zu den anderen Habitatgruppen hier am häufigsten vertreten.

Kiesige Sohlstruktur - In dieser Gruppe bevorzugten die Organismen nach SCHMEDTJE & COLLING (1996), verglichen mit der ersten und dritten Habitatgruppe, das „Lithal" (z. B. Grobkies oder Steine; Korngröße > 2 cm) und das „Akal" (Fein- bis Mittelkies; Korngröße 0,2 - 2 cm) am stärksten. Die dominierenden Ernährungstypen waren im Vergleich mit den anderen beiden Gruppen „Zerkleinerer" (z. B. von Falllaub), „Weidegänger" (weiden den Biofilm von z. B Steinen ab) und „Räuber" (fressen lebende Beutetiere).

Das bevorzugte Mikrohabitat stellen nach TACHET et al. (2000) Geröll, Geschiebe und große Steine dar. Die Ernährungstypen „Zerkleinerer" und „Weidegänger" sind hauptsächlich in dieser Gruppe zu finden.

Keine eindeutige Habitatstruktur - In dieser Gruppe war nach SCHMEDTJE & COLLING (1996) keine eindeutige Habitatpräferenz der eingestuften Taxa zu erkennen. Es wird keine Dominanz gegenüber anderen Gruppen deutlich. Eindeutigkeit besteht hingegen in der Form der Ernährung der Organismen, „Sedimentfresser" sind mit fast der Hälfte vertreten.

Nach TACHET et al. (2000) sind keine charakteristischen Muster besiedelter Mikrohabitate und vorkommender Ernährungstypen erkennbar.

5 Diskussion

Grobe organische Ablagerungen – Die Quellmünder dieser Gruppe zeigten alle intermittierenden Charakter. Alle hier lebenden stenotopen Taxa besitzen Mechanismen, um die zeitweise Trockenheit in den intermittierenden Quellen zu überstehen. So kann z.B. *Galba truncatula* (Anhang 5.7) lange Trockenzeiten im Schlamm überdauern. Des Weiteren stellt die Nahrungsgrundlage aller stenotopen Taxa das organische Material.

Es liegt daher nahe, dass die Ortsgebundenheit der Arten mit den Umweltfaktoren Quellschüttung und Nahrungsangebot stark zusammenhängt. Köcherfliegen, Eintagsfliegen und Steinfliegen fehlen in der Habitatgruppe der groben organischen Ablagerungen gänzlich.
Die stenotopen Taxa zeigen nach SCHMEDTJE & COLLING (1996) weder in Bezug auf die Habitatpräferenz noch auf den Ernährungstyp Abhängigkeiten von dem groben organischen Substrat. Die Autökologie dieser Autoren projiziert eine andere biozönotische Charakteristik als die multivariate Betrachtung. Die autökologische Charakterisierung nach TACHET et al. (2000) ergab aufgrund mangelnder bzw. grober taxonomischer Einstufungen keine befriedigende Auswertung.

Kiesige Sohlstruktur – In dieser Habitatgruppe waren Quellmünder intermittierenden sowie perennierenden Charakters vorhanden. Die in der Literatur beschriebene höhere Abundanz von Köcherfliegen und Eintagsfliegen in perennierenden im Vergleich zu intermittierenden Quellen wird hier deutlich, da keine dieser Tiergruppen in austrocknenden Quellmündern vorkam. Dies zeigt z. B. das Vorkommen der stenotopen Eintagsfliege *Baetis rhodani* (Anhang 5.6) sowie das der stenopen Köcherfliege *Drusus trifidus* (Anhang 5.3, 5.4), eine nach WICHARD & ROBERT (1999) auf der Roten Liste von NRW stehenden Art. Diese Arten besitzen eine Vorliebe für grobes Substrat, und ihr Vorkommen beschränkte sich auf die hauptsächlich aus Kies und Sand bestehende Steverquelle (A XXX). Kies und Schotter sowie Steine bieten allen hier stenotopen Taxa in unterschiedlicher Weise eine Lebensgrundlage. So ernährt sich *B. rhodani* möglicher Weise von einem auf den reichlich vorhandenen Grobsubstraten abgelagerten Biofilm („Weidegänger"). Die stenotope Art *Dugesia gonocephala* (Anhang 5.5) kommt in den Steverquellen und der Berkelquelle (B XVI) vor. Dies könnte zum Einen mit den vorhandenen Grobsubstraten zusammenhängen, welche ihnen z. B. als Unterschlupf oder als Orte der Eiablage dienen. Zum anderen ernährt sich diese Spezies von z.B. von Bachflohkrebsen (Gammaridae) (BREHM & MEIJERING 1996). Beide Bachflohkrebsarten, *Gammarus pulex* (Anhang 5.13) und *G. fossarum*, gelten in dieser Habitatgruppe als stenotop. Gammariden benötigen Grobsubstrate, um sich durch Deckung hinter diesen vor dem Abdriften zu schützen.

Die nach SCHMEDTJE & COLLING (1996) hohe Präferenz für die Habitate „Lithal" und „Akal" der Organismen spiegelt die engen ökologischen Zusammenhänge auf Grundlage der multivariaten Analyse wider. „Lithal" und „Akal" repräsentieren in der letzteren Auswertung den Umweltgradienten „Kies und Schotter", welcher die Bildung der Habitatgruppe „kiesige Sohlstruktur" bewirkte. Selbigen engen Zusammenhang reflektieren die nach SCHMEDTJE & COLLING (1996) dominierenden Ernährungstypen „Zerkleinerer", „Weidegänger" und „Räuber".

In der Autökologie nach TACHET et al. (2000) wurden alle stenotopen Arten nur in ein höheres taxonomisches Niveau eingestuft. Dennoch zeigte die Auswertung in Bezug auf SCHMEDTJE & COLLING (1996) analoge Ergebnisse.

Keine eindeutige Habitatstruktur – In dieser Habitatgruppe ist keine eindeutige faunistisch-strukturelle Ähnlichkeit zu erkennen. Sie bildet ein Mosaik aus verschiedenen Lebensräumen. Die krenobionten Taxa (ausschließlich in Quellen vorkommend) treten in den beiden (A V A, F VII B) ständig schüttenden Quellaustritten häufiger als in der zeitweise schüttenden auf (analog zu SCHINDLER 2006). Diese werden durch die hier stenotopen Arten *Oxycera pardalina* (Anhang 5.10, 5.11) und *Crunoecia irrorata*

(Anhang 5.12) vertreten. *O. pardalina* und *C. irrorata* sind Charakterarten der sogenannten Fauna hygropetrica. Die Fauna hygropetrica findet sich oft an den Randbereichen von Quellen. Diese Zone wird durch einen nur wenige Millimeter dünnen, sauerstoffreichen Wasserfilm gebildet, der durch Spritzwasserfluren oder überspültes Substrat entsteht.

Steinfliegenlarven wurden lediglich in den drei Quellmündern dieser Habitatgruppe aufgenommen. Es sind typische Bewohner von steinig-kiesigem Substrat. Sie schützen sich in den Grobsubstraten vor Abdrift und halten sich aufgrund ihrer Lichtscheu auf der Unterseite von Steinen auf. Grobsubstrate sind in diesen Quellmündern ausreichend vorhanden und stellen für die Steinfliegen einen attraktiven Lebensraum dar. Ein Bindungsfaktor dieser Plecopteren könnte zudem die Sommerbeschattung darstellen, da sie Standorte mit geringer sommerlicher Erwärmung bevorzugen. Eine hohe Fließgeschwindigkeit könnten zusätzlich das Vorkommen von *Nemoura cambrica* (Anhang 5.8) beeinflusst haben (ENGELHARDT 2008).

Die restlichen stenotopen Taxa sind auf ständige Feuchte angewiesen. Eine komplette Austrocknung der Sohle über einen längeren Zeitraum können sie nicht überleben.

In den Auswertungen nach SCHMEDTJE & COLLING (1996) und TACHET et al. (2000) ist keine für die Besiedlung eindeutig prägende Habitatstruktur sichtbar. Nach TACHET et al. (2000) ist außerdem kein charakteristischer Ernährungstyp zu erkennen. Die nach SCHMEDTJE & COLLING (1996) vorhandene Dominanz des Ernährungstyps „Sedimentfresser" wird durch die hohen Einstufungen von Enchytraeidae (Anhang 5.9) und *Nemoura cambrica* in dieser Kategorie bewirkt. Das Vorkommen der Sedimentfresser spiegelt die in der multivariaten Auswertung analysierte Affinität der Taxa mit dem Umweltgradienten „Feinmaterial" wider.

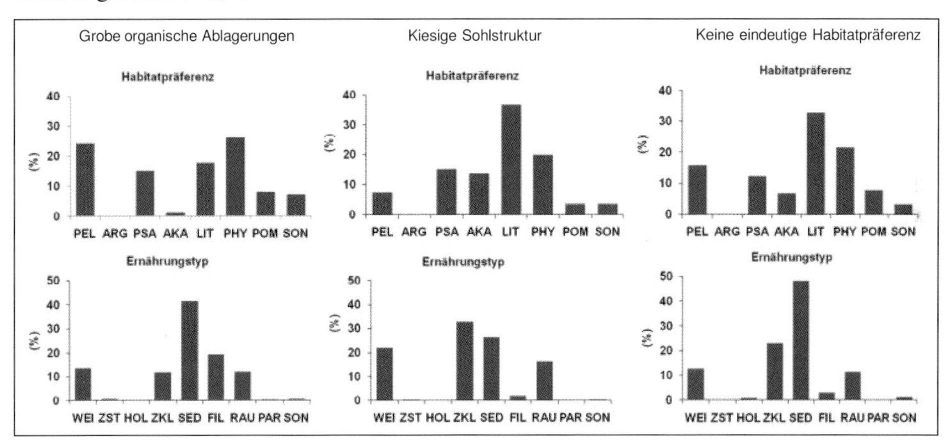

Abb. 2: Auswertung der Taxalisten nach SCHMEDTJE & COLLING (1996). Dargestellt sind die Habitatpräferenzen und Ernährungstypen der Organismen jeder Habitatgruppe auf Basis der CCA. Jedes Diagramm repräsentiert alle Quellmünder der jeweiligen Gruppe (Habitatpraferenz: PEL = Pelal; PSA = Psammal; AKA = Akal; LIT = Lithal; PHY = Phytal; POM = Partikuläres organisches Material; SON = Sonstige Habitate, Ernährungstyp: WEI = Weidegänger; ZST = Zellstecher/Blattminierer; HOL = Holzfresser; ZKL = Zerkleinerer; SED = Sedimentfresser; FIL = Filtrierer; RAU = Räuber; PAR = Parasiten; SON = Sonstige Ernährungstypen.

6 Schlussfolgerung und Ausblick

SCHMEDTJE & COLLING (1996) und TACHET et al. (2000) entwickelten ihre Bewertungssysteme für ökologische Charakterisierungen von Fließgewässern wie Bächen, Flüssen oder Seen. Die Quelltaxa wurden aufgrund dessen vernachlässigt. Es ist abschließend zu sagen, dass die unvollständige Einstufung der Taxa die Vergleichbarkeit mit den multivariaten Auswertungen reduziert, auch wenn die dargestellten ökologischen Zusammenhänge zum Teil analoge Ergebnisse wiedergeben. Die korrekte Interpretation von Quellbiozönosen bei alleiniger Betrachtung der Autökologie nach SCHMEDTJE & COLLING (1996) ist demnach nur teilweise gegeben.

Die Aussagekraft des Verfahrens nach TACHET et al. (2000) stellt sich jedoch aufgrund der zahlreichen fehlenden oder ungenauen Einstufungen als zu gering heraus und erweist sich daher als eine ungeeignete Methode zur Abbildung von Quellbiozönosen. Aus demselben Grund kann sie ebenso wenig für ergänzende Aussagen von multivariaten Analysen genutzt werden.

Es wird somit deutlich, dass beide autökologischen Verfahren keine befriedigende Aussagen und Antworten auf die Fragestellungen der vorliegenden Arbeit geben konnten.

Laut SPITALE et al. (2007) ist es für das Verständnis der Ökologie von Quellen wichtig, morphologische, physikalische und gegebenenfalls chemische Parameter zu berücksichtigen. Die multivariate Auswertung korreliert im Freiland erhobene, strukturelle und faunistische Parameter. Die CCA beleuchtete aus diesem Grunde möglicherweise die Biozönose detaillierter als die autökologischen Analysen und bildete die Biozönosen höchstwahrscheinlich naturgetreuer ab. Zur Bearbeitung der Fragstellungen der vorliegenden Arbeit stellte die CCA anscheinend das geeignetere Auswertungsverfahren dar.

Von Interesse wäre es, die in der vorliegenden Arbeit untersuchten Quellmünder nach der Struktur bzw. Fauna ökologisch zu bewerten. Dieses ermöglicht zum einen vergleichende Aussagen über die Bewertungen innerhalb der Quellmünder einer Quelle, zum anderen Vergleiche zwischen den Quellmündern des gesamten Quellkomplexes zu ziehen. Eine Datengrundlage der gesamten Quellkomplexe böte die Quellbewertung in MÜLLER (2008). Hier werden zudem ausführliche Informationen zu dem Bewertungsverfahren nach der Struktur und Fauna beschrieben.

Danksagung

Die Diplomarbeit, welche dieser Beitrag zusammenfasst, wurde im Rahmen des interdisziplinären Projekts „Quellen in den Baumbergen – Erhaltung, Erforschung und Entwicklung der Quellen im Natur- und Erlebnisraum Baumberge“ angefertigt. Dieses Quellenprojekt wurde von Frau PD Dr. Patricia Göbel initiiert und wir danken ihr für die Bereitstellung dieses interessanten Themas, für die engagierte Betreuung und Hilfestellungen. Den Teilnehmern des Quellenprojekts danke ich für die koordinierte und effektive Zusammenarbeit. Die Bestimmung der Wassermilben übernahm freundlicherweise Dr. Reinhard Gerecke. Ein Dank gebührt auch Dr. Johannes Meßer für die Bestimmung einiger Exemplare der Schnecken und Muscheln. Matthias Olthoff vom Naturschutzzentrum Kreis Coesfeld danken wir für die Bereitstellung des Datenmaterials über die Quellen.

Literatur:

TER BRAAK, C. J. F. & P. SMILAUER (2002): CANOCO Reference Manual and CanoDraw for Windows User´s Guide – Software for Cannonical Community Ordination (version 4.5). Biometris. 500 S.; Wageningen.

BEYER, L. (1992): Die Baumberge.- 2.Auflage, 127 S., 60 Abb., 4 Tab.; Münster.

BREHM,J. & M. P. D. MEIJERING (1996): Fließgewässerkunde – Einführung in die Ökologie der Quellen, Bäche und Flüsse. 3. überarb. Auflage, 302 S.; Wiesbaden.

ENGELHARDT, W. (2008): Was lebt in Tümpel, Bach und Weiher? - Pflanzen und Tiere unserer Gewässer ; eine Einführung in die Lehre vom Leben der Binnengewässer. 16. Auflage, 313 S., 437 Abb., 69 Farbtaf., 91 Farbfotos, 209 Zeichn.; Stuttgart.

VON FUMETTI, S., NAGEL P., SCHEIFHACKEN N. & B. BALTES (2006): Factors governing macrozoobenthic assemblages in perennial springs in north-western Switzerland. Hydrobiologia, **568:** 467-475

VON FUMETTI, S., NAGEL, P. & B. BALTES (2007): Where a springhead becomes a springbrook – a regional zonation of springs. Fundamental and Applied Limnology **169** (1): 37-48

ILMONEN, J. & L. PAASIVIRTA (2005): Benthic macrocrustacean and insect assemblages in relation to spring habitat characteristics: patterns in abundance and diversity. Hydrobiologia, **533:** 99-113

MÜLLER, F. (2008): Vielfalt und Einheit - Bewertung der Biodiversität in den Quellen der Baumberge. – 99 S.; Münster – [Unveröffentl. Diplomarbeit].

SCHAEFER, M. (2003): Wörterbuch der Ökologie. - 4. neu bearb. und erw. Auflage, 452 S., 48 Abb., 12 Taf.; Heidelberg.

SCHINDLER, H. (2006): Bewertung der Auswirkungen von Umweltfaktoren auf die Struktur und Lebensgemeinschaften von Quellen in Rheinland-Pfalz. – Universität Kaiserslautern: Fachgebiet Wasserbau und Wasserwirtschaft (Berichte **17**): 203 S.; Kaiserslautern.

SCHMEDTJE, U. & M. COLLING (1996): Ökologische Typisierung der aquatischen Makrofauna. – Bayerisches Landesamt für Wasserwirtschaft, H. 4. -543 S.; München.

SPITALE, D., BERTUZZI, E. & M. CANTONATI (2007): How to investigate the ecology of spring habitats on the basis of experiences gained from a multidisciplinary project (CRENODAT). In: Cantonati, M., Bertuzzi, E. & D. Spitale (Hg.): The spring habitat: biota and sampling methods. Trento: Monografie del Museo Tridentino di Scienze Naturali 4: 19-30; Trento.

TACHET, H. RICHOUX, P. BOURNAUD, M. & P. USSEGLIO-POLATERA (2000): Invertébrés d'Eau douce, Systématique, Biologie, Écologie. 588 S. 733 Abb., 19 Tab.; Paris.

THIENEMANN, A. (1925): Die Binnengewässer Mitteleuropas. 255 S.; Stuttgart.

WICHARD, W. & B. ROBERT (1999): Rote Liste der gefährdeten Köcherfliegen (Trichoptera) in Nordrhein-Westfalen. 3. Fassung. Stand Mai 1997. In: LÖBF/LAfAO NRW (Hrsg.): Rote Liste der gefährdeten Pflanzen und Tiere in Nordrhein-Westfalen, 3. Fassung. LÖBF Schriftenreihe **17:** 627-640; Recklinghausen.

Anschriften der Verfasser:

Dipl.-Landschaftsökol. Birte Krüttgen
Görrestrasse 69
69126 Heidelberg

birte.kruettgen@gmx.de

Prof. Dr. Elisabeth Irmgard Meyer
Dr. Norbert Kaschek
Dr. Wolfgang Riss
Abteilung für Limnologie
Institut für Evolution und Biodiversität
Westfälische Wilhelms-Universität Münster
Hüfferstr. 1
48149 Münster

meyere@uni-münster.de

Abhandlungen aus dem Westfälischen Museum für Naturkunde, **72** (3/4): 75- 86, Münster, 2010

Mikrobiologie im Grund- und Quellwasser der Baumberge (Kreis Coesfeld, Nordrhein-Westfalen) – Charakterisierung der Bakterienbesiedlung und der Grundwasserfauna

Gudrun Preuß, Schwerte, und Vincent Lugert, Münster

Zusammenfassung

Grundwasser und Quellen bilden Lebensräume mit einer diversen, stark an die nährstoffarmen Bedingungen angepassten mikrobiellen und faunistischen Besiedlung. Mikroorganismen stehen dabei am Anfang der Nahrungskette und bilden die Basis für höhere Organismen, den Grundwassertieren. Außerdem beeinflussen sie mit ihren Abbauaktivitäten erheblich die jeweilige chemische Wasserbeschaffenheit. Ob und in welchem Ausmaß die Quellen der Baumberge von Organismen aus dem Grundwasser besiedelt sind, wurde nun erstmals näher betrachtet. Für eine erste Bestandsaufnahme wurden vier Quellen im Gebiet der Baumberge untersucht.

Die mikrobiologischen und molekularbiologischen Ergebnisse zeigten in den untersuchten Quellen eine hohe mikrobielle Diversität, niedrige Bakterienzahlen sowie Hinweise auf eine aktive, grundwassertypische Bakterienbesiedlung. Die größten Ähnlichkeiten wurden zwischen den Quellen Stever rechts und Stever links sowie zwischen Stever rechts und der Arningquelle beobachtet. Mit Ausnahme der Quelle Lasbeck 1 lagen keine hygienischen Kontaminationen vor. Die Ergebnisse für die Quelle Lasbeck 1 wiesen mit erhöhten Trübungs- und Phosphatwerten, einer sehr hohen mikrobiellen Diversität und einer Belastung mit Fäkalbakterien (E. coli) auf eine anthropogene Beeinflussung hin.

Ergänzende Untersuchungen zur vorhandenen Grundwasserfauna in den Quellen sollten eine erste Klassifizierung der nachweisbaren Tiergruppen ermöglichen. Die Ergebnisse zeigten eine hohe Diversität an 3 Messstellen mit einem hohen Anteil echter (stygobionter) Grundwassertiere. Hinsichtlich der Anzahl und der Zusammensetzung der Besiedlungen traten deutliche Unterschiede zwischen den nordwestlich gelegenen Quellen (Arningquelle, Lasbeck 1) und den südostlichen Quellen Stever rechts und Stever links auf. Auch bezüglich der Grundwasserfauna nahm die Quelle Lasbeck 1 mit einer hohen Artenvielfalt eine Sonderstellung ein.

1 Einleitung

Das Untersuchungsgebiet Baumberge mit seinen Quellen ist Gegenstand verschiedener interdiziplinärer Projekte, in denen Fragen zur Hydrogeologie, Hydrochemie, Ökologie sowie des Landschafts- und Naturschutzes bearbeitet werden. Mikrobiologische Untersuchungen zur Beschaffenheit der Bakterienbesiedlung in den Quellen sowie zur grundwassertypischen Fauna fehlten bisher. Für ausgewählte Quellen im Untersuchungsgebiet wurde daher eine orientierende Voruntersuchung zur Beschaffenheit der mikrobiellen Besiedlung und zur Grundwasserfauna durchgeführt.

1.1 Grundwasser als Ökosystem

Das Grundwasser ist Lebensraum einer Vielzahl von speziell angepassten Organismen, deren Existenz viel über die Qualität und Struktur ihres Lebensraums aussagen kann. Das Ökosystem Grundwasser ist geprägt von zum Teil extremen Lebensbedingungen, z.B. Dunkelheit, räumlicher Enge, konstant niedrigen Temperaturen und Nährstoffknappheit (VDG, 2004). Die Mikroflora steht am Anfang der Nahrungskette und bildet die Basis für höhere Organismen. Die autochthonen (grundwassertypischen) Mikroorganismen spielen eine wesentliche Rolle beim Abbau organischer Verbindungen. Im Zuge ihrer Abbau- und Stoffwechselaktivitäten beeinflussen sie unter anderem die Redoxbedingungen, den pH-Wert und die chemische Beschaffenheit von oberflächennahem Grundwasser bezüglich Sauerstoff, Nitrat, Sulfat und anderen Elektronenakzeptoren. Hygienisch relevante Mikroorganismen und Krankheitserreger gehören nicht zur autochthonen Grundwasserbesiedlung (GRIEBLER & MÖSSLACHER 2003, PREUß & SCHMINKE 2004).

Das für diese Untersuchung gewählte mikrobiologische Untersuchungsprogramm sollte Aussagen zum ökologischen Zustand der jeweiligen Grundwassermikroflora, den Vergleich der Bakterienbesiedlungen und die Darstellung von Besiedlungsveränderungen während der Versickerung und Untergrundpassage des Wassers ermöglichen (PREUß 2008).

Die ergänzenden Untersuchungen zur vorhandenen Grundwasserfauna in den Quellen sollten eine erste Klassifizierung der nachweisbaren Tiergruppen ermöglichen. Diese Arbeiten basierten auf einen von der DWA herausgegebenen Bestimmungsschlüssel der deutschen Grundwasserfauna (DWA 2007). Allein für Deutschland sind über 500 Grundwasser bewohnende Tierarten beschrieben, die sich ursprünglich von Tiergruppen der Oberflächengewässer ableiten, jedoch eine eigene Weiterentwicklung und Anpassung vollzogen haben. Zu den wichtigsten zählen hierbei die Krebstiere (Crustacea) mit den Wasserflöhen (Cladocera), Ruderfusskrebsen (Copepoda), Muschelkrebsen (Ostracoda) und Brunnenkrebsen (Bathynellacea) sowie Würmer. Aber auch Asseln (Isopoda), Schnecken (Gastropoda) und sogar Insektenlarven können ins Grundwasser einwandern. Daher gilt es, Grundwassertiere anhand ihrer Lebensraumpräferenz zu unterscheiden in stygoxene (Tiere, die zufällig in unterirdischen Gewässern angetroffen werden), stygophile (Tiere, die freiwillig und bevorzugt unterirdische Gewässer aufsuchen) und stygobionte Arten (echte Grundwassertiere) (VDG 2005, HAHN & MATZKE 2005). Echte Grundwassertiere haben ihre Existenz und ihre Morphologie perfekt an ihren Lebensraum angepasst. Sie sind bedeutend kleiner als ihre Verwandten der Oberflächengewässer, augen- und farblos und ihre Körper sind für das Leben im Interstitial (Lückensystem) abgeflacht. Außerdem weisen sie deutlich verlangsamte Stoffwechsel- und Reproduktionsraten auf.

Quellen stellen eine Übergangszone zwischen Grundwasser und Oberflächengewässer dar und sind somit Lebensraum für alle Arten von Grundwassertieren unabhängig ihrer Lebensraumpräferenz.

2 Untersuchte Quellen

Für die Untersuchungen wurden Quellen ausgewählt, die sich entlang der Nottuln-Havixbecker-Aufschiebung befinden (Tab. 1, Abb. 1). Sie sollten einen Vergleich nordöstlich gelegener und südwestlich gelegener Grundwasseraustritte an der Störung ermöglichen. Eine Beprobung des Grundwassers „on top of the Baumberge" als zuströmendes Wasser war nicht möglich, da diese Messstelle zum Entnahmezeitpunkt kein Wasser führte.

Tab. 1: Probenbezeichnung und Charakterisierung der untersuchten Quellen.

Bezeichnung:	**Stever rechts**	**Stever links**	**Arningquelle**	**Lasbeck 1**
Quellname/Nr.	Stever A_XII_F	Stever A XII_B	Arning F VII	Arning F VI
Koordinaten	2593924/5758293	2593924/5758294	2596267/5759993	2596033/5760065
Quelltyp	Sturzquelle	Sturzquelle	Sturzquelle	Sickerquelle
Tiefe	5 cm	11 cm	8 cm	18 cm
Durchmesser	40 cm	150 cm	35 cm	115 cm
Anzahl der Austritte	1	8	2	3

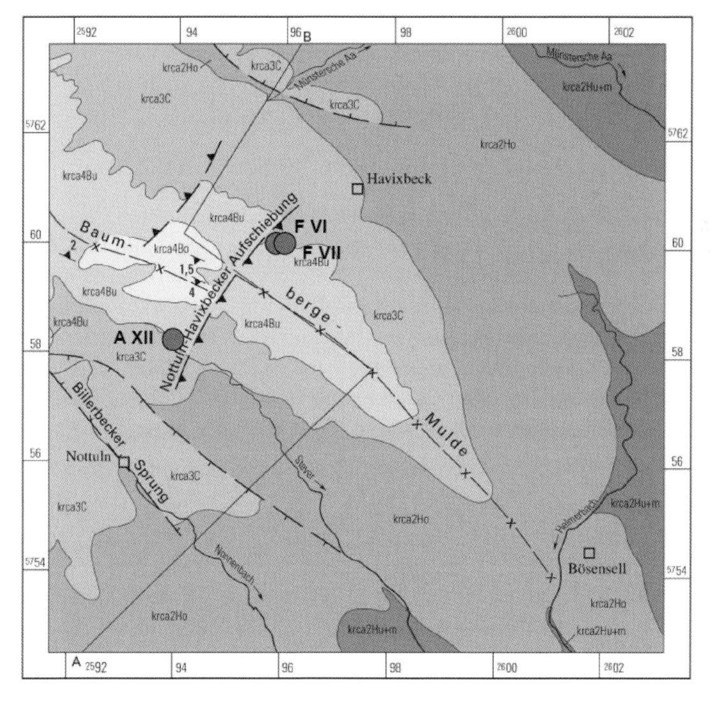

Abb. 1: Lage der Quellstandorte A XII, F VI und F VII (verändert nach DÖLLING 2006).

3 Methoden

3.1 Probenahme

Mikrobiologische Probenahme: Die kontaminationsfreie Entnahme erfolgte jeweils direkt über einem Quellaustritt mit einer sterilen 2-Liter-Saugflaschen und autoklavierten PVC- Gewebeschläuchen. Mit einer Handpumpe wurde ein Unterdruck erzeugt und das Wasser in die Flasche gesaugt. Danach wurde das Wasser kontaminationsfrei in sterile Flaschen überführt. Die Proben wurden gekühlt und dunkel transportiert und am nächsten Tag bearbeitet.

Bestimmung der Vor-Ort-Parameter: Für die Messungen der physikalisch-chemischen Vor-Ort–Parameter wurden ein WTW-Multimeter 197i und ein WTW-pH-Meter 196 benutzt. Alle verwendeten Elektroden wurden am Vortag kalibriert. Für die Messungen wurde eine Schöpfprobe in einem Becherglas direkt an dem Quellpunkt genommen und die Parameter mittels der eingehängten Elektroden gemessen. Die Laborwerte zur chemischen Wasserbeschaffenheit wurden nach aktuellen DIN-Verfahren ermittelt.

Entnahme der Grundwasserfauna: Die Probenahme orientierte sich an der in der Literatur teilweise beschriebenen Vorgehensweise (HAHN 2005, DWA 2007). Um grundwasserfremde Organismen weitestgehend aus den Proben heraus zu halten, wurden speziell angefertigte Quellglocken aus Kunststoff im Durchmesser von 8 / 15cm verwendet, welche über den Quellaustritt gestülpt und in das Sediment eingedrückt wurden. Die sich in den Quellglocken sammelnde Schüttung wurde mittels einer Unterdruckpumpe abgepumpt und in einem Gefäß gesammelt. Anschließend wurde das Probevolumen von 10 Liter durch ein Planktonnetz mit 50µm Maschenweite filtriert und das Probevolumen so auf 10 ml konzentriert. Die Tiere wurden in 70%igem Ethanol fixiert.

3.2 Untersuchungsmethoden

3.2.1 Bakterien und mikrobielle Aktivitäten

Um eine hygienische Bewertung des Quellwassers durchzuführen, wurden die Proben auf die trinkwasserrelevante Parameter Koloniezahlen bei 22°C und bei 36°C (TRINKWV 1990) untersucht. Als Indikatoren für fäkale Verunreinigungen wurden außerdem E. coli und coliforme Bakterien auf TTC-Agar nach DIN 9308-1 und mit dem Colilert® Quanty Tray quantifiziert. Für die Abschätzung der natürlichen mikrobiellen Besiedlung erfolgte die Untersuchung der Lebendbakterienzahlen auf R2A-Agar gemäß US-EPA (EATON 1995). Es werden hiermit in erster Linie aquatische Umweltbakterien erfasst, die an nährstoffärmere Bedingungen und geringere Temperaturen angepasst sind als die nach TrinkwV ermittelten Bakterien.

Für die Ermittlung mikrobieller Enzymaktivität wurde die Hydrolyse von FDA (**F**luorescein-**Dia**cetat) durch Esterasen nach OBST & HOLZAPFEL-PSCHORN (1988) untersucht. Da Esterasen in einer Vielzahl von Mikroorganismen vorkommen, eignet sich dieser Parameter als Summenparameter für mikrobielle Bioaktivitäten (SCHNÜRER & ROSSWALL 1982). Zu den Esterasen gehört eine breite Palette von Enzymen (Lipasen, Proteinasen u.a.), die in allen Mikroorganismen vorkommen und bei dem heterotrophen Abbau von organischen Nährstoffen eine Rolle spielen.

3.2.2 Molekularbiologische Besiedlungsanalysen

Nukleinsäuren (DNA und RNA) als Träger der genetischen Information können als Summenparameter für die Biomasse in Umweltproben analysiert werden. Die in der vorliegenden Untersuchung mittels PCR (Polymerase Chain Reaction) vervielfältigte DNA gibt Auskunft über die Zusammensetzung der eubakteriellen Besiedlung. Hierbei kann nicht zwischen aktiven und toten oder inaktiven Bakterien unterschieden werden, da DNA (Desoxyribonukleinsäure) in Umweltproben auch nach dem Absterben der Bakterien längere Zeit nachweisbar bleibt. Die Durchführung der PCR mit eubakteriellen Primern sowie die anschließende Erstellung von Besiedlungsmuster mittels DGGE (Denaturierende Gradienten-Gel-Elektrophorese) erfolgt wie bei MEYZER et al. (1993) sowie KILB et al. (1998) beschrieben. Als Resultat erhält man für jede Probe ein DGGE-Muster von unterschiedlicher „Banden" (= Gensequenzen), das Auskunft über die genetische Diversität und Zusammensetzung der Bakterienbesiedlung gibt (KUHLMANN et al. 1998, DOMINIK & HÖFLE 2002, PREUß 2008). Die Berechnung des Diversitätsindex erfolgte nach der Formel:

$$H = -\sum[pi*\log2(pi)]$$

mit:

Hmax	=	log2(ap)
pi	=	Bandenintensität
J	=	H / Hmax
ap	=	Anzahl der Banden

Die Ähnlichkeiten zwischen den Besiedlungsmustern wurden mit Hilfe des Sörenson-Index QS (%) berechnet, der auch als Dice-Index bezeichnet wird (FROMIN et al. 2002, LAPARA et al, 2002; EMITAZI et al. 2004; POZOS et al. 2004). Die Formel lautet:

$$QS = 2 \times SAB / (SA + SB) \times 100\%$$ mit:

mit: SAB = Zahl der in beiden Proben vorkommenden Banden
SA, SB = Zahl der Banden in Probe A bzw. B

3.2.3 Untersuchung der Grundwasserfauna

Die überwiegend auf der Ebene von Ordnungen klassifizierten Organismen wurden soweit möglich ihrem bevorzugten Lebensraum zugeordnet. Sie konnten entweder als echte Grundwassertiere definiert werden oder als andere, limnische Gruppen, die auch in Übergangsbereichen oder im Oberflächenwasser vorkommen. Als Grundlage für diese erste Klassifizierung sowie die weitere taxonomische Einordnung der Isolate diente ein vom DWA-Projektkreis Grundwasserbiologie erarbeiteter Bestimmungsschlüssel (DWA 2007).

Zur Sortierung wurden die einzelnen Proben auf eine gerasterte Mäanderschale gegeben und unter der Stereolupe durchgesehen. Alle gefundenen Tiere wurden separiert, nummeriert, in einige Tropfen 70%igem Ethanol überführt und gelagert. Zur Bestimmung wurden die einzelnen Tiere in einen Tropfen Glycerin auf einen Objektträger überführt und mit einem Deckgläschen und Siegellack versiegelt.

4 Chemische und biologische Beschaffenheit der Quellen

4.1 Chemische Beschaffenheit

Die vor Ort gemessenen physikalisch-chemischen Parameter lagen für alle 4 Quellen in einer jeweils vergleichbaren Größenordnung (Tab. 2). Keine der Proben wies einen sensorisch nachweisbaren Geruch, eine Färbung oder Trübung auf. Auch die Konzentrationen für organische Kohlenstoffverbindungen (DOC und TOC) lagen in vergleichbarer Größenordnung und mit ca. 1 mg/ml in einem für Grundwasser typischen, niedrigen Bereich (Tab. 2).

Tab. 2: Chemische Charakterisierung der Quellwässer.

Parameter	Einheit	Stever rechts	Stever links	Arningquelle	Lasbeck 1
Temperatur	°C	10,1	9,9	10,0	10,1
Leitfähigkeit	µS/cm	730	723	731	709
Sauerstoff	mg/l	4,63	6,49	5,48	5,59
Sauerstoff	%	42,0	58,1	49,3	50,3
pH	1	6,62	6,74	6,52	6,88
Redoxpotential	mV	165	180	97	193
Trübung	FNU	0,12	0,09	0,05	**0,21**
DOC	mg/l	1,2	1,1	0,9	0,9
TOC	mg/l	1,2	1,1	0,9	1
HCO_3 *	mg/l	351	339	362	347
F *	mg/l	0,1	0,09	0,05	0,09
Cl *	mg/l	19,4	20	13	15,8
NO_3 *	mg/l	37,5	41,9	33,8	32,1
PO_4 *	mg/l	0	0	0	**0,384**
SO_4 *	mg/l	0	0	0	0

* Laboranalysen der Universität Münster

Auffällig waren jedoch der hohe Phosphatgehalt (> 0,3 mg/l) sowie die hohe Trübung von 0,21 FNU in der Quelle Lasbeck 1. Die übrigen untersuchten Quellen wiesen unauffällige und vergleichbare Werte auf (Tab. 2).

4.2 Bakterielle Besiedlung

Die bakteriologischen Untersuchungen nach TrinkwV wiesen die Quellstandorte Stever rechts, Stever links und Arningquelle als hygienisch weitgehend unbelastet aus (Tab. 3). Die Koloniezahlen lagen in einem für Grundwasser üblichen niedrigen Bereich. Indikatoren für aktuelle fäkale Belastungen (E. coli und coliforme Bakterien) waren mit Ausnahme eines Einzelbefundes (Stever links) nicht nachweisbar. Mit dem Colilert®- Verfahren wurden zwar in allen Quellen Umweltcoliforme beobachtet, diese sind jedoch nicht zwangsläufig fäkalen Ursprungs (Tab. 3).

Tab. 3: Ergebnisse der mikrobiologischen Untersuchungen.

Probe	Stever rechts	Stever links	Arningquelle	Lasbeck 1
Hygienische Situation				
KBE/ml TrinkwV, 22°C	58	15	5	35
KBE/ml TrinkwV, 36°C	22	0	0	23
Coliforme / 100 ml TTC	0	1	0	9
Coliforme / 100 ml Colilert	1	26,2	3,1	24,6
E.coli /100 ml TTC	0	0	0	9
E.coli /100 ml Colilert	0	0	0	6,3
Umweltbakterien				
KBE/ml R2A, 2 Tage	3	29	5	59
KBE/ml R2A, 5 Tage	7	91	15	98
FDA-Unsatz (ng/ml/h)	66,59	66,48	63,95	74,11

Anmerkung: Mit dem Colilert – Verfahren werden im Gegensatz zu dem Verfahren auf TTC-Agar auch Umweltcoliforme erfasst, die nicht zwangsläufig fäkalen Ursprungs sein müssen. Daher werden in Grund- und Quellwasser mit dem Colilert-Verfahren sehr häufig höhere Befunde als mit dem TTC-Verfahren beobachtet.

Auffällig waren die Befunde zu den coliformen Bakterien und zu E.coli jedoch in der Quelle Lasbeck 1 mit 9 E. coli / 100 mL auf TTC-Agar. In unbeeinflussten Grundwässern werden diese Organismen normalerweise nicht beobachtet (PREUß & SCHMINKE 2004). Gründe für diesen Befund können ein möglicher Eintrag von oberflächennahem Sediment bei der Probenahme sein sowie ein oberhalb der Quelle liegender landwirtschaftlicher Betrieb.

Die höchsten Bakterienzahlen auf R2A-Agar für Umweltbakterien wurden für die Quellen Stever links und Lasbeck 1 beobachtet (Tab. 3). Die Zahlen liegen in einem für unbelastete Grundwässer üblichen Bereich (GLIESCHE 1998, PREUß 2008).

Die mikrobielle Bioaktivität (FDA-Umsatz, Tab. 3) war an allen 4 Standorten vergleichbar. Sie liegt um eine Log-Stufe höher als in unbeeinflusstem Grundwasser, jedoch deutlich (ca. 2 Log-Stufen niedriger) als in Oberflächengewässer (PREUß 2008). Insgesamt wiesen diese Ergebnisse auf eine aktive und naturnahe mikrobielle Grundwasserbesiedlung hin.

4.3 Mikrobielle Diversität

Die Gesamtzahl der aufgetrennten Banden (Gensequenzen) sowie die errechneten Diversitätsindizes H zwischen 3 und 5 belegen eine hohe genetische Diversität der bakteriellen Besiedlung in allen untersuchten Quellen. Sehr hohe genetische Diversitäten wurden in Stever rechts und der Arningquelle beobachtet (Tab. 4). Die etwas geringeren Werte für H für Stever links und Lasbeck 1 liegen jedoch immer noch in einem für Grundwasser typischen Bereich.

Eine signifikante genetische Ähnlichkeit der mikrobiellen Besiedlungen zueinander zeigte sich mit 51% zwischen Stever rechts und Arningquelle. Eine ebenfalls deutliche Ähnlichkeit wurde mit 42% für die Quellen Stever rechts und Stever links beobachtet (Tab. 4). Die jeweils geringe Ähnlichkeit mit Lasbeck 1 (19% und 29%) ist wahrscheinlich auf die besondere Beschaffenheit der Quellfassung an dieser Stelle und auf Einflüsse eines Bauernhofes mit Nährstoff- und Organismeneinträgen zurückzuführen.

Tab. 4: Ergebnisse der molekularbiologischen Besiedlungsanalyse (Diversität und Ähnlichkeit der mikrobiellen Besiedlungen).

Besiedlungsstruktur	**Stever rechts**	**Stever links**	**Arningquelle**	**Lasbeck 1**
Anzahl Banden	26	12	33	9
Diversitätsindex H	4,62	3,51	4,97	3,08
mikrobielle Ähnlichkeit (%) zu:				
Stever rechts	100	42	51	29
Stever links		100	22	29
Arningquelle			100	19
Lasbeck1				100

4.4 Grundwasserfauna

Die Quellen nordwestlich der Baumberge (Arningquelle und Lasbeck 1) wiesen mit 71 Individuen eine deutlich höhere Besiedlungsdichte als die Quellen südöstlich der Baumberge auf (Tab. 5). Mit Ausnahme der Quelle Stever rechts, aus der in dem untersuchten, relativ geringen Probenvolumen keine Tiere isoliert werden konnten, waren in allen Quellen auch ein hoher Anteil echter Grundwassertiere zu beobachten (Tab. 5).

Bei der Auswertung der gefundenen Tiere wurden Unterschiede in Verteilung und der Biodiversität der Quellen deutlich. Die Quellen nordwestlich der Baumberge (Arningquelle, Lasbeck 1) verfügten nicht nur über eine höhere Besiedlungsdichte sondern auch über eine höhere Artenvielfalt gegenüber den Quellen südöstlich der Baumberge (Stever rechts und links). Die höchste Artenvielfalt wurde für Lasbeck 1 beobachtet (Abb. 2).

Tab. 5: Anzahl der Tiere und erste taxonomische Zuordnungen.

Ordnungen	**Stever rechts**	**Stever links**	**Arningquelle**	**Lasbeck 1**
Individuen / 10 L	0	7	34	37
Echte Grundwassertiere:				
Cyclopoida	0	2	0	3
Hapacticoida	0	0	2	13
Nauplius-Larve	0	0	0	2
Andere:				
Onychura	0	5	31	1
Oligochaeta	0	0	1	3
Plecoptera	0	0	0	1

Die Quelle Stever links liegt zwar südöstlich der Baumberge und hat eine niedrige Besiedelungsdichte, glich aber in ihrer Besiedelungsstruktur und Dominanzverteilung eher der Arningquelle (Tab. 5). Bezüglich der Besiedelungsdominanz fällt besonders der Unterschied in der Anzahl der Cladocera bei den nordwestlichen Quellen Arningquelle und Lasbeck 1 auf (Abb. 3).

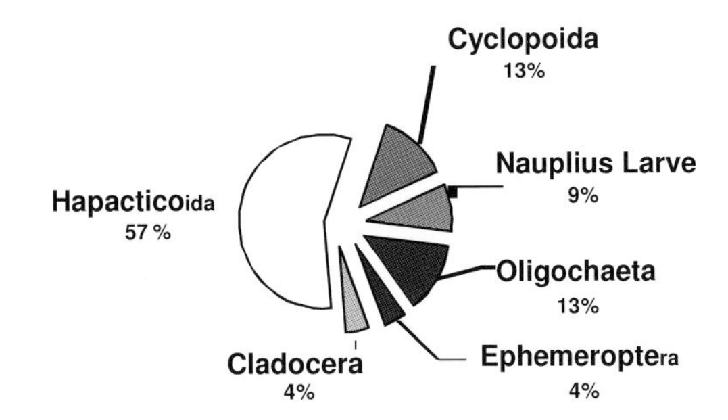

Abb. 2: Zusammensetzung der Grundwasserfauna, Beispiel Lasbeck 1.

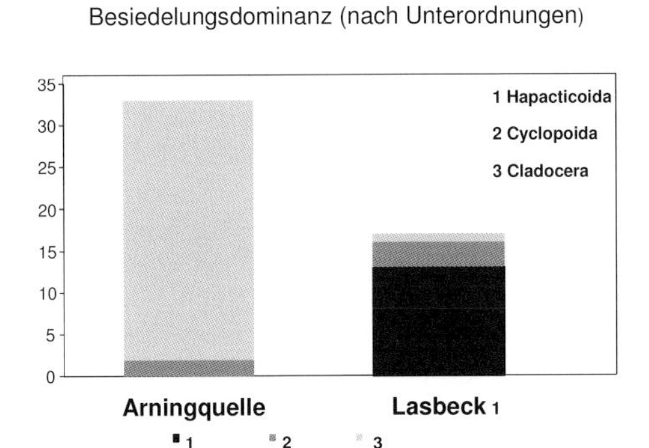

Abb. 3: Zusammensetzung der Grundwasserfauna an den Standorten Arminquelle und Lasbeck 1 (klassifiziert nach Unterordnungen).

Die Fotos in Anhang 6 (oben und unten) zeigen Beispiele für typische Grundwassertiere, die aus den untersuchten Quellen isoliert werden konnten.

5 Fazit und Ausblick

Die mikrobiologischen und molekularbiologischen Ergebnisse für die Quellen Stever rechts, Stever links und Arningquelle sind vergleichbar mit einem ökologisch guten Grundwasserzustand. Die mikrobiologische Situation ist als unauffällig zu bewerten. Mit Ausnahme der E. coli-Befunde in Lasbeck 1 handelt es sich jeweils um hygienisch weitgehend unbelastetes bzw. gering belastetes Quellwasser mit niedrigen Bakterienzahlen aber einer aktiven, diversen Bakterienbesiedlung.

Die hygienischen Auffälligkeiten in Lasbeck 1 lassen auf Einträge eines im Zustrom liegenden landwirtschaftlichen Betriebes schließen. Hier wurde eine vergleichsweise geringe mikrobiologische Diversität bei erhöhten Phosphatwerten, erhöhten Trübungswerte sowie eine erhöhte Anzahl des Fäkalindikators E. coli beobachtet.

Bezüglich der genetischen Besiedlungszusammensetzung ähneln sich mit am meisten die Bakteriengemeinschaften der Quelle Stever rechts und der Arningquelle. Die jeweils geringe Ähnlichkeit mit Lasbeck 1 ist wahrscheinlich wie die hygienische Belastung auf die genannten anthropogenen Einflüsse an dieser Quelle zurückzuführen.

Erste Unterschiede bezüglich der Grundwasserfauna waren bereits nach Auszählung der gefundenen Individuen deutlich. So wiesen die Quellen nordwestlich der Baumberge eine deutlich höhere Besiedelungsdichte als die Quellen südöstlich der Baumberge auf.

Die taxonomische Einordnung der Tiere zeigte, dass die Quellen nordwestlich der Baumberge nicht nur über eine höhere Besiedelungsdichte verfügen, sondern auch eine höhere Biodiversität gegenüber den Quellen südöstlich der Baumberge aufweisen, wobei sich die Besiedelungsstruktur von Arningquelle (nordwestlich) und Steverquelle links (südöstlich) ähnelt.

Die Ergebnisse zeigen insgesamt, dass die Quellen der Baumberge eine diverse und stygobionte Fauna aufweisen. In drei der vier untersuchten Quellen war auch ein hoher Anteil echter Grundwassertiere zu beobachten. Die höchste Artenvielfalt wurde dabei für Lasbeck 1 beobachtet. Das Fehlen von Tieren in der Quelle Stever rechts ist auf das für Grundwasseruntersuchungen geringe Probenvolumen zurückzuführen. Bei nachfolgenden Untersuchungen sollte daher auf jeden Fall ein höheres Probenvolumen bis 100 Liter untersucht werden.

Die vorliegenden Ergebnisse können nur einen ersten orientierenden Überblick geben. Sie müssen noch durch umfangreichere Untersuchungen verifiziert werden, um eine belastbare Datenbasis zur Mikrobiologie und zur Grundwasserfauna in den Quellen der Baumberge zu schaffen. Auch wäre ein Vergleich der biologischen Beschaffenheit des zulaufenden Grundwassers (Messstelle „on top“) erforderlich, um die biologischen Prozesse bei der Untergrundpassage des Wassers beurteilen zu können.

Danksagung

Wir danken der Naturförderstation Coesfeld, dem Landesamt für Natur, Umwelt und Verbraucherschutz, dem Westfälischen Landesmuseum für Naturkunde sowie dem Baumbergeverein für die auch finanzielle Unterstützung der Untersuchungen. Die Arbeitsgruppe von Frau PD Dr. P. Göbel (Abteilung Angewandte Geologie, Institut für Geologie und Paläontologie der Westfälische-Wilhelms-Universität Münster) stellte eine Reihe von Daten zur Verfügung und ermöglichte den Zugang zu den Quellen. Auch für die tatkräftige Unterstützung bei der Probenahme vielen Dank. Ein besonderer Dank gilt außerdem der Abteilung Limnologie und Herrn Dr. N. Kaschek für die Unterstützung bei der Untersuchung und Klassifizierung der Grundwassertiere.

Literatur:

DOMINIK, K., HÖFLE, M.G. (2002): Changes in bakterioplankton community structure and activity with depth in a eutrophic lake as revealed by 5S rRNA analysis. - Appl. Environ. Microbiol. **68**, 3606-3616.

DWA (DEUTSCHE VEREINIGUNG FÜR WASSERWIRTSCHAFT, ABWASSER UND ABFÄLLE E.V., HRSG) (2007): Grundwasserfauna Deutschlands – Ein Bestimmungswerk. Hennef, März 2007. ISBN-13: 978-3-939057-44-4, ISBN-10: 3-9399057-44-4.

EATON, J., CLESCERI, L.S., GREENBERG, A.E. (EDS) (1995): Standard methods for the examination of water and wastewater. 19th. Ed. - APHA, Washington D.C.

EMTIAZI, F., SCHWARTZ, T., MARTEN, S.M., KROLLA-SIDENSTEIN, P., OBST, U. (2004): Investigation of natural biofilms formed during the production of drinking water from surface water embankment filtration. - Water Research **38**, 1197-1206

FROMIN, N., HAMELIN, J., TARNAWSKI, S., ROESTI, D., JOURDAIN-MISEREZ, K., FORESTIER, N., TEYSSIER-CUVELLE, S., GILLET, F., ARAGNO, M., ROSSI, P. (2002): Statistical analysis of denaturing gel electrophoresis (DGGE) fingerprinting patterns. - Environmental Microbiology, **4**, 634-643.

GLIESCHE, CH.G. (1998): Die Mikrobiologie des Grundwasserraumes und der Einfluß anthropogener Veränderungen auf die mikrobiellen Lebensgemeinschaften. - UBA-Texte **15/99**, Forschungsbericht 108 02 898 UBA-FB 98-118, Umweltbundesamt Berlin.

GRIEBLER, C.; MÖSSLACHER, F. (2003) Grundwasserökologie. UTB-Facultas Verlag, Wien

HAHN, H.J. (2005): Unbaited traps – A new method for samplimg stygofauna. - Limnologica **35**, 248-261.

HAHN, H.J.; MATZKE, D. (2005): A comparison of stygofauna communities inside and outside groundwater bores. - Limnologica 35, 31-44.

KILB, B., KUHLMANN, B., ESCHWEILER, B., PREUß, G., ZIEMANN, E., SCHÖTTLER, U. (1998): Darstellung der mikrobiellen Besiedlungsstruktur verschiedener Grundwasserhabitate durch Anwendung molekularbio-logischer Methoden. - Acta Hydrochim. Hydrobiol. **26**, 349 – 354.

KUHLMANN, B., ESCHWEILER, B., KILB, B., PREUß, G., ZIEMANN, E., SCHÖTTLER U.(1997): Bestimmung der mikrobiellen Diversität in Grundwässern mittels PCR. - Vom Wasser **89**, 205-214.

LAPARA, T., NAKATSU, C., PANTEA, L., ALLEMANN, J. (2002): Stability of the bacterial communities sup-ported by a seven-stage biological process treating pharmaceutical wastewater as revealed by PCR-DGGE. - Water Research **36**, 638-646.

MUYZER, G., DE WAAL, E.C., AND UITTERLINDEN, A.G. (1993): Profiling of Complex Microbial Populations by Dena-turing Gradient Gel Electrophoresis Analysis of Polymerase Chain Reaction-Amplified Genes Coding for 16S rRNA. - Appl.Environ.Microbiol. **59**, 695-700, 1993.

OBST, U., HOLZAPFEL-PSCHORN A. (1988): Enzymatische Tests für die Wasseranalytik. Oldenbourg Verlag, München.

POZOS, N., SCOW, K., WUERTZ, S., DARBY, J. (2004): UV disinfection in a model distribution system: Biofilm growth and microbial community. - Water Research **38**, 3083-3091.

PREUß, G. (2008): Beeinflusst die künstliche Grundwasseranreicherung den mikrobiologisch-ökologischen Zustand des Grundwassers? In: Ruhrgütebericht 2007. Arbeitsgemeinschaft der Wasserwerke an der Ruhr (AWWR) und Ruhrverbande Essen (Hrsg.), S. 159-168, Essen 2008, ISSN 1613-4729.

PREUß, G., H. K. SCHMINKE (2004): Grundwasser lebt! - Chemie in unserer Zeit **38**, 340-347.

SCHNÜRER, J., ROSSWALL, T. (1982): Fluorescein diacetate hydrolysis as a measure of total microbial activity in soil and litter. - Appl. Environ. Microbiol. **43**, 1256-1261.

TRINKWV: Verordnung über die Qualität von Wasser für den menschlichen Gebrauch. - Bundesgesundheitsblatt 2002, 12 Bundesgesetz FNA 2126-13-1.

VDG (VEREINIGUNG DEUTSCHER GEWÄSSERSCHUTZ E.V., HRSG.) (2005): Lebensraum Grundwasser. Schriftenreihe der Vereinigung Deutscher Gewässerschutz Bd. 68, ISBN 3-937579-26-5

Anschriften der Verfasser:

Dr. Gudrun Preuß
Institut für Wasserforschung GmbH
Dortmund
Zum Kellerbach 46
58239 Schwerte

preuss@ifw-dortmund.de

Vincent Lugert
Mehringen 21
48351 Everswinkel

Abhandlungen aus dem Westfälischen Museum für Naturkunde, **72** (3/4): 87-94, Münster, 2010

Quellen der Baumberge (Kreis Coesfeld, Nordrhein-Westfalen) im regionalen Tourismus - Konzepte zur Vermittlung ihrer Schutznotwendigkeit

Catharina Kähler, Ibbenbüren

Zusammenfassung

Die Baumberge im westlichen Münsterland als Fremdenverkehrsgebiet mit zahlreichen Quellaustritten bieten sich aufgrund des ausgebauten Wegenetzes für quellbezogene Themenwanderwege an. Für den sensiblen Lebensraum Quelle ist die gezielte Kombination mit dem regionalen Tourismus ein gewagtes Vorhaben. Aber gerade weil viele Grundwasseraustritte dieses Gebietes bereits einer „wilden" Freizeitnutzung unterliegen und diese dadurch gefährdet sind, müssen Möglichkeiten gefunden werden, ihre unbestrittene Schutznotwendigkeit attraktiv zu veranschaulichen. Dies soll durch konkrete Entwürfe von Informationstafeln und Besucherleitsystemen verwirklicht werden.

Die Ergebnisse verschiedener Abfragen dieser Arbeit zeigten, dass die Baumberge mit fünf Quellen die Möglichkeit bieten, repräsentativ einen informativen Zugang zu diesem Lebensraum zu schaffen. Bestandsaufnahmen von u.a. Wegenetz und Sehenswürdigkeiten klärten die Rahmenbedingungen für eine interessante Gestaltung von „Quellwanderwegen". Vier private und fünf öffentliche Wanderungen ließen die daraufhin zusammengestellten „Quellwanderwege" bezüglich ihrer Länge testen und in einen zeitlichen Rahmen fassen. Diese Probewanderungen und vier didaktische Exkursionen fanden mit Probanden statt, die diese mittels Fragbögen beurteilten. Zusätzlich lieferten die drei unterschiedlichen Fragbögen auch Informationen zum Wissensstand über Quellen der Teilnehmer. Sie gaben eine Orientierung für die inhaltliche Gestaltung der verschiedenen Konzepte. Wie es möglich ist, mittels Informationstafeln, Besucherlenkung, Themenwanderwegen, Führungen, Exkursionen und Quellpatenschaften die Schutznotwendigkeit von Quellen darzulegen, Wissen über sie zu vermitteln und das „Naturerlebnis Quelle" zu ermöglichen, ohne einen bleibenden Schaden vor Ort zu verursachen, zeigen einige Beispiele in dieser Arbeit.

1 Einleitung

Obwohl die Quellen heute keine elementare Lebensnotwendigkeit mehr erfüllen, geht noch eine Anziehungskraft für die Bürger jeden Alters von ihnen aus. Die Trittspuren an zahlreichen Quellen verraten die heimlichen Besucher. Buden in Quellnähe zeigen einen Abenteuerspielplatz für Kinder an und die eine oder andere vermeintlich gut versteckte Flasche Schnaps, schön gekühlt im Quellwasser, lässt regelmäßige Besucher höheren Alters vermuten. Selbst gebaute Sitzgelegenheiten am Gewässer, Trittsteine und sogar eine nett eingerichtete Hütte zeigen, wie viel Mühe in die Nutzung der Quellen bzw. des

Quellbereiches als Ort der Entspannung oder des Abenteuers gelegt wird. Die liebevolle Seite mit den Quellen umzugehen, ist die eine, die andere lässt eine geringere Wertschätzung der Quellen vermuten. So findet man Plastikfolien, Dosen, Flaschen, Fahrräder, Kohle, Schutt etc. in den Quellbereichen. Ohne Zweifel hinterlassen beide Seiten der Nutzung in den schützenswerten Bereichen der Quellen Spuren, die negativen Einfluss auf die Entwicklung der Flora und Fauna nehmen können. So bedarf es einer Kontrolle, um den sensiblen Lebensraum zu schützen.

Die hohe Nutzung der Quellbereiche zeigt aber auch, dass eine ganzheitliche Sperrung der Quellbereiche praktisch nicht umsetzbar ist. Eine Nutzung würde wahrscheinlich weiterhin stattfinden. Wichtiger ist deshalb eine gezielte Aufklärung zu dieser Thematik, die sich in dem Fremdenverkehrsgebiet Baumberge gut in touristische Konzepte einbinden lässt. Welche Möglichkeiten die Baumberger Quellen für den Tourismus, unter Berücksichtigung ihrer Ökologie, bieten und wie es möglich ist, attraktiv über den Lebensraum Quelle und seine Schutzwürdigkeit aufzuklären, konnte mit dieser Arbeit geklärt werden.

2 Untersuchungsgebiet

Die ländliche Wald- und Parklandschaft der Baumberge als einzige Erhebung im westlichen Tiefland der Westfälischen Bucht mit der Nähe zu Münster, dem Ruhrgebiet und den Niederlanden bietet sich als Erholungsgebiet an und ist Grundlage für die Entwicklung der Baumberge zum Fremdenverkehrsgebiet. Bereits um die Jahrhundertwende reiste die Münsteraner Bevölkerung in die südöstlichen Baumberge. Heute bestehen mit dem Autobahnanschluss (A 43, Abfahrt Nottuln) und der Bundesstraße 54 im Untersuchungsgebiet, sowie weiteren Autobahnanschlüssen im Umkreis, zahlreiche Zufahrtsmöglichkeiten für den PKW-Verkehr von den Ballungsgebieten in die Baumberge. Die hohe Zahl an Gaststätten, die ausschließlich Verpflegungsaufgaben haben, weisen die Baumberge als Naherholungsgebiet aus, das vornehmlich an Wochenenden von Tagesausflüglern aufgesucht wird. Besondere Schwerpunkte des Fremdenverkehrs haben sich zum einen in den südöstlichen Baumbergen zwischen Havixbeck, Schapdetten und Nottuln, und zum anderen in Billerbeck herausgebildet (BEYER 1992).

3 Methoden

3.1 Kartierung und Bewertungsverfahren

Im Rahmen des Quellenprojektes wurde zwischen Januar und März 2008 an den erforschten Quellen im Untersuchungsgebiet eine Struktur-Kartierung vom Projekt durchgeführt. Das genutzte „Kartier- und Bewertungsverfahren zur Quellstruktur“ nach SCHINDLER (2006) wurde durch Abfragen über die touristische Attraktivität der Quellaustritte erweitert. Als Ergebnis des Verfahrens wird die ökologische Wertigkeit der Quellen benannt, die von MÜLLER (2008), MÜLLER et al. (2010) für einzelne Quellaustritte im Untersuchungsgebiet dargestellt wird (Anhang 4.11).

3.2 Auswahl geeigneter Quellen – bewanderbare Quellen

Eine Hauptschädigungsursache für Quellen ist der Tourismus mit seinen Folgen wie Müll und Trittschäden (MUFV RP 2008). An erster Stelle bei der Erarbeitung eines quellbezogenen, touristischen Konzeptes stand der Schutz der Quellen, so dass „unerwünschte Beeinträchtigungen der Biotope und der in ihnen lebenden Tiere und Pflanzen" (BRAUN & HINTERLANG 1994) zu verhindern waren. Aus diesem Grund wurden die Ergebnisse der Strukturkartierung hinzugezogen. Quellen mit bester Wertklasse (Struktur oder Fauna) waren aufgrund ihrer Naturnähe nicht für ein touristisches Konzept geeignet. Das Risiko einer Verschlechterung des Wertes durch den Tourismus ist zu hoch und steht in keinem Verhältnis zur Aufklärungsarbeit, die mit einem Konzept erreicht werden soll. Handelt es sich bei der Austrittsform um eine Sickerquelle, wurde sie aufgrund ihres besonderen Wertes für den Artenschutz (BRAUN & HINTERLANG 1994) ebenfalls nicht in das Konzept aufgenommen. Zusätzlich spielte in die Auswahl geeigneter Quellen ihre touristische Attraktivität mit ein. So wurden geeignete Quellen ermittelt, deren Eigenschaften für die Aufnahme in ein touristisches Konzept sprechen, ohne dabei den ökologischen Wert einer Quelle zu beachten. Quellen mit negativen (hier: touristisch uninteressanten) Eigenschaften, konnten somit vernachlässigt werden. Dazu gehörten solche, deren „Quellaustritt" versteckt, deren „Attraktivität" uninteressant und deren „Zugang" schwer ist. Hat die Quelle keinen Anschluss an ein Wegenetz und liegt Abseits, sollte sie unberührt bleiben (MUFV RP 2008) und kam nicht für die Einbindung in ein Konzept in Frage. Alle vorliegenden Daten wurden dahingehend ausgewertet und geeignete Quellen für ein Konzept ausgewählt.

3.3 Bestandsaufnahme

Damit das zu entwickelnde Konzept in das bestehende Rad- und Wanderwegenetz der Baumberge passen, und sich thematisch nicht mit bereits vorhandenen Routen oder Themenwegen überschneiden, fand vorher eine Bestandsaufnahme touristisch relevanter Komponenten statt. Dazu zählten das bestehende Wegenetz, vorhandene Informationstafeln, Gaststätten und Parkplätze, Unterkünfte, Sehenswürdigkeiten und Sagen und Erzählungen über die örtlichen Quellen.

3.4 Probewandern

Erst nach der Auswahl bewanderbarer Quellen und der Recherche von Wanderkarten konnten vorläufige Wanderwege für das Quellenprojekt erstellt werden. Die zunächst digital erstellten Quellwanderwege wurden erst privat erkundet und, nach subjektiver Begutachtung des Baumberger Wegenetzes, auch öffentlich (Abb. 1). Die Einladung zum öffentlichen Probewandern mit insgesamt 68 Probanden, erfolgte über Tageszeitung, Internet und Flugblätter. An verschiedenen Terminen wurden mit unterschiedlichen Zielgruppen unterschiedliche Wege getestet, die von den Teilnehmern mittels eigens dafür entwickelter Fragebögen bewertet wurden. Außerdem beinhalteten die Fragebögen Abfragen über den allgemeinen Wissenstand der Probanden zum Thema Wasserquellen.

Abb.1: Probewanderungen 2008.

3.5 Didaktische Exkursionen

Neben dem Probewandern fanden Exkursionen statt, die sich hauptsächlich mit der thematischen Aufarbeitung der Quellen befassten. Ziel dieser Exkursionen waren eigenständiges Erarbeiten und intensive Informationsvermittlung zum Thema. Die von BRAUN & HINTERLANG (1994) formulierten Ziele für die Arbeit mit Gruppen an Quellen wurden dafür aufgegriffen. Demnach soll das Biotop mit seiner abiotischen Ausstattung und der daran angepassten Biozönose näher gebracht werden. Insgesamt fanden vier dieser Veranstaltungen statt - eine mit Studenten, zwei mit Schülern der gymnasialen Oberstufe (Abb. 2) und eine mit einem Service-Club. Die Gruppen wurden nach potentiellen Zielgruppen für Exkursionen ausgewählt. Neben direkten Informationen zur Quelle, wurden - je nach Veranstaltungsort der Exkursionen - geschichtliche, geologische und heimatkundliche Aspekte mit einbezogen.

Abb. 2: Schülerexkursion an die Berkel, Sommer 2008.

4 Analyse

Die Ergebnisse verschiedener Abfragen dieser Arbeit zeigten, dass die Baumberge mit fünf Quellen (Steverquelle, Hexenpütt/Sieben Quellen, Arningquelle, Vechtequelle, und Berkelquelle) die Möglichkeit bieten, repräsentativ einen informativen Zugang zu diesem Lebensraum zu schaffen.

Informationstafeln eignen sich gut für die Veranschaulichung der Thematik und können dem Interessierten einfach und schnell Wissen vermitteln. Allerdings birgt ihre Verwendung das Risiko, Besucher unkontrolliert an die Quelle zu locken und so diesen Lebensraum zu schädigen. Eine Koppelung der Tafeln an den Quellstandorten mit einem Besucher-Leitsystem ist aus diesem Grund empfehlenswert. Diese Leitsysteme sollen ein Naturerlebnis ermöglichen, das den Besucher so nah wie möglich an die Quelle bringt, sie aber nicht schädigt. Die Befragung der Probanden während der Führungen und Exkursionen zeigte Defizite im Wissen über Quellen, die durch die Inhalte der Tafeln beseitigt werden sollen. Dazu gehören Informationen über

- verschiedene Quelltypen,
- den starken Einfluss der Umwelt auf die Quellen (sensibler Lebensraum),
- die Herkunft des Quellwassers der Baumberger Quellen,
- die geologischen Besonderheiten, die zu den Quellaustritten führen,
- die konstante Temperatur des Quellwassers,
- die Quellfauna (Anzahl der Arten, Reliktarten) und
- die lange oder ungewisse Dauer bis zur Wiederbesiedlung nach einer Zerstörung.

Dieses Konzept lässt sich erweitern, indem die Informationstafeln mit den Besucher-Leitsystemen in quellenbezogene (Rad-)Wanderrouten eingebaut werden, so lässt sich auch die Zielgruppe erweitern. Eine noch größere Zielgruppe kann über ein Themenspektrum, das über die Quellen hinausragt, erreicht werden. Ein Beispiel dafür stellt der entwickelte Lehrpfad „Lebensspendende Stever – ein Rundgang durch Geschichte, Kultur und Ökologie Steverns“ (Anhang 7.3) dar. Durch den Lehrpfad können mehr Menschen attraktiv über den Lebensraum Quelle und seine Schutzwürdigkeit aufgeklärt werden, als durch die rein quellenbezogenen Konzepte. Eine weitere Kombination mit Führungen macht es möglich, die Teilnehmer durch ein gemeinsames Naturerlebnis an die Quellen heranzuführen und beispielhaften Umgang im Sinne des Quellschutzes vorzustellen. Diese komplexe Kombination ist die attraktivste und wahrscheinlich nachhaltigste Möglichkeit „Laien“ über den Lebensraum Quelle und seine Schutzwürdigkeit aufzuklären. Für Studenten, Schüler und fachlich versierte Teilnehmer bieten Exkursionen eine ähnlich attraktive Möglichkeit. Ihr wissenschaftlicher Charakter und das damit einhergehende eigenständige Arbeiten der Teilnehmer schaffen einen noch näheren Bezug zur Quelle. Dieser wirkt sich optimaler Weise noch intensiver auf den zukünftigen Umgang der Teilnehmer mit Quellen aus. Die durchgeführten Exkursionen zeigten, dass sich die Quelle mit ihrem anschließenden Fließgewässer gut als Objekt für einen interdisziplinären Unterricht eignet und sich als didaktisches Mittel im Naturschutz durchaus nutzen lässt.

Besonders die Stever-, die Vechte- und die Berkelquelle lassen sich aufgrund ihrer Bekanntheit und der überregionalen Bedeutung des anschließenden Gewässers gut an die Gemeindeidentität anknüpfen, so dass die Akzeptanz von Maßnahmen (z.B. Besucher-Leitsystem) erhöht werden kann. Quellpatenschaften können diese Akzeptanz ebenfalls unterstützen und neben Pflegearbeiten auch kontinuierlich Daten erheben und ggf. Erfolgskontrollen durchführen. Öffentlichkeitsarbeit im Sinne von Medien- und Werbekampagnen ist empfehlenswert, damit eine Sensibilisierung für die Maßnahmen geschaffen werden kann.

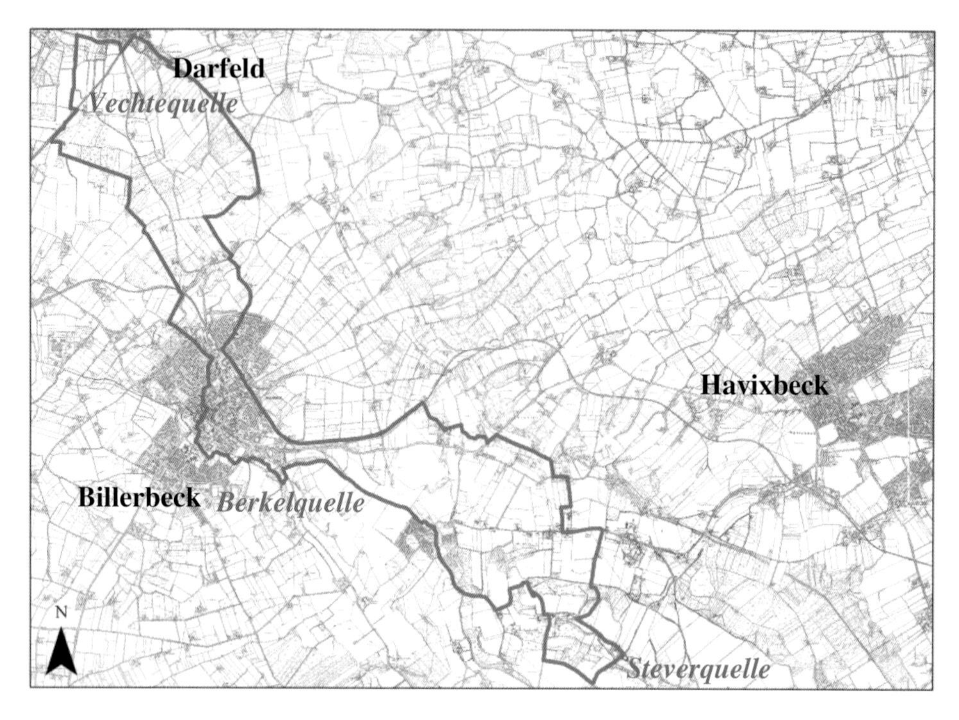

Abb. 3: Quellenthematischer Radwanderweg.

5 Konkrete Vorschläge – Möglichkeiten vor Ort

Neben der allgemeinen Gestaltung von Informationstafeln (Anhang 7.2) werden Umsetzungsmöglichkeiten für die notwendige Kombination mit einer Besucherlenkung an Stever- und Berkelquelle (Anhang 7.1) vorgestellt. Ebenfalls werden Rundwanderwege in unterschiedlichen Längen (von 2,4 bis 17,6km für alle ausgewählten Quellen dargestellt. Besonders attraktiv und im Sinne der Aufklärungsarbeit am effektivsten, ist der entworfene Lehrpfad „Lebensspendende Stever – ein Rundgang durch Geschichte, Kultur und Ökologie Steverns" (Anhang 7.3 und 7.4). Die Gegebenheiten in Stevern bieten durch viele Fallbeispiele zur kulturellen, historischen und ökologischen Entwicklung des Tales einen besonderen Reiz für die Anlage eines Lehrpfades. Hier lässt sich die Quellenthematik gut einreihen, so dass folgende Themen in diesem Konzept Platz finden: Quellen, Fließgewässer, Mühlen, Landschaftsnutzung, Naturschutzgebiete, Hohlweg, Hecken, Baumberger Sandstein und Siedlungsgeschichte. Die namensgebende Stever des Tals lässt sich als Leitgedanke des Lehrpfades gut etablieren. Dieses Fließgewässer ist mit seiner Quelle Ausgangspunkt der besonderen historischen und kulturellen Entwicklungen des Gebietes sowie seiner ökologischen Bedeutsamkeit. Für Führungen und Exkursionen wurden diese Themen und deren Inhalte zusammengestellt und je nach Exkursionsort und Zielgruppe um folgende erweitert: Tiefenwässer, Austrittsform von Quellen, Abfluss, Quellstruktur und Strukturgüte, Biologie und Fauna, Renaturierung und Schutz und Wasserproben und Vor-Ort-Analytik. Zusätzlich macht es ein raumgreifender Radwanderweg möglich, verschiedene Quellbereiche miteinander zu verbinden (Abb. 3). Außerdem wurde die Idee von Quellpatenschaften aufgegriffen. Mit ihrer Hilfe kann eine kontinuierliche Dokumentation von Wassertemperatur, Wasserchemie und Schüttungsmenge erfolgen. Die Paten können die „Pflege" des Quellbereiches übernehmen und Veränderungen (anthropogen und natürlich) dokumentieren und ggf. Erfolgskontrollen durchführen.

Danksagung

Für ihre engagierte Betreuung während des „Quellenprojektes" danke ich Frau PD Dr. Patricia Göbel ganz besonders, ebenso für die Koordination des Autorenteams der vorliegenden Veröffentlichung.

An dieser Stelle möchte ich auch allen Teilnehmern des „Quellenprojektes" für ihre Mitwirkung bei der Datenerhebung sowie bei Probewanderungen und Schülerexkursionen danken. Desweiteren bedanke ich mich bei den ansässigen Wander- und Heimatvereinen und den vielen Einzelpersonen die meine Arbeit durch Material, Wissen und Teilnahme an den Wanderungen unterstützten.

Literatur:

BEYER, L. (1992): Die Baumberge; Münster (Aschendorff).

BRAUN, G. & HINTERLANG, D. (1994): Mit Gruppen an Quellen arbeiten – Crunoecia **3**: 55- 63.

MÜLLER, F. (2008): Vielfalt und Einheit - Bewertung der Biodiversität in den Quellen der Baumberge. – Unveröffentl. Diplomarbeit. Westfälische Wilhelms-Universität Münster.

MÜLLER, F. , KASCHEK, N., RISS, W. & E. I. MEYER (2010): Bewertung der Biodiversität in den Quellen der Baumberge (Kreis Coesfeld, Nordrhein-Westfalen). – Abhandl. Westf. Mus. Naturkde **73** (3/4): 57-68; Münster

SUTER, H., KURY, D., BALTES, B., NAGEL, P. & W. LEIMGRUBER (2007): Kulturelle und soziale Hintergründe zu den Wahrnehmungsweisen von Wasserquellen – Mitteilungen der Naturforschenden Gesellschaft beider Basel, **10**: 81-99; Basel.

Anschrift der Verfasserin:

Catharina Kähler
Wallgraben 4
49479 Ibbenbüren

catharina.kaehler@gmx.de

Abhandlungen aus dem Westfälischen Museum für Naturkunde, **72** (3/4): 95-115, Münster, 2010

Der Mythos von unberührten Quellen und die ökologische Realität in der Seppenrader Schweiz (Münsterland, Nordrhein-Westfalen)

Sabine Grahl, Münster, und Kristin Neumann, Dortmund

Zusammenfassung

Im Rahmen zweier Diplomarbeiten wurde eine ökologische Bewertung der Quellen in der Seppenrader Schweiz (Coesfeld, NRW) vorgenommen. Dabei wurden die Ergebnisse der Strukturkartierung, der Makrozoobenthos-Besiedlung sowie die chemischen Quellwassereigenschaften von siedlungsnahen und ländlichen Quellen dargestellt und diskutiert. Zudem wurden Schutzziele und -maßnahmen formuliert. Für die Quellen der Seppenrader Schweiz können folgende Schlüsse gezogen werden:

Struktur:

- 1/3 der Quellen zeigt eine bedingt naturnahe Struktur. Diese Quellen befinden sich in einem NSG.
- Negativ auf die Quellstruktur wirken Fassungen, Trittschäden durch Weidevieh und Mensch sowie Baumaßnahmen.

Makrozoobenthos:

- 5 der 18 Quellen zeigen eine quelltypische oder bedingt quelltypische Fauna. Diese Quellen liegen alle im ländlichen Umfeld.
- Bei der Hälfte der Quellen konnte aufgrund ihrer Artenarmut die Bewertung nicht durchgeführt werden.
- Die Bewertung der Fauna fällt deutlich positiver aus als die der Struktur.

Hydrochemie:

- Die Siedlungsquellen zeigen hohe Konzentrationen an NaCl und SO_4^{2-}, die ländlichen Quellen sind hingegen durch hohe NO_3^--Gehalte gekennzeichnet.

Quellen im Flachland, wie die der Seppenrader Höhen, sind nicht nur äußerst seltene, sondern auch vielseitige Biotope, die oftmals aufgrund ihrer Unauffälligkeit leicht übersehen werden und in ihrer Existenz besonders bedroht sind. Es besteht bei den hier untersuchten Quellen daher ein dringender Handlungsbedarf. Zudem ist ein Umdenken in der breiten Bevölkerung notwendig, damit der ökologische Wert einer Quelle nicht in ihrer Nutzung, sondern in ihrer Natürlichkeit und Reinheit gesetzt wird.

1 Einleitung

Quellen werden bis heute mit positiven Eigenschaften wie Klarheit, Reinheit und Ursprünglichkeit bedacht. Tatsächlich sind viele Quellen heutzutage besonders im Flachland durch die zunehmende Inanspruchnahme der Landschaft durch den Menschen geschädigt (LAUKÖTTER et al. 1994). Ziel der vorliegenden Untersuchung ist eine differenzierte ökologische und hydrogeologische Bestandsaufnahme der Quellen anhand ihrer morphologischen Struktur, Hydrochemie und Makrozoobenthos-Besiedlung. Die Einflüsse von Siedlung und Landwirtschaft werden gesondert betrachtet.

2 Untersuchungsgebiet

Die untersuchten Quellen (Abb. 1) entspringen in der Seppenrader Schweiz, einem Höhenzug der im Südwesten der Westfälischen Bucht liegt (Münsterland, NRW). Dieser ist aufgebaut aus Campanschichten der Oberkreide und erreicht bei Seppenrade eine maximale Höhe von +110 mNN (MÜLLER-WILLE 1952). Das Untersuchungsgebiet (UG) umfasst den ländlichen Raum des Ortes Seppenrade, der zur Gemeinde Lüdinghausen gehört. Die Seppenrader Höhen setzen sich gegen die östlich gelegene Steverniederung der Lüdinghauser Flachmulde ab. Westlich von Seppenrade fällt das Land sanft ab (STADT LÜDINGHAUSEN 1992).

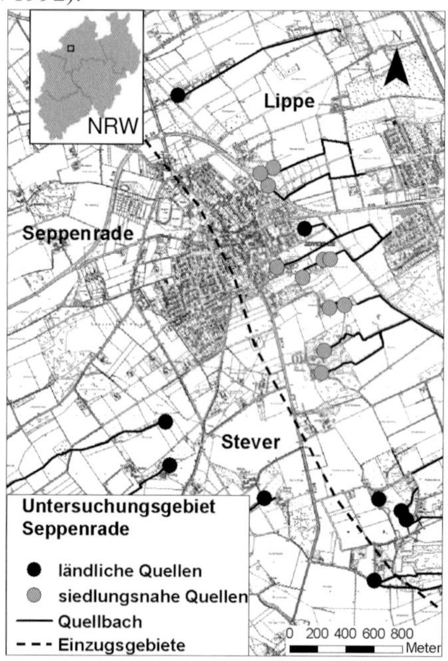

Abb. 1: Lage des Untersuchungsgebiets und der siedlungsnahen und ländlichen Quellen.

Die Seppenrader Höhen sind von einem atlantischen Klima mit gemäßigten Temperaturen und relativ hohen Niederschlägen (NS) geprägt, die im Durchschnitt über 800 mm pro Jahr liegen (DWD, Jahresmittel 1961- 1990). Ähnlich wie die 20 km nördlich liegenden Baumberge (804 mm/a), wirken die Seppenrader Höhen als Regenfänger (BEYER 1992). Dies wirkt sich positiv auf die Grundwasserneubildung aus. Die Dülmener Schichten, die im UG anstehen, stellen im Allgemeinen einen Kluftgrundwasserleiter dar. Beim Seppenrader Höhenzug handelt es sich um einen Bereich der Dülmener Schichten, der Porendurchlässigkeit zeigt. Die Flurabstände betragen im überwiegenden ländlichen Teil des Kartiergebietes weniger als 1,5 m. Im Bereich der Ortschaft Seppenrade weist das Kartiergebiet Flurabstände von größer 3 m und einen Übergangsbereich mit Flurabständen zwischen 1,5 m und 3 m auf (PLITT 2009).

3 Methoden

3.1 Struktur

Die Strukturmerkmale wurden im Juni 2009 an den Quellen mittels des Kartier- und Bewertungsverfahrens zur Quellstruktur ($\ddot{O}WS_{\mathrm{Struktur}}$) nach SCHINDLER (2006) ermittelt (Anhang 11). Diese Bewertung erlaubt eine Einordnung der Quellen in Hinblick auf den natürlichen Zustand der Quelle. Die fünfstufige Skala reicht von der „naturnahen" bis zur „stark geschädigten" Quelle. Eine detaillierte Beschreibung des Strukturbewertungsbogens und des Bewertungsverfahrens ist in SCHINDLER (2006) aufgeführt.

3.2 Makrozoobenthos

Die Erfassung des aquatischen Makrozoobenthos erfolgte einmalig im April 2009 an den Quellen in Seppenrade. Die Beprobung wurde direkt am Quellmund nach der Zeitsammelmethode mit Flächenbezug durchgeführt, für die eine Sammelzeit von einer Minute festgelegt ist. Mittels eines Handkeschers der Maschenweite 250 µm konnte dementsprechend eine Fläche von 500 cm² beprobt werden. An drei Quellen war eine Kescherprobe durch einen zu geringen Wasserabflusses nicht möglich, sodass eine Sedimentprobe entnommen wurde. Die gefangenen Organismen wurden vor Ort in 97 %igem Ethanol fixiert.

Im Labor erfolgte die Determination der Organismen mit Hilfe eines Stereomikroskops mit 5-facher Vergrößerung und der gängigen Bestimmungsliteratur. Auf Grundlage des „Bewertungsverfahren zur Quellfauna" nach FISCHER (1996) wurde eine ökologische Bewertung der Quellfauna ($\ddot{O}WS_{\mathrm{Fauna}}$) durchgeführt. Eine ausführliche Beschreibung dieses Bewertungsverfahren wurde im Beitrag „Vielfalt und Einheit – Bewertung der Biodiversität in den Quellen der Baumberge (Kreis Coesfeld, Nordrhein-Westfalen)" (MÜLLER 2008) vorgenommen.

3.3 Hydrochemie

Im Mai wurde die Hydrochemie an 18 Quellen in Seppenrade untersucht. An jeder Quelle erfolgte eine Probenahme, solange es sich nicht um einen künstlichen Quellaustritt mit mehreren Rohren handelte. In diesem Fall wurde jedes wasserführende Rohr einzeln beprobt. Insgesamt umfasste die Untersuchung der Quellen 31 Wasserproben. Die Beprobung erfolgte aus dem fließenden Wasser, direkt am Quellmund. Handelte es sich um gefasste Quellen, fand die Entnahme repräsentativer Wasserproben am Auslauf der Fassungsanlage statt (DVWK 1992). Die Beprobung der Wasserchemie wurde unter Berücksichtigung folgender chemischer Kationen und Anionen durchgeführt: Calcium

(Ca^{2+}), Magnesium (Mg^{2+}), Natrium (Na^{+}), Kalium (K^{+}), Chlorid (Cl^{-}), Sulfat (SO_4^{2-}), Nitrat (NO_3^{-}) und Hydrogencarbonat (HCO_3^{-}). Die Probe für die Analyse des Hydrogencarbonats (HCO_3^{-}) wurde in einer Laborflasche (250 ml) aus Probenflüssigkeit möglichst unter Ausschluss von Luft abgefüllt. Die Probe für die Messung der übrigen Ionen wurde in einer PE Flasche mit einer Fassung von 250 ml abgefüllt. Die Wasserproben wurden im Gelände in einer Kühltasche aufbewahrt, um Beeinträchtigungen durch Temperatureinwirkungen zu minimieren. Die Lagerung der Proben erfolgte bis zur Analyse bei 4 °C kühl, dunkel und frostsicher.

Im Labor wurden die Wasserproben mittels Blaubandrundfilter 589[3] filtriert und für die chemischen Parameter Cl^{-}, SO_4^{2-} und NO_3^{-} eine Mikrofiltration, mit einem Cellulose Acetate Filter (Porengröße 0,45 µm), durchgeführt. Die Analyse der verschiedenen chemischen Parameter fand in den Laborräumen im Institut für Landschaftsökologie der Westfälischen Wilhelms-Universität statt. Die Bedienung der Messgeräte erfolgte durch die technischen Assistentinnen im Labor nach den gänigen DIN-Normen.

Zur grafischen Darstellung der Hydrochemie-Ergebnisse wurde mit dem Programm AquaChem in der Version 5.1 gearbeitet. AquaChem bietet die Möglichkeit mit Hilfe der Darstellung verschiedener Diagrammtypen (Schoeller-, Piper-Diagramme) eine Klassifizierung der Wasserqualität und die chemische Beurteilung von Wasseranalysen vorzunehmen.

4 Ergebnisse

4.1 Struktur

Die Strukturbewertung von Vegetation und Nutzung zeigt Unterschiede zwischen den ländlichen und den siedlungsnahen Quellen. Während im Einzugsgebiet der siedlungsnahen Quellen künstliche vegetationsfreie Fläche, befestigte Wege und Gebüsch vorherrschen, wird das Einzugsgebiet der ländlichen Quellen von Ackerflächen und intensivem Grünland dominiert (Anh. 8.1). Im quellnahen Bereich überwiegen hingegen bei allen Quellen die standortfremde Vegetation sowie Moosgesellschaften. Die standortfremde Vegetation ist bei jeder ländlichen Quelle zu finden. Demgegenüber zeigen 20% der siedlungsnahen Quellen eine als positiv zu bewertende standorttypische Vegetation.

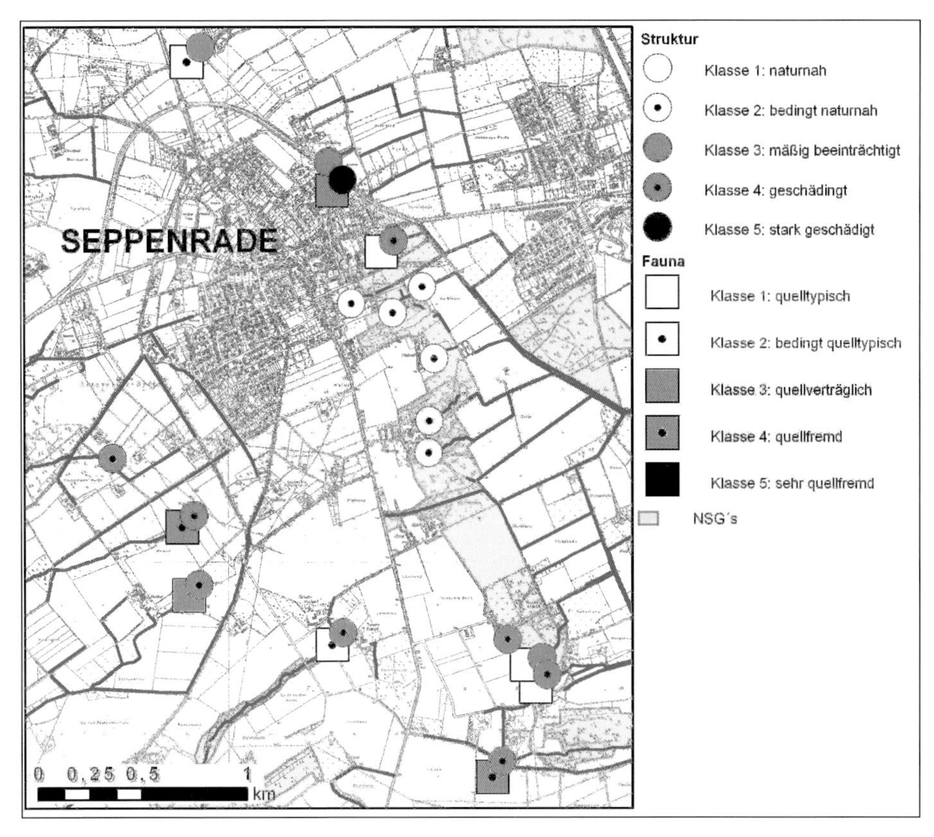

Abb. 2: Räumliche Verteilung für die ökologische Bewertung der Struktur und des Makrozoobenthos.

Nach den Ergebnissen der Strukturkartierung wurden die Quellen in fünf Bewertungsklassen eingeteilt, die den ökologischen Zustand der Quellen zusammenfassen. Insgesamt konnten sechs Quellen als bedingt naturnah eingestuft werden. Drei Quellen erhielten die Bewertungsklasse mäßig beeinträchtigt. Fast die Hälfte aller Quellen, acht von insgesamt 18 Quellen, wurden als stark geschädigt bewertet. Auffällig ist, wie aus Abbildung 2 ersichtlich wird, dass alle Quellstandorte, die als bedingt naturnah eingestuft wurden, in einem Naturschutzgebiet liegen und den siedlungsnahen Quellen zuzuordnen sind. Dagegen wurden acht von zehn ländlichen Quellen als stark geschädigt bewertet.
Die Tabelle 1 zeigt welche Faktoren im Bereich Einträge und Verbau sich negativ auf die Bewertung der Struktur auswirken. Dies ist bei den ländlichen Quellen besonders auf die Fassung der Quellen, die starken Trittschäden durch Weidevieh sowie die Müllablagerung zurückzuführen. Aufgrund von Verbau, Trittschäden des Menschen, Müllablagerung und Einleitungen erhielten einige siedlungsnahe Quellen die Bewertung mäßig beeinträchtigt und geschädigt. Aber auch die bedingt naturnahen Quellen sind von einigen dieser Faktoren betroffen.

Tab. 1: Anzahl der Quellen, die den jeweiligen Verbauungen und Einträgen unterliegen.

	Siedlung	Land
Fassung	2	6
künstlicher Absturz	1	4
Verbau	3	1
Trittschäden Vieh	-	4
Trittschäden Mensch	6	-
Infrastruktur	2	2
Müllablagerungen	7	5
Einleitungen	5	4

4.2 Makrozoobenthos

Bei den untersuchten Quellen wurden direkt am Quellmund insgesamt 76 Taxa des Makrozoobenthos nachgewiesen. Davon 51 Taxa in den ländlichen und 25 Taxa in den siedlungsnahen Quellen. Es konnten 31 Taxa bis Artniveau, 27 auf Gattungsniveau und 15 auf Familienniveau bestimmt werden. In drei Fällen war nur eine Bestimmung auf Klassenniveau möglich. Eine ökologische Bewertung des aquatischen Makrozoobenthos konnte nur an neun Quellen durchgeführt werden, aufgrund einer zu geringen Anzahl indizierter Taxa. Die Bewertung des Makrozoobenthos ist erst ab einer indizierten Taxazahl von sechs sinnvoll anwendbar. Acht der neun bewerteten Quellen liegen im ländlichen Bereich (Abb. 2). Drei Quellen erreichen die Wertklasse 1 (quelltypisch), jeweils zwei Quellen wurden in die Wertklasse 2 (bedingt quelltypisch) und Wertklasse 4 (quellfremd) eingestuft. Eine Quelle erreicht die Wertklasse 3 (quellverträglich). Im siedlungsnahen Bereich konnte nur eine Quelle als bedingt quelltypisch bewertet werden (Abb. 2).

4.3 Hydrochemie

Mittels der Lage der Punkte im Piper-Diagramm können die einzelnen Wasserproben typisiert werden. Anhand Anhang 8.2 wird deutlich, dass es sich bei den Quellwässern der Seppenrader Schweiz um calcium-hydrogencarbonatisches Wasser handelt, mit wechselnden Anteilen von Natrium und Kalium, Sulfat sowie Chlorid und Nitrat. Die Anzahl der Quellen, die unter dem Einfluss der Siedlung stehen, zeigen ebenso Ausreißer zum Kalium und Natrium, wie die landwirtschaftlich geprägten Quellen. Deutlicher ist der Unterschied bei den Anionen. Die siedlungsnahen Quellen tendieren zu höheren Sulfatgehalten, während die landwirtschaftlich geprägten Quellen tendenziell mehr Nitrat + Chlorid aufweisen. Welche der beiden letztgenannten Ionen für die Punktwolke der landwirtschaftlichen Quellen ausschlaggebend ist, wird aus dem Piper-Diagramm nicht deutlich, da ihre Gehalte im Diagramm addiert sind.

Ein erkennbarer Unterschied zwischen den siedlungsnahen und ländlichen Quellen ist dem Schoeller-Diagramm (Anhang 8.3) zu entnehmen. Gut zu sehen ist der parallele Verlauf der Linien, der auf eine Gleichverteilung der Ionen Ca^{2+}, Mg^{2+} und HCO_3^- deutet. Die übrigen Ionen zeigen aufgrund von Konzentrationsschwankungen keine deutliche Parallelität. Dies lässt auf eine heterogene Verteilung der Ionen in den Quellwässern schließen. Besonders auffällig sticht dabei die Verteilung des Nitrats (NO_3^-) hervor.

Hierbei können die siedlungsnahen Quellen von den ländlichen Quellen unterschieden werden, da die ländlichen Quellen deutlich höhere Konzentrationen aufweisen. Auch beim Sulfat (SO_4^{2-}) ist eine Trennung der beiden räumlichen Bereiche zu erkennen. In den siedlungsnahen Quellen sind tendenziell höhere Sulfatkonzentrationen nachzuweisen. Die Ionen Kalium, Natrium und Chlorid zeigen eine breite Streuung der Konzentrationsverhältnisse. Eine Abgrenzung zwischen siedlungsnahen und ländlichen Quellen ist jedoch nur mäßig erkennbar. Dennoch kann festgestellt werden, dass die siedlungsnahen Quellen tendenziell höhere Konzentrationen an Natrium und Chlorid aufweisen.

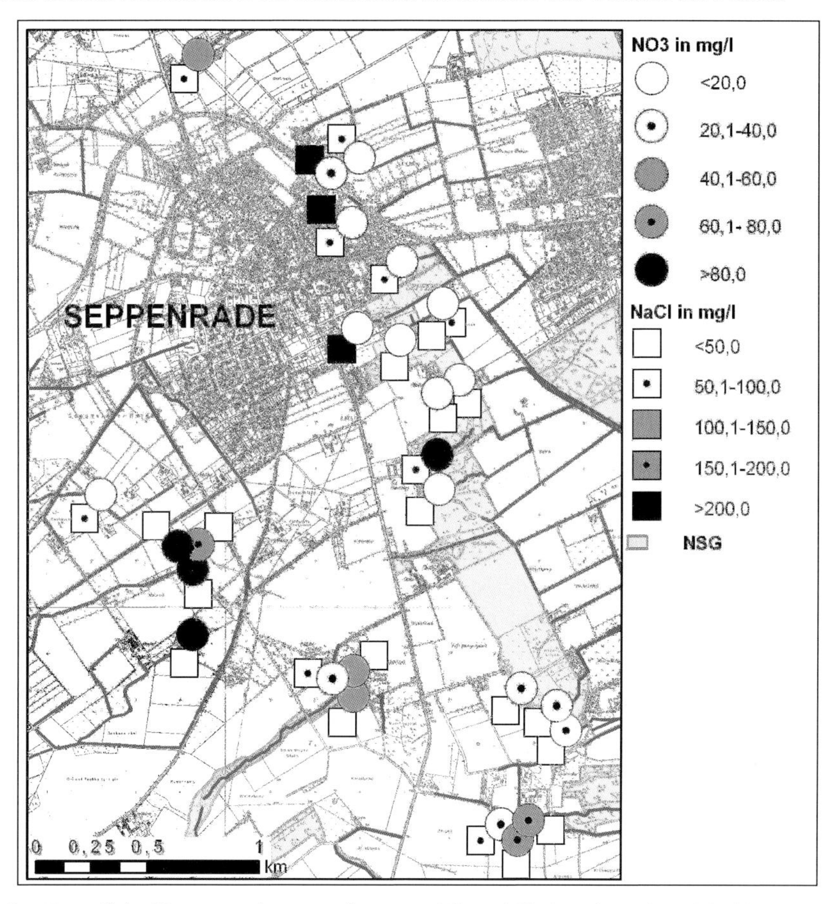

Abb. 3: Räumliche Konzentrationsverteilung von Nitrat (NO_3^-) und Natriumchlorid (NaCl) im Untersuchungsgebiet. Dargestellt sind stellenweise mehrere Quellaustritte eines Quellbereichs.

Die Abbildung 3 verdeutlicht, dass sowohl beim Nitrat als auch beim Natriumchlorid starke Konzentrationsschwankungen innerhalb des Untersuchungsgebiets vorzufinden sind. Nitrat tritt besonders in hohen Konzentrationen im Südwesten des Untersuchungsgebiets auf. Natriumchlorid verstärkt siedlungsnah und dort besonders an Straßenverläufen. Auffällig ist, dass Quellen mit hohen Nitratgehalten immer verhältnismäßig geringe Natriumchloridgehalte und umgekehrt aufweisen. Allgemein wird deutlich, dass die Gehalte beider Stoffe im Naturschutzgebiet flächendeckend niedriger sind.

5 Diskussion

5.1 Struktur

Aus der Strukturkartierung wird aufgrund des Fehlens oder nur anteilig geringen Auftretens naturnaher Vegetationseinheiten im Quellbereich, -ufer und -bach deutlich, dass die Quellen bzgl. der Flora verarmt sind (Anhang 8.1). Die siedlungsnahen Quellen sind im Vergleich zu den ländlichen Quellen viel häufiger geprägt von Moosgesellschaften, Gebüscheinheiten und zu einem geringen Anteil auch standorttypischer Vegetation. Das Einzugsgebiet sowie das Umfeld aller Quellen zeigt eindeutig eine Dominanz der negativ zu bewertenden Strukturfaktoren Siedlung / künstliche / vegetationsfreie Flächen sowie intensives Grünland. Das direkte Umfeld hat eine entscheidende Bedeutung für den ökologischen Wert einer Quelle. Quellen im Siedlungsbereich sind durch urbane Faktoren wie Verbaumaßnahmen, naturfernes Umfeld und fehlende Vernetzungsstruktur in der Lebensraumsituation und Entwicklungsperspektive stark eingeschränkt (LAUKÖTTER et. al. 1994). Die ländlichen Quellen sind hingegen am stärksten beeinflusst durch die intensiven Acker- und Grünlandnutzung, die an manchen Quellen bis zu den Quellbereichen reicht und diese in ihrer Natürlichkeit stark beeinflussen.

Dies spiegelt sich auch in der ökologischen Bewertung nach SCHINDLER (2006) wieder. Einträge in die Quellen und deren Verbau wirken negativ auf die ökologische Wertsumme der Quellstruktur ($\ddot{O}WS_{\text{Struktur}}$). Dies äußert sich bei den ländlichen Quellen durch die Trittschäden, die im Bewertungsverfahren nach SCHINDLER (2006) eine starke Gewichtung zeigen. Durch Weidevieh, das im Umfeld der Quelle starke Trittschäden und Verbiss verursacht, wird die Quellvegetation geschädigt. Auf diese Weise werden Mikrohabitate zerstört (ZOLLHÖFER 1997). Zusätzlich führt der Kot des Weideviehs zur Eutrophierung der an nährstoffarme Verhältnisse angepassten Vegetation. Des Weiteren kommen Fassungen der Quellen, wodurch der Quellbereich mittels Drainagen verlagert wird, schwer zum Tragen. Die insgesamt niedrige Einstufung von „mäßig beeinträchtigt“ bis „geschädigt“, verdeutlicht den schlechten strukturellen Zustand der ländlichen Quellen. Die siedlungsnahen Quellen sind bis auf zwei Quelle im Bezug zur Struktur besser bewertet worden. Diese Quellen befinden sich alle in oder an einem Naturschutzgebiet. Die strukturelle Schädigung der Quellen im Siedlungsbereich ist überwiegend auf den Verbau (Straßenbau, Siedlung) sowie durch Einleitung von Oberflächenwasser zurückzuführen. Ein naturfernes Umfeld sowie der Verbau an Quellen führt zu einer Beeinträchtigung der Substratzusammensetzung und bedingt eine Substratarmut. Dies hat die Verarmung der Biozönosen zur Folge (SCHINDLER 2006).

5.2 Makrozoobenthos

Mit Hilfe einer Vielzahl quellassoziierter Taxa des Makrozoobenthos ist es möglich, einen guten Einblick über die zu erwartenden Quellbiozönosen und deren ökologische Wertigkeit zu erhalten. Aufgrund der besonderen Habitatansprüche und der engen Bindung an das Krenal, liefern die Arten des Makrozoobenthos der Quellen verlässliche Angaben zu den jeweiligen Standortbedingungen. Einen hohen ökologischen Wert und damit Schutzwürdigkeit haben Quellen schon dann, wenn sie von einer krenobionten Art besiedelt werden. Dies ist bei fast allen ländlichen Quellen der Fall. Bei den siedlungsnahen Quellen kommt nur an einer Quelle eine krenobionte Art vor. Trotz der teils intensiven Viehbewirtschaftung und landwirtschaftlichen Nutzung, zeigen die ländlichen

Quellen die höchsten ökologischen Wertsummen ($\ddot{O}WS_{Fauna}$). Auffällig ist auch, dass die strukturelle Wertigkeit ($\ddot{O}WS_{Struktur}$) von der faunistischen Wertigkeit deutlich abweicht. Die schlechte strukturelle Wertigkeit hat keinen so starken negativen Einfluss auf die quelltypische Fauna, wie dies ausgehend von der $\ddot{O}WS_{Struktur}$ zu erwarten wäre. Auch bei den siedlungsnahen Quellen liegt eine erhebliche Diskrepanz zwischen der faunistischen und strukturellen Bewertung vor. Sieben von zehn untersuchten Quellen wurden als bedingt naturnah eingestuft. Keine dieser Quellen konnte nach dem Quellbewertungsverfahren nach FISCHER (1997) bewertet werden, da nicht genügend indizierte Taxa gefunden wurden. Die siedlungsnahen Quellen sind artenärmer als die ländlichen Quellen. Zudem zeigt ein Vergleich zwischen dem Arteninventar gefasster und ungefasste Quellen eine differenzierte Quellfauna. Dies kann auf das veränderte Austreten des Wassers zurückgeführt werden. Beispielsweise besiedeln die Bachflohkrebse *Gammarus fossarum* und *Gammarus pulex* Quellen, die gefasst sind, dies aber als Massenvorkommen. Sie haben die höchsten Abundanzen, der in den Quellen in Seppenrade gefundenen Taxa. Es kann vermutet werden, dass die Gammaridae aufgrund der Fassungsmaßnahmen der Quellen eingewandert sind, da ihr Vorkommen an starke Strömungen gebunden ist (BIELAWSKI et al. 1999).

5.3 Chemie

Im UG gibt es Ionen, die in allen Quellwässern ähnliche Konzentrationen aufweisen. Dem gegenüber stehen die Ionen mit schwankenden Gehalten. Besonders bei diesen Ionen liegt die Vermutung nahe, dass anthropogene Beeinträchtigungen dies Verursachen. Zu den konstanten Ionen zählen Calcium und Hydrogencarbonat. Sie treten in allen Quellen mit den höchsten Mengenanteilen auf. Die beiden Moleküle bilden sich aus der Verwitterung von Kalkstein (VOIGT 1990) und sind geogenen Ursprungs. Hingegen sind bei den Quellen Schwankungen der Sulfatkonzentrationen nachzuweisen, die zur einer Differenzierung der Wässer führt. Die unterschiedlichen Konzentrationen können mit der Länge der Fließstrecke des Wassers im Untergrund und damit verbundenen Zunahme der Mineralisationsrate erklärt werden. Des Weiteren besteht die Möglichkeit atmosphärischer Deposition oder der Eintrag durch Bauschutt im Umfeld, besonders bei den siedlungsnahen Quellen. Grund- und Quellwasser sind natürlicher Weise relativ nährstoffarm und haben dementsprechend geringe Nitratgehalte von 5 -15 mg/l (BAYERISCHES LANDESAMT FÜR WASSERWIRTSCHAFT 2004). An fast allen Quellen sind die Nitratgehalte erhöht. Laut BEIERKUHNLEIN (1991) kann ab einem Nitratgehalt von 15,5 mg/l ein Zusammenhang zur landwirtschaftlichen Nutzung gezogen werden. Die hohen Nitratgehalte hängen also mit der Lage der Quellen im Umfeld landwirtschaftlich intensiv genutzter Flächen und Dauerweiden zusammen. NaCl kann im Siedlungsbereich durch den winterlichen Einsatz von Streusalz, ins Grundwasser gelangen und an Quellen wieder zu Tage treten. Streusalz hat den bedeutendsten straßenspezifischen Einfluss auf das Grundwasser. Die Tatsache, dass die NaCl-Gehalte besonders an den straßennahen Quellen erhöht sind, während sie bei den übrigen Quellen viel geringer sind, bestätigt den Einfluss des Streusalzes auf die Quellen.

6 Maßnahmen

Grundsätzlich sollten Quellen von jeder intensiven Nutzung freigehalten werden (BÜCHLER & HINTERLANG 1993). Hauptziel sollte die Wiederherstellung natürlicher hydraulischer Verhältnisse in den Quellbereichen hinsichtlich der Wasseraustritte und -abflüsse sowie der Durchfeuchtung der Randzonen sein. Dies ist nur möglich, wenn Drainagen und Quellfassungen zurückgebaut werden (VOGT 1999). Das Einleiten belasteter Abwässer, besonders der Siedlungswässer muss unterbunden werden. Ebenso sollte der Gebrauch von Streusalz im Umfeld von Quellen vermieden werden. Aufgrund des großen Nährstoffeintrags ist das größte Potential zur Minderung der Belastung der Quellen in der Seppenrader Schweiz im Bereich der landwirtschaftlichen Bodennutzung zu finden. HUND-GÖSCHEL et al. (2007) gibt eine Zielkonzentration von 25 mg NO_3^-mg/l im Sickerwasser an, welche durch kombinierte Maßnahmen der Fruchtfolgegestaltung, der Bodenbearbeitung, der Düngung und der Grünlandbewirtschaftung erreicht wird. Des Weiteren bieten oberhalb von Quellaustritten angelegte Gebüsch- und Hochstaudenstreifen als Pufferzone Schutz vor Nährstoffen aus dem Umfeld (PETER & WOHLRAB 1990). Da bei intensiver Beweidung das durchweichte Substrat infolge der Trittbelastung verdichtet wird (DOERPINGHAUS 2003), ist eine extensive Nutzung der Weide anzustreben. Quellen mit hoher ökologischen Wertigkeit sind besonders schützenwert, da sie im Bezug auf die Fauna Ausgangspunkt von Neubesiedlung sein können (LAUKÖTTER et al. 1994). Der Schutz der Quellen ist hier schon durch das Ausschreiben des Quellumfelds als Naturschutzgebiet (NSG Seppenrader Schweiz) im Ansatz umgesetzt worden. Des Weiteren ist eine breit gefächerte Öffentlichkeitsarbeit notwendig, um die Bevölkerung für das Thema Quellschutz zu sensibilisieren.

Danksagung

Für ihre Unterstützung bei der Fertigstellung dieser Arbeiten möchten wir uns besonders bei folgenden Personen bedanken: PD Dr. Patricia Göbel und Prof. Dr. Elisabeth I. Meyer für die Bereitstellung dieses interessanten Themas und die gute Betreuung, verbunden mit Gesprächen und Hilfestellungen. Die Bestimmungsarbeit wurde mit Unterstützung von Dr. Norbert Kaschek durchgeführt, dem unser Dank gilt. Die Durchführung der Labormessungen übernahmen die technischen Assistentinnen des Instituts für Landschaftsökologie der Westfälischen Wilhelms-Universität Münster, denen wir unseren Dank aussprechen möchten. Bedanken möchten wir uns weiterhin beim Heimatverein Seppenrade, für die Bereitstellung von Literatur und Informationen über die Quellen. Für die gute Unterstützung im Rahmen der Untersuchungen danken wir der Stadt Lüdinghausen.

Literatur:

BAYERISCHES LANDESAMT FÜR WASSERWIRTSCHAFT (Hrsg.) (2004): Grundwasser – Der unsichtbare Schatz. Spektrum Wasser 2.

BEIERKUHNLEIN, C. (1991): Räumliche Analyse der Stoffausträge aus Waldgebieten durch Untersuchung von Waldquellen. Die Erde 21: 225-239.

BIELAWSKI, T., KNEIßEL, J., LINDNER, K. & K. WÜNSCH (1999): Quellbiotope in Hamm – Lebensräume der besonderen Art. Umweltbericht 34, Hamm.

BEYER, L. (1992): Die Baumberge. 2. Aufl. Landschaftsführer des Westfälischen Heimatbundes 8. Aschendorff, Münster.

BÜCHLER, A. & D. HINTERLANG (1993): Maßnahmen zum Quellschutz. Crunoecia 2: 79- 84.

DVWK (1992): Regeln zu Wasserwirtschaft. Entnahme und Untersuchungsumfang von Grundwasserproben, Heft 128.

FISCHER, J. (1996): Bewertungsverfahren zur Quellfauna. In: Crunoecia, Jg.5, H. 1, S.227-240.
DEUTSCHER WETTERDIENST (DWD) (2005-2007): Klimastation Lüdinghausen. Mittelwerte der Klimadaten von 1961-1990. [Online im Internet: http://www.dwd.de/, Stand 13.04.2010]
DOERPINGHAUS, A. (2003): Quellen, Sümpfe und Moore in der deutsch-belgischen Hocheifel – Vegetation Ökologie, Naturschutz. Angewandte Landschaftsökologie 58. Bonn-Bad Godesberg.
HUND-GÖSCHEL, S., SCHÄFER, W., BÖTTCHER, K., RIES, J. & K. BENDER (2007): Simulation des Nitrattransports im Grundwassereinzugsgebiet Mannheim-Rheinau. In: FACHSEKTION HYDROGEOLOGIE IN DER DEUTSCHEN GESELLSCHAFT FÜR GEOWISSENSCHAFTEN (Hrsg.), Grundwasser, Bd. 12/1: 37-47, Springer, Berlin Heidelberg.
MÜLLER, F. (2008): Vielfalt und Einheit - Bewertung der Biodiversität in den Quellen der Baumberge, Westfälische Wilhelms-Universität Münster. – [Unveröffentl. Diplomarbeit].
MÜLLER-WILLE, W. (1952): Die Naturlandschaften Westfalens. Versuch einer naturlandschaftlichen Gliederung nach Relief, Gewässernetz, Klima, Boden und Vegetation. Aschendorf, Münster.
PETER, M. & B. WOHLRAB (1990): Auswirkungen landwirtschaftlicher Bodennutzungen und kulturtechnischer Maßnahmen. Schriftenreihe des Deutschen Verbandes für Wasserwirtschaft DVWK 90: 56-135.
PLITT, E. (2009). Hydrogeologische Kartierung der Seppenrader Schweiz, Westfälische Wilhelms-Universität Münster. – [Unveröffentl.. Bachelorarbeit].
SCHINDLER, H. (2006): Bewertung der Auswirkungen von Umweltfaktoren auf die Struktur und Lebensgemeinschaften von Quellen in Rheinland-Pfalz. Kaiserslautern: Fachgebiet Wasserbau und Wasserwirtschaft, Universität Kaiserslautern (Berichte, 17), S.1-203.
STADT LÜDINGHAUSEN (Hrsg.) (1992): Lüdinghausen – Eine attraktive Stadt im Münsterland, Lüdinghausen.
ZOLLHÖFER, J.M. (1997): Quellen, die unbekannten Biotope im Schweizer Jura und Mittelland – Erfassen, bewerten, schützen. Zürich: Bristol-Stiftung, S. 1-153.

Anschriften der Verfasserinnen:

Dipl. Landschaftsökol.
Sabine Grahl
Scheffer- Boichorststr. 9a
48149 Münster
bine.grahl@web.de

Dipl. Landschaftsökol.
Kristin Neumann
Espenstraße 1
44143 Dortmund
krisneumann@gmx.net

Abhandlungen aus dem Westfälischen Museum für Naturkunde, **72** (3/4): 107-118, Münster, 2010

Quellen im Ruhrgebiet – Geologie, Hydrogeologie und Grundwasserneubildung des Vestischen Höhenrückens und der Castroper Hochfläche (Südliches Münsterland, Nordrhein-Westfalen)

Johannes Meßer, Essen, und Wilhelm Georg Coldewey, Münster

Zusammenfassung

Zwei größere Quellvorkommen im mittleren Ruhrgebiet nördlich Recklinghausen (Vestischer Höhenrücken) und in Castrop-Rauxel (Castroper Hochfläche) werden hinsichtlich ihrer Geologie, Hydrogeologie, Hydrologie und ihres Wasserhaushaltes beschrieben. Die langjährig mittleren Niederschläge sind in den beiden Quellengebieten (Abb. 1). Da die Flächennutzung sehr ähnlich ist, sind auch die reale Verdunstungs- und Gesamtabflussrate sehr ähnlich. Ein deutlicher Unterschied ergibt sich bei der Direktabfluss- und bei der Grundwasserneubildungsrate. Während Direktabflussrate und Grundwasserneubildungsrate beim Vestischen Höhenrücken ein Verhältnis von 1:1 bilden, beträgt dieses Verhältnis bei der Castroper Hochfläche etwa 2:1. Maßgeblichen Einfluss auf die Grundwasserneubildungsrate haben hier die Böden und die Hangneigung. Die Baumberge (zentrales Münsterland) weisen dagegen einen sehr viel höheren Anteil landwirtschaftlicher Nutzflächen auf. Wegen des geringen Bebauungsanteiles ist dort die Verdunstungsrate höher und damit die Gesamtabflussrate geringer als bei den beiden anderen Quellgebieten. Durch die weitverbreiteten bindigen Böden in Kombination mit der sehr hohen Hangneigung ist die Direktabflussrate relativ hoch und die Grundwasserneubildungsrate geringer als bei dem Vestischen Höhenrücken und der Castroper Hochfläche.

1 Einleitung

Quellen sind in mehrfacher Hinsicht außergewöhnlich. Sie stellen einen begrenzten Grundwasseraustritt dar, der an spezielle geologische Verhältnisse gebunden ist. Sie haben große Bedeutung für den natürlichen Wasserhaushalt und die Versorgung der Menschen. Quellen können durch natürliche (z. B. Veränderung der klimatischen Verhältnisse) oder anthropogene Einflüsse (z. B. Bebauung, Verschmutzung) quantitativ und qualitativ beeinträchtigt werden. Da das Ruhrgebiet in vielfältiger Weise anthropogen überprägt ist, stellen Quellvorkommen eine Besonderheit dar. Beispielhaft wird im folgenden Beitrag der Wasserhaushalt der Quellen auf dem Vestischen Höhenrücken und der Castroper Hochfläche beschrieben und mit dem der Baumberge verglichen.

1.1 Geografischer Überblick

Das mittlere Ruhrgebiet gehört geografisch zum Münsterland und ist geprägt durch eine geringe Morphologie mit lokal begrenzten Erhebungen. Es grenzt im Süden an das Rheinische Schiefergebirge mit den Schichten des Karbon. Nach Norden schließt sich die Hellwegzone an, deren Höhen aus den Schichten des Cenoman und Turon (Oberkreide) gebildet werden. Das Verbreitungsgebiet des Emscher-Mergel bildet die weite Verebnungsfläche der Emscherzone, durch welche die Emscher fließt. Nördlich Recklinghausen treten die Schichten der Recklinghäuser Sandmergel morphologisch als Vestischer Höhenrücken hervor (Abb. 1).

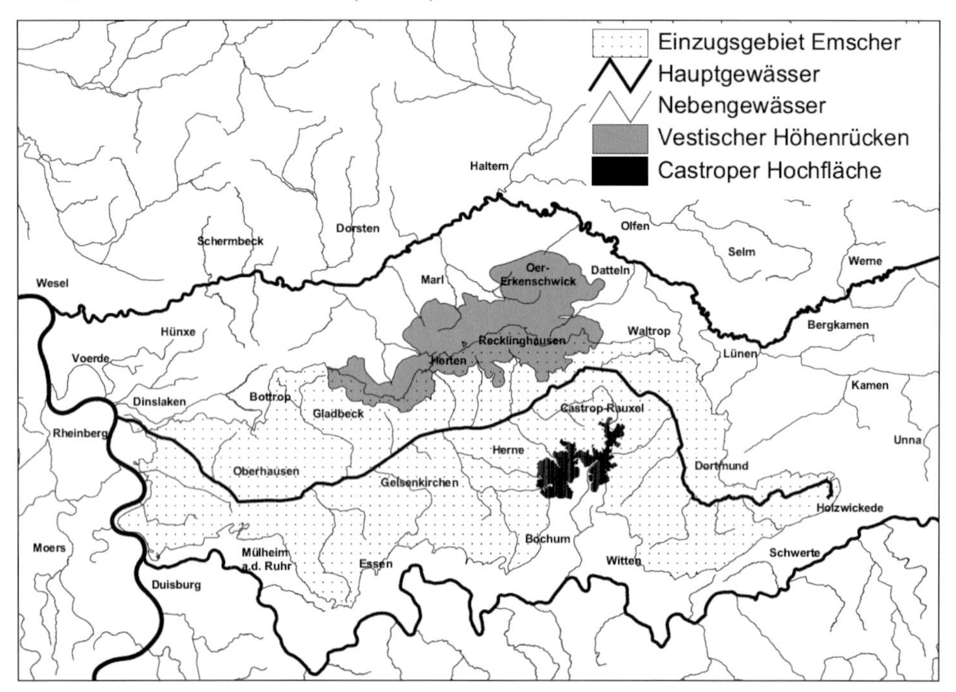

Abb. 1: Übersichtskarte des Ruhrgebietes mit der Lage des Vestischen Höhenrückens und der Castroper Hochfläche.

1.2 Geologischer Überblick

Im tieferen Untergrund stehen die Schichten des Karbon an. Auf diesen Schichten lagern im mittleren Ruhrgebiet diskordant die Schichten der Oberkreide als Deckgebirge (Tab. 1). Diese beginnen mit der Abfolge des Cenoman in der Fazies des Essener Grünsandes (COLDEWEY 1991).

Auf den Essener Grünsand folgen klüftige Kalksteine und Kalkmergelsteine. Auf den Schichten des Cenoman lagern die klüftigen Kalkmergelsteine und Mergelkalksteine des Turon. In diese Abfolge sind zwei glaukonitische Grünsandhorizonte – der Bochumer und der Soester Grünsand – eingelagert. Das oberste Cenoman bilden die *Schloenbachi*-Schichten.

Die Schichten des Emscher-Mergel (Coniac bis Unteres Mittelsanton) nehmen hinsichtlich ihrer Mächtigkeit, ihres Gesteinsaufbaus und ihrer hydrogeologischen Eigenschaften eine Sonderstellung ein.

Der Emscher-Mergel, das mächtigste Schichtglied des Deckgebirges, erreicht eine Mächtigkeit von bis zu 400 m und stellt eine nahezu einheitlich aufgebaute Schichtenfolge dar, die im Liegenden aus grauen Tonmergelsteinen besteht und zum Hangenden in einen sandigen Tonmergelstein und Sandmergelstein übergeht. Mit zunehmendem Sandgehalt laufen eine Erhöhung des Kalkgehaltes und eine allmähliche Verfestigung parallel. So können im Hangenden des Emscher-Mergel härtere Bänke auftreten. Das höhere Santon liegt in der Fazies der Recklinghäuser Sandmergel vor. Es handelt sich hierbei um eine Wechsellagerung von glaukonitischen, mergeligen Feinsanden bzw. feinsandigen Mergeln mit Kalksandsteinbänken. Die Kalksandsteinbänke haben eine Mächtigkeit von 10 cm bis 60 cm und sind in unregelmäßigen Abständen von 40 cm bis 80 cm eingelagert. Die Grenze zwischen Emscher-Mergel und Recklinghäuser Sandmergel lässt sich durch einen deutlichen Geländeanstieg morphologisch gut erkennen.

In den unteren Bereichen stellt der Emscher-Mergel einen Grundwassernichtleiter dar und dichtet das tiefere Grundwasserstockwerk von Cenoman und Turon gegen das obere Grundwasserstockwerk des höheren Santon und des Quartär ab. Im oberen Bereich bis zu einer Tiefe von 30 m bis 50 m ist der Emscher-Mergel geklüftet und Wasser führend. Die obersten 1 m bis 2 m des Emscher-Mergel sind zu einem tonigen Schluff bzw. schluffigen Ton verwittert und bilden einen Grundwassernichtleiter. Aufgrund seiner Klüftigkeit wird der Emscher-Mergel auch zur lokalen Wasserversorgung genutzt.

Die höheren Oberkreideschichten (Höheres Santon und Campan) sind 100 m mächtig. Im mittleren und westlichen Ruhrgebiet sind diese Ablagerungen sandig-mergelig entwickelt. In der Ausbildung der Recklinghäuser Sandmergel bestehen diese Schichten aus einer Wechsellagerung von mergeligen Feinsanden mit zwischengelagerten harten Kalksandsteinbänken. Sie bilden den Vestischen Höhenrücken (Abb. 1). Dagegen bestehen diese Schichten in der Ausbildung als Halterner Sande aus mehr oder weniger lockeren Quarzsanden mit z. T. kalkig oder kieselig verfestigten Bänken.

Die Recklinghäuser Sandmergel und die Halterner Sande sind gute Grundwasserleiter. Während es sich bei den Halterner Sanden um einen reinen Porengrundwasserleiter handelt, stellen die Recklinghäuser Sandmergel eine Mischung zwischen Kluft- und Porenrundwasserleiter dar. Die mergeligen Feinsande der Recklinghäuser Sandmergel, denen nach unten hin abnehmend Mittelsand eingelagert ist, geben selbst nur wenig Wasser ab. Die Hauptzuflüsse kommen aus eingelagerten klüftigen Kalksandsteinbänken.

Die Schichten des Pleistozän – bestehend aus fluvio-glazialen Sedimenten der Saale-Eiszeit und aus äolischen Ablagerungen der Weichsel-Eiszeit – verhüllen die Ablagerungen des Kreidedeckgebirges. Aufgrund der Genese weist der Kornaufbau der Sedimente ein großes Spektrum auf, das von tonigem Geschiebemergel und Geschiebelehm über feinsandig, schluffigen Löss und Lösslehm bis zu grobsandigen Terrassenkiesen (z.B. Castroper Höhenschotter, Abb. 1) reicht.

Im Bereich der Castroper Hochfläche sind die Castroper Höhenschotter verbreitet, welche aus kiesig-sandigen Ablagerungen der Ruhr Hauptterrasse mit Durchlässigkeitsbeiwerten von $k_f = 2 \cdot 10^{-3}$ m/s bis $k_f = 4 \cdot 10^{-5}$ m/s bestehen (COLDEWEY 1976). Durch die tonige Verwitterungsschicht der darunter befindlichen Kreideablagerungen stellen die Ablagerungen des Quartär ein eigenständiges und weitestgehend davon getrenntes Grundwasserstockwerk dar. Die Basis und Oberfläche der Castroper Höhenschotter ist auffallend eben (MEßER 1997). Die Mächtigkeit der Castroper Höhenschotter beträgt maximal 8,5 m. Der Durchschnittswert liegt zwischen 2 m und 3 m. Die Gesamtausdehnung der Castroper Höhenschotter erstreckt sich auf 21,7 km^2. Durch den beschriebenen Aufbau der Hochfläche mit einem räumlich abgegrenzten Grundwasserleiter über einer gering durchlässigen Schicht stellt die Castroper Hochfläche eine Art „Naturlysimeter“ dar. Dabei wird der grundwasserbürtige Abfluss über Schichtquellen in alle vier Himmelsrichtungen abgeführt. Überlagert werden die Castroper Höhenschotter von Geschiebelehm und Löss, deren Mächtigkeit auf der Hochfläche zwischen 7,5 m und 19 m und an den Rändern und in Hanglagen zwischen 1 m und 12 m beträgt.

Das Holozän baut sich aus den jüngsten Talablagerungen der Nebenbäche der Emscher und der Lippe auf und besteht im Wesentlichen aus dunklem, humosem Lehm, der sehr sandig ausgebildet ist. Stellenweise können diese Sedimente tonig sein, wenn Verwitterungsprodukte der Kreide eingeschwemmt wurden.

Tab. 1: Gliederung der Gebirgsschichten (COLDEWEY 1976).

<table>
<tr><th colspan="3">Stratigraphische Gliederung</th><th>Örtliche Bezeichnung/
Lithologische Ausbildung</th></tr>
<tr><td rowspan="4">Quartär</td><td>Holozän</td><td></td><td>Aufschüttungen
Talaue, Niedermoor</td></tr>
<tr><td rowspan="3">Pleistozän</td><td>Weichsel-Eiszeit</td><td>Flugdecksand
Löss
Emscher Niederterrasse</td></tr>
<tr><td>Saale-Eiszeit</td><td>Grundmoräne
Endmoräne</td></tr>
<tr><td>Elster-Eiszeit</td><td>Emscher Mittelterrasse
Ruhr Hauptterrasse (Castroper Höhenschotter)</td></tr>
<tr><td rowspan="7">Kreide</td><td>Campan</td><td></td><td>Halterner Sande</td></tr>
<tr><td rowspan="3">Santon</td><td>oberes</td><td rowspan="2">Recklinghäuser Sandmergel</td></tr>
<tr><td>mittleres</td></tr>
<tr><td>unteres</td><td rowspan="2">Emscher-Mergel (Grauer Mergel)</td></tr>
<tr><td colspan="2">Coniac</td></tr>
<tr><td colspan="2">Turon</td><td>Pläner (Weißer Mergel)</td></tr>
<tr><td colspan="2">Cenoman</td><td>Essener Grünsand (Grüner Mergel)</td></tr>
<tr><td>Karbon</td><td colspan="2"></td><td></td></tr>
</table>

2 Vestischer Höhenrücken

2.1 Lage

Das beherrschende Element im Raum Recklinghausen stellt der Vestische Höhenrücken, auch Recklinghäuser Höhenrücken genannt, dar (Abb. 2). Dieser Höhenrücken besteht aus den widerstandsfähigen Recklinghäuser Sandmergeln und erreicht nordöstlich von Recklinghausen eine Höhe von +156 m NN (Stimberg). Ein Ausläufer des Vestischen Höhenrückens erstreckt sich in nordsüdlicher Richtung über Oer-Erkenschwick bis zu den Ausläufern der Haard. Östlich und nordwestlich dieses Ausläufers fällt das Gelände zu den Gebieten des Dattelner Mühlenbaches und des Gernebaches auf Höhen von +60 m NN bis +70 m NN ab. Der Vestische Höhenrücken ist eine bedeutsame Wasserscheide. So fließt der Morphologie entsprechend zwei Drittel der Gewässer nach Norden der Lippe zu, während ein Drittel des 153 km² großen Gebietes nach Süden in die Emscher entwässert.

2.2 Hydrologie, Grundwasserverhältnisse

Der Vestische Höhenrücken stellt die Wasserscheide zwischen der Lippe im Norden und der Emscher im Süden dar (Abb. 2). Rapphofsmühlenbach, Weierbach, Silvertbach, Gernebach und Dattelner Mühlenbach entwässern mit ihren Nebenbächen in die Lippe. Zahlreiche kleine Bäche, die die Fließsysteme der Boye, des Holzbaches, des Resserbaches, des Hellbaches und Suderwicher Baches speisen, entwässern dagegen in Richtung Emscher. Zahlreiche kleine Gewässer sind im Zuge der Bebauung kanalisiert worden und fließen unterirdisch den größeren Bachsystemen zu. Dies wird besonders deutlich, wenn man die Karte in MOLLY (1925), in der der damalige Gewässerverlauf zu sehen ist, mit aktuellen Karten vergleicht.

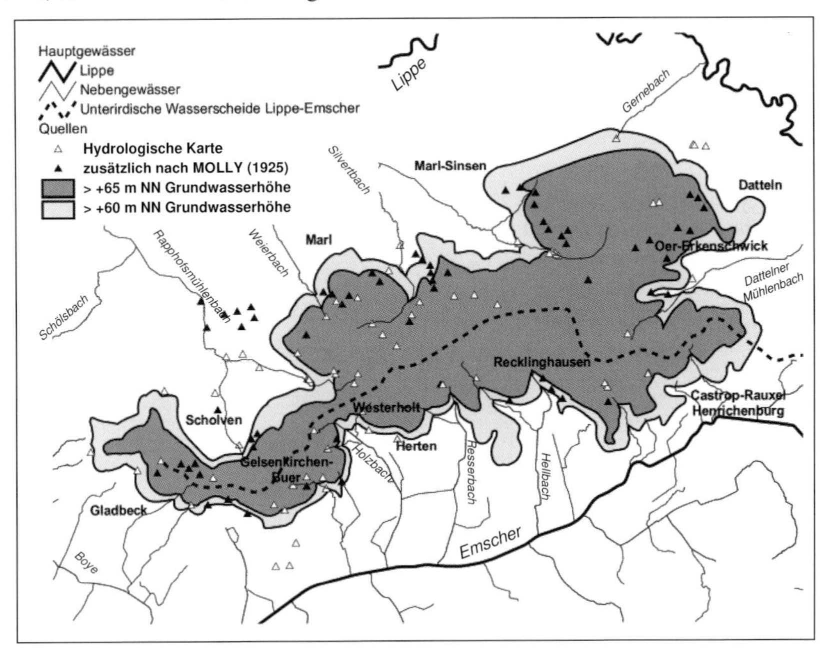

Abb. 2: Lage des Vestischen Höhenrückens und hydrologische Verhältnisse.

Der Grundwasserspiegel liegt auf dem Vestischen Höhenrücken in einer Höhe von +85 m NN und fällt an den Rändern auf eine Höhe von ca. +60 m NN ab. Die Niederschläge im Bereich des Recklinghäuser Sandmergels können gut versickern und speisen zahlreiche Quellen. Der Austritt dieser Quellen ist an den Übergangsbereich Emscher-Mergel – Recklinghäuser Sandmergel gebunden. Bereits MOLLY (1925) stellte den Zusammenhang zwischen den Quellaustritten und der Besiedlung des Vestischen Höhenrückens fest. Zu damaliger Zeit lagen die Quellen im Bereich der +80 m NN-Höhenlinie. MOLLY (1925) zählte zu seiner Zeit ca. 108 Quellen. Die Anzahl hat sich drastisch verringert.

So konnte MOLLY (1925) 26 Quellen im Einzugsgebiet der Emscher und 82 Quellen im Einzugsgebiet der Lippe kartieren. In den Hydrologischen Karten des Rheinisch-Westfälischen Steinkohlenbezirks 1:10.000 (BIRK & COLDEWEY 1994), die ab 1963 dieses Gebiet erfassten, waren es 31 Quellen im Einzugsgebiet der Emscher und 40 im Einzugsgebiet der Lippe. Die in Abbildung 2 mit schwarzen Dreiecken markierten Quellen von MOLLY (1925) wurden nach 1963 nicht mehr angetroffen bzw. als solche angesprochen. Der Rückgang der Quellen im Bereich des Vestischen Höhenrückens um ein Drittel ist auf Grundwasserentnahmen, Abgrabungen, bergbauliche Einflüsse und die Bebauung zurückzuführen. Mit der Reduzierung der Anzahl der Quellen und deren Schüttung verringerte sich auch die Wasserführung der gespeisten Bäche.

2.3 Flächennutzung

Früher wurde der Vestische Höhenrücken überwiegend landwirtschaftlich genutzt und der Grad der Bebauung war sehr gering. Dies lag sicherlich an der schwierigen wasserwirtschaftlichen Situation im höher gelegenen Teil des Vestischen Höhenrückens mit Flurabständen z.T. über 5 m. Die Besiedlung war dadurch zwangsläufig an die Nähe zu den Quellorten gebunden. Moderne Technik ermöglichte es - durch Bohrbrunnen und Wasserleitungen - auch eine Wasserversorgung in den höher gelegenen Teilen zu gewährleisten. Aufgrund dessen wurde der Vestische Höhenrücken zunehmend bebaut. Dies führte zu einer verstärkten Versiegelung der Flächen, einer Reduzierung der Grundwasserneubildungsrate und damit zu einer Verringerung der Quellschüttungen, sodass heute die Zahl der Quellen stark reduziert ist.

Der Bebauungsanteil liegt heute bei 38 %, wobei er im Einzugsgebiet der Emscher deutlich höher ist (56 %). Waldflächen nehmen im Durchschnitt 18 % und landwirtschaftliche Flächen 44 % ein. Der Anteil von Wald und landwirtschaftlicher Flächen ist im Einzugsgebiet, das zur Lippe entwässert, deutlich größer (22 % bzw. 49 %) als in dem Einzugsgebiet, das zur Emscher (9 % bzw. 34 %) entwässert.

3 Castroper Hochfläche

3.1 Lage

Die Castroper Hochfläche befindet sich im mittleren Ruhrgebiet zwischen Bochum, Herne, Castrop-Rauxel und Dortmund (Abb. 3). Die Geländeoberfläche liegt zwischen +120 m NN und +140 m NN. Die Umrisse der Hochfläche ergeben sich aus der Verbreitungsgrenze der Ruhr Hauptterrasse, die hier als Castroper Höhenschotter bezeichnet werden. Der größte Teil des Gebietes entwässert zur Emscher, lediglich der Harpener Bach entwässert zur Ruhr. Die Tallagen zur Emscher befinden sich auf Geländehöhen zwischen +55 m NN und +80 m NN, während das Tal des Harpener Baches auf Höhen zwischen +90 m NN und +110 m NN liegt.

3.2 Hydrologie und Grundwasserverhältnisse

Das Gewässernetz im Bereich der Castroper Hochfläche ist in Abbildung 3 dargestellt. Von der Hochfläche fließen die Bachläufe in alle Himmelsrichtungen ab. Die oberirdische Wasserscheide entspricht in etwa der unterirdischen Wasserscheide. Von West nach Ost entwässern folgende Bäche zur Emscher: Hofsteder Bach, Dorneburger Mühlenbach, Ostbach, Landwehrbach, Deininghauser Bach, Nettebach und Dellwiger Bach.

Alle nennenswerten südlichen Zuflüsse zur Emscher zwischen Dortmund und Bochum entspringen damit der Castroper Hochfläche. Lediglich der Oelbach entwässert mit seinen Nebenläufen Kirchharpener Bach und Harpener Bach zur Ruhr.

Die Bäche werden insgesamt von 80 bis 100 Quellen gespeist. Bei einer Gesamtfläche der Castroper Höhenschotter von 21,7 km² beträgt die durchschnittliche Quelleinzugsgebietsfläche 0,2 bis 0,3 km². Nicht alle Quellen und Bäche führen ganzjährig Wasser. Der überwiegende Teil der Quellen und Bäche ist jedoch perennierend.

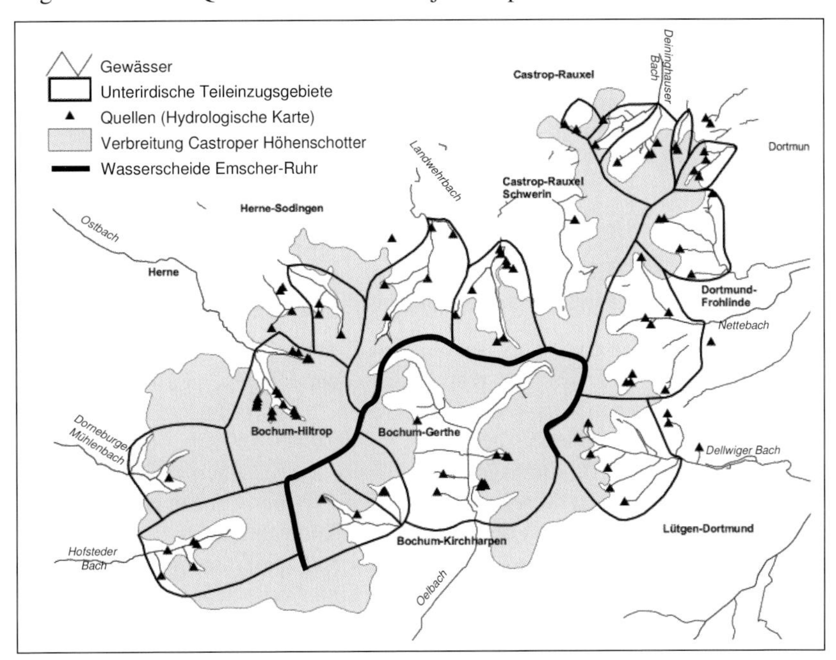

Abb. 3: Lage der Castroper Hochfläche und hydrologische Verhältnisse.

Für die Wasserhaushaltsbetrachtung wurde in 17 Teileinzugsgebieten mit einem Anteil von 71 % am Verbreitungsgebiet der Castroper Höhenschotter Abflüsse gemessen (MEßER 1997). In allen Teileinzugsgebieten dominieren Lehmböden. Gelegentlich besitzen Aufschüttungsböden größere Bedeutung. Die Reliefenergie beträgt bei den meisten Teileinzugsgebieten weniger als 40 m/km^2. Höhere Werte treten nur im Nordosten auf, da die Einzugsgebiete dort verhältnismäßig klein sind. Zwischen Juni 1993 und Mai 1995 wurden 9 Messreihen an jeweils 26 Standorten, vorwiegend bei Niedrigwasserführung, durchgeführt. Die gemessene Gesamtabflussrate von der Castroper Hochfläche betrug im Sommerhalbjahr 1994 zwischen 105 l/s und 116 l/s, im Winterhalbjahr mit 268 l/s bis 276 l/s mehr als das Doppelte.

Drei Gewässereinzugsgebiete (Grummer Bach, Ostbach und Bach bei Merklinde) besitzen bei Trockenwetter im Sommer-Halbjahr zusammen einen Anteil von über 50 % am Gesamtabfluss von der Castroper Hochfläche.

Zur Ermittlung der grundwasserbürtigen Abflussrate wurde der Mittelwert der vier Messungen im Sommerhalbjahr berechnet und der niedrigste gemessene Wert des Winterhalbjahres herangezogen. Für den betrachteten Zeitraum und über alle Teileinzugsgebiete ergibt sich daraus eine mittlere grundwasserbürtige Abflussrate von 144 l/s bzw. eine mittlere grundwasserbürtige Abflussspende von 5,4 l/s·km^2. Lässt man einige Ausreißer außer Betracht, so liegt die Abflussspende zwischen 3,1 l/s·km^2 und 8,0 l/s·km^2.

Die Castroper Höhenschotter besitzen eine wichtige Funktion als Wasserspeicher. Der grundwasserbürtige Abfluss ist abhängig von der Flächengröße der Castroper Höhenschotter im Einzugsgebiet, der Niederschlagsverteilung auf der Hochfläche und der Flächennutzung (Wald- und Bebauungsanteil).

Je größer der Flächenanteil der Castroper Höhenschotter in einem betrachteten Teileinzugsgebiet ist, desto geringer ist das Verhältnis zwischen dem grundwasserbürtigen Abfluss im Sommer- und Winterhalbjahr. Dies belegt die Wasser speichernde Wirkung der Terrassenablagerungen.

Die Castroper Höhenschotter werden von mächtigen Löss-Sedimenten überlagert, sodass die Zusickerung relativ gleichmäßig ist. Dementsprechend ist auch die Schüttung der die Bäche speisenden Quellen sehr gleichmäßig und auch in trockenen Sommern oft noch vorhanden. Auch die Grundwasserstände sind aus diesem Grunde sehr ausgeglichen.

Die unterirdische Wasserscheide zwischen dem Einzugsgebiet der Ruhr und der Emscher verläuft in einer U-Form von Kornharpen über Hiltrop, Gerthe, Merklinde und Bövinghausen nach Langendreer (Abb. 3). Nach der Hydrologischen Karte des Rheinisch-Westfälischen Steinkohlenbezirks (Birk & Coldewey 1994) befindet sich die Wasserscheide im östlichen Verbreitungsgebiet bei Grundwasserhöhen zwischen +115 m NN und +122 m NN, im mittleren Abschnitt bei +113 m NN bis +117 m NN und im Westen bei +113 m NN bis +119 m NN. Von der Wasserscheide fließt das Grundwasser in alle Richtungen von der Hochfläche hinab in die Täler und speist dort die Quellen, die sich oft unmittelbar an der Verbreitungsgrenze der Schotter oder weiter hangabwärts befinden. Während das Gefälle der Grundwasseroberfläche auf der Hochfläche noch relativ schwach ist, versteilt es sich natürlicherweise in den Hanglagen. Die Grundwasserstände liegen in den Tallagen zwischen +80 m NN und +90 m NN, im Harpener Bachtal bei ca. +100 m NN.

3.3 Flächennutzung

Die dominierenden Flächennutzungen auf der Castroper Hochfläche sind Acker- bzw. Grünland-Nutzung (Mittel: 46,4 %) und Bebauung (Mittel: 38,4 %). Bei den Teileinzugsgebieten im Westen dominieren die bebauten Flächen mit Anteilen zwischen 45 und 71 % gegenüber anderen Nutzungen. Einige Teileinzugsgebiete besitzen nennenswerte Waldflächen, vornehmlich Laubwald. Hierzu gehören die relativ kleinen nordöstlichen Teileinzugsgebiete mit zum Teil über 50 % bewaldeter Fläche, der Dellwiger Bach mit 36 % und der Dorneburger Mühlenbach mit 21 %. Wasserflächen als Teiche und Fließgewässer besitzen keine nennenswerten Flächenanteile.

4 Wasserhaushalt

4.1 Berechnungsverfahren

Das verwendete Berechnungsverfahren ist in Meßer (2008, 2010) beschrieben. Generell erfolgt die Berechnung gemäß der Wasserhaushaltsgleichung, wobei die Verdunstungsrate nach BAGLUVA (ATV-DVWK M504 2002) berechnet wird und der Direktabflussanteil am Gesamtabfluss in einem zweiten Schritt abgetrennt wird. Die Berechnungen erfolgen Flächen differenziert und nicht Raster basiert. In die Berechnungen gehen die Niederschlagsrate, die potenzielle Verdunstungsrate, die Böden, die Flurabstände, die Flächennutzung und Befestigung sowie die Hangneigung ein. Im Rahmen der Entwicklung und Anwendung eines makroskaligen Verfahrens für den Hydrologischen Atlas von Deutschland kommt NEUMANN (2004) zu dem Schluss, dass auf der Grundlage der betrachteten 106 Einzugsgebiete der Ansatz von MEßER bezogen auf Trendverlauf und Korrelation, die beste Anpassung aller genannten Modellversionen zeigt. Dem gegenüber weisen die Modifikationen nach SCHROEDER & WYRICH (1990), GROWA 1998 (BOGENA et al. 2003) sowie insbesondere die ursprüngliche Version von DORHÖFER & JOSOPAIT (1980) größere Streuungen und systematische Abweichungen auf. Insofern ist die Anwendbarkeit des Verfahrens nach MEßER belegt.

4.2 Ergebnisse für die Quellengebiete

In Tabelle 2 werden die Ergebnisse der Wasserhaushaltsberechnungen für die drei Quellengebiete Baumberge, Vestischer Höhenrücken und Castroper Hochfläche gegenübergestellt. Zugrunde liegt allen Berechnungen die langjährig mittlere Niederschlagsrate von 1961 bis 1990 des Deutschen Wetterdienstes.

Tab. 2: Berechnete Wasserhaushaltsgrößen für die Baumberge, den Vestischen Höhenrücken und die Castroper Hochfläche.

	Baumberge (DÜSPOHL & MEßER 2010)	**Vestischer Höhenrücken**	**Castroper Hochfläche**
Fläche	22,9 km²	153 km²	26,6 km²
Niederschlagsrate	870 mm/a	844 mm/a	861 mm/a
Verdunstungsrate	543 mm/a	488 mm/a	489 mm/a
Gesamtabflussrate	336 mm/a	356 mm/a	371 mm/a
Direktabflussrate	211 mm/a	178 mm/a	246 mm/a
Grundwasserneubildungsrate	115 mm/a	178 mm/a	125 mm/a

Die langjährig mittleren Niederschlagsraten betragen in den beiden Quellengebieten Vestischer Höhenrücken und Castroper Hochfläche 844 mm/a bzw. 861 mm/a und sind damit in vergleichbarer Größenordnung. Da die Flächennutzung sehr ähnlich ist, ist auch die reale Verdunstungsrate sehr ähnlich. Daraus ergibt sich, dass auch die Gesamtabflussrate sehr nahe beieinander liegt. Ein deutlicher Unterschied ergibt sich bei der Direktabfluss- und der Grundwasserneubildungsrate. Während Direktabfluss- und Grundwasserneubildungsrate beim Vestischen Höhenrücken ein Verhältnis von 1:1 besitzen, beträgt das Verhältnis bei der Castroper Hochfläche und den Baumbergen etwa 2:1. Maßgeblichen Einfluss haben hier die Böden und die Hangneigung. Bei der Castroper Hochfläche besitzen bindige Böden einen Anteil von 93 %, da die Hochfläche fast vollständig von Lösslehm bedeckt ist. Über 80 % der Fläche werden von Flächen mit Hangneigungen zwischen 2 % und 10 % eingenommen. Demzufolge ist der Direktabflussanteil am Gesamtabfluss sehr hoch (66 %). Beim Vestischen Höhenrücken ist der Flächenanteil bindiger Böden mit 74 % deutlich geringer und auch die Hangneigung beträgt bei über 80 % der Fläche weniger als 4 %. Die Folge ist ein deutlich geringerer Direktabflussanteil am Gesamtabfluss (50 %). Die Baumberge weisen dagegen einen sehr viel höheren Anteil landwirtschaftlicher Nutzflächen auf (70 %), auch der Waldanteil ist geringfügig höher. Der Bebauungsanteil ist mit 5 % äußerst gering. Der Anteil bindiger Böden ist mit 75 % so hoch wie beim Vestischen Höhenrücken, aber die Hangneigung ist noch etwas höher als bei der Castroper Hochfläche (über 80 % > 4 %). Aufgrund des geringen Bebauungsanteiles ist die Verdunstungsrate höher und damit die Gesamtabflussrate geringer als bei den anderen beiden Quellengebieten. Durch die weitverbreiteten bindigen Böden in Kombination mit der sehr hohen Hangneigung ist die Direktabflussrate relativ hoch und die Grundwasserneubildungsrate geringer als bei der Castroper Hochfläche und dem Vestischen Höhenrücken. Das Verhältnis zwischen Direktabfluss- und Grundwasserneubildungsrate entspricht näherungsweise dem der Castroper Hochfläche.

Die Flächen differenzierte Grundwasserneubildungsrate für den Vestischen Höhenrücken ist in Anhang 9.1 dargestellt. Es überwiegen Flächen mit Grundwasserneubildungsraten zwischen 100 mm/a und 200 mm/a, aber auch Flächen mit Grundwasserneubildungsraten von über 200 mm/a bis zu 400 mm/a nehmen größere Flächen ein. Wegen des höheren Anteils landwirtschaftlicher Nutzflächen und des geringeren Bebauungsanteils befinden sich Letztere vor allem in dem Einzugsgebiet, das zur Lippe entwässert. Demgegenüber dominieren auf der Castroper Hochfläche (Anh. 9.2) Grundwasserneubildungsraten zwischen 50 mm/a und 150 mm/a. Flächen mit Grundwasserneubildungsraten über 150 mm/a nehmen geringe Flächenanteile ein und befinden sich überwiegend im Bereich der Wasserscheiden, in Bereichen mit vergleichsweise geringer Hangneigung. Ursache für die deutlichen Unterschiede in der Grundwasserneubildungsrate sind die oben beschriebenen Unterschiede in der Direktabflussrate.

5 Bedeutung der Quellen

Quellen sind für die Natur, aber auch für den Menschen von herausragender Bedeutung, so natürlich auch die Quellen auf dem Vestischen Höhenrücken und der Castroper Hochfläche. Wie MOLLY (1925) zeigen konnte, ist die Besiedlung eng an die Quellaustritte des Vestischen Höhenrückens gebunden. Orte wie Essel, Suderwich, Hochlarmark und die Altstadt von Recklinghausen sind in der Nähe von Quellen entstanden. Zahlreiche Quellen werden auch noch heute genutzt, obwohl sie teilweise verbaut wurden, so z. B. in den Kellern von Wohnhäusern, aber auch im Verlauf der Straße „Dordrechtring“ (Flurstück „Sieben Quellen“) in Recklinghausen. Hier mussten beim Neubau der Straße stark schüttende Quellen gefasst werden.

Allgemein sind die Quellschüttungen aus den Recklinghäuser Sandmergeln nennenswert. So wurde an einer Quelle in Suderwich eine Quellschüttung von 2,4 m³/h gemessen. Die Schüttungen an den o.g. Quellen im Flurstück „Sieben Quellen“ sind leider nicht messbar; dürften aber erheblich sein.

Die Quellen auf der Castroper Hochfläche dagegen sind überwiegend erhalten geblieben und speisen die entsprechenden Gewässer. Hier sind die Quellen mehr Bestandteil des natürlichen Wasserhaushaltes und stellen ein belebendes Element in der Natur dar, so z. B. im Revierpark Gysenberg.

Literatur

ATV-DVWK (2002): Verdunstung in Bezug zu Landnutzung, Bewuchs und Boden. – Merkblatt M 504, 144 S.; Hennef.

BIRK, F.& W. G. COLDEWEY (1994): Die Hydrologische Karte des Rheinisch-Westfälischen Steilkohlenbezirks im Maßstab 1:10.000. – Mitteilungen der Geologischen Gesellschaft Essen, 12: 49-64, 2 Abb.; Essen.

BOGENA, H., KUNKEL, R., SCHÖBEL, T., SCHREY, H. P. & F. WENDLAND (2003): Die Grundwasserneubildung in Nordrhein-Westfalen. – Schriften des Forschungszentrums Jülich, Reihe Umwelt, Band 37; Jülich.

COLDEWEY, W.G. (1976): Hydrogeologie, Hydrochemie und Wasserwirtschaft im mittleren Emschergebiet. – Mitteilungen der Westfälischen Berggewerkschaftskasse, 38, 143 S., 15 Abb., 33 Tab., 71 Anlagen; Bochum.

COLDEWEY, W.G. (1991): Hydrogeologie des Ruhrgebietes – Bedeutung für Wasserwirtschaft und Hydrographie. – In: Schumacher, H. & Thiesmeier, B. (Hrsg.): Urbane Gewässer, 413-426, 9 Abb.; Essen.

DÖRHÖFER, G. & V. JOSOPAIT (1980): Eine Methode zur flächendifferenzierten Ermittlung der Grundwasserneubildung. – Geol. Jb., C27: S. 45-65; Hannover.

DÜSPOHL, M & J. MEßER (2010): Wasserhaushaltsbilanzierung und grundwasserbürtiger Abfluss in den Baumbergen (Kreis Coesfeld, Nordrhein-Westfalen) – Abhandl. Westf. Mus. Naturkde. **72** (3/4): 17 – 26; Münster.

FRICKE, K.; HESEMANN, J. & J. WÜLBECKE (1949): Ein neuer Aufschluß mit elster- und saalezeitlichen Bildungen im Lippe-Diluvium bei Waltrop. – N. Jb. Mineral., Geol., Paläont., Mh., (B), S. 328-332, 3 Abb.; Stuttgart.

MEßER, J. (1997): Auswirkungen der Urbanisierung auf die Grundwasser-Neubildung im Ruhrgebiet unter besonderer Berücksichtigung der Castroper Hochfläche und des Stadtgebietes Herne. – DMT-Berichte aus Forschung und Entwicklung, Heft 58.; Bochum.

MEßER, J. (2008): Ein vereinfachtes Verfahren zur Berechnung der flächendifferenzierten Grundwasserneubildung in Mitteleuropa. – 65 S.; www.gwneu.de; Essen.

MEßER, J. (2010): Begleittext zum Doppelblatt Wasserhaushalt und Grundwasserneubildung von Westfalen– In: Geographisch-landeskundlicher Atlas von Westfalen, Themenbereich II LANDESNATUR, Hrsg.: Geographische Kommission für Westfalen, Landschaftsverband Westfalen-Lippe; Münster.

MOLLY, K. (1925): Landschaftsformen des Vestischen Höhenrückens. Vestische Zeitschrift, 32: 77-96; Recklinghausen.

SCHROEDER, M. R. & D. WYRWICH (1990): Eine in Nordrhein-Westfalen angewendete Methode zur flächendifferenzierten Ermittlung der Grundwasserneubildung. – Dtsch. Gewässerkdl. Mitt. 34: S. 12-16, 2 Tab.; Koblenz.

Anschriften der Verfasser

Dr. Johannes Meßer
Emscher und Lippe Gesellschaften
für Wassertechnik mbH
Abteilung Wasserwirtschaft
Hohenzollernstr. 50
45128 Essen

messer@ewlw.de

Prof. Dr. Wilhelm Georg Coldewey
Westfälische Wilhelms-Universität Münster
Institut für Geologie und Paläontologie
Correnssstr. 24
48149 Münster

coldewey@uni-muenster.de

Anhangsverzeichnis

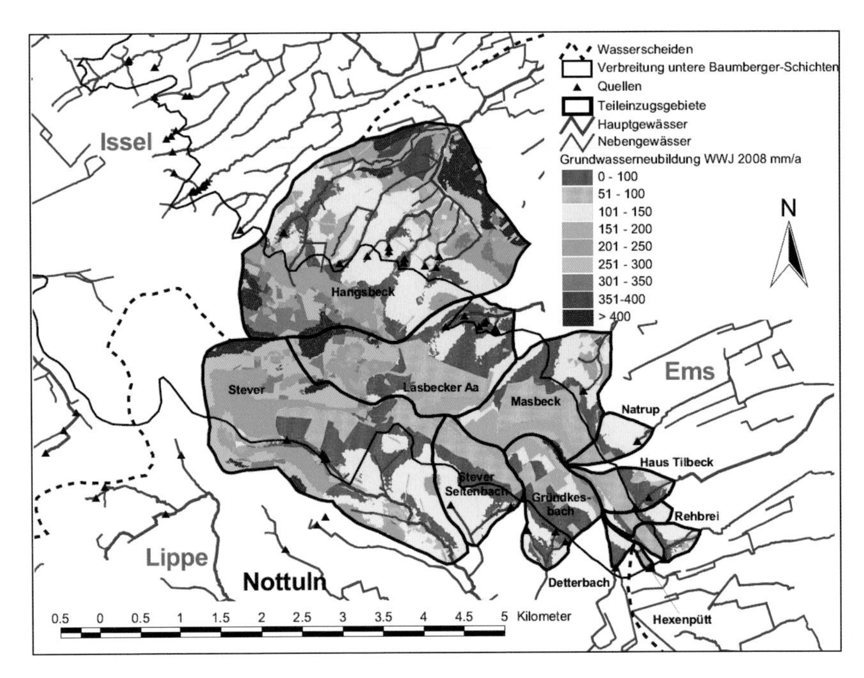

Anhang 1.1: Grundwasserneubildung in den Teileinzugsgebieten der südlichen Baumberge.

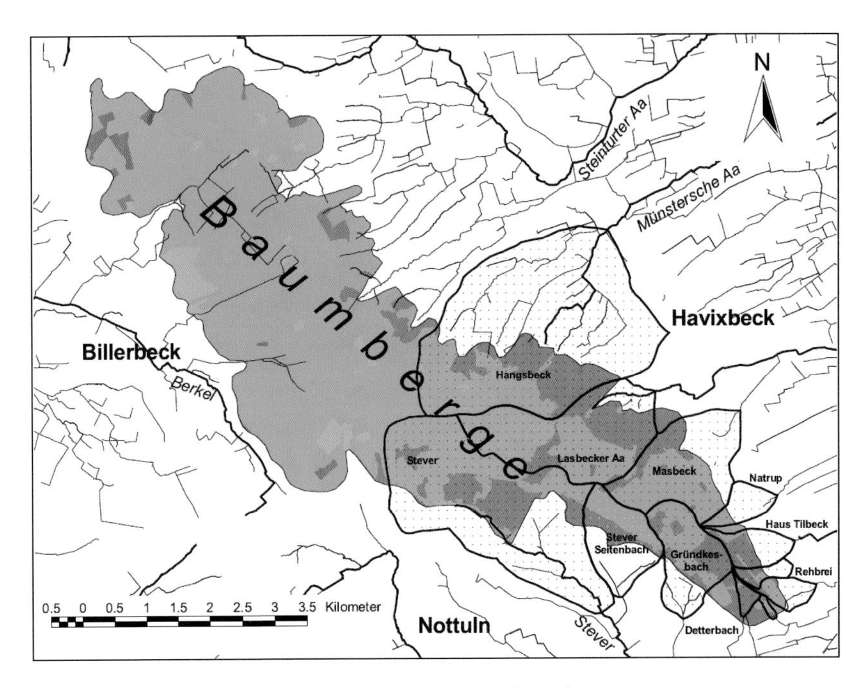

Anhang 1.2: Langjähriges Mittel der Verdunstung in den Baumbergen.

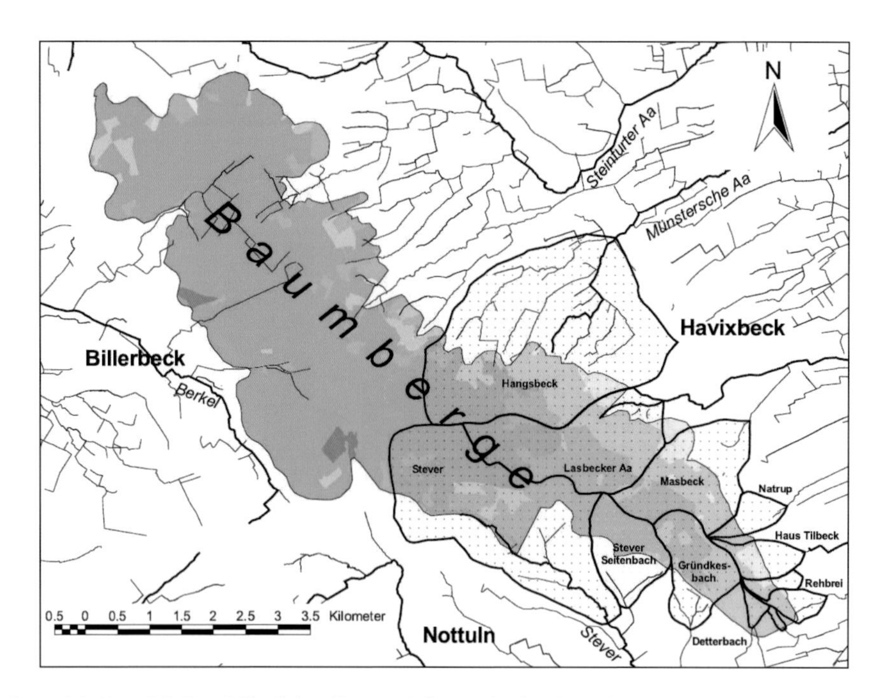

Anhang 1.3: Langjähriges Mittel des Gesamtabflusses in den Baumbergen.

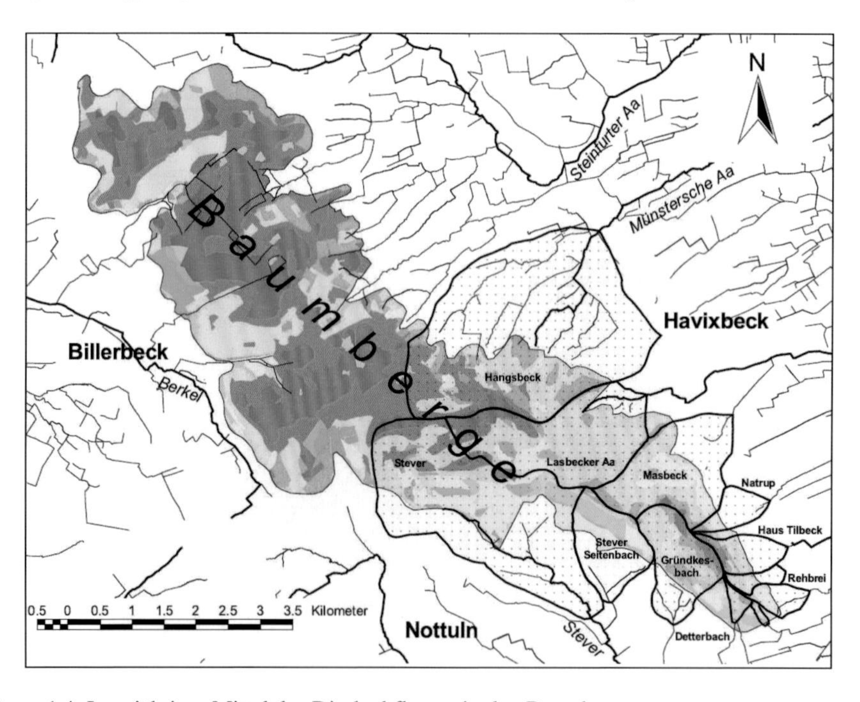

Anhang 1.4: Langjähriges Mittel des Direktabflusses in den Baumbergen.

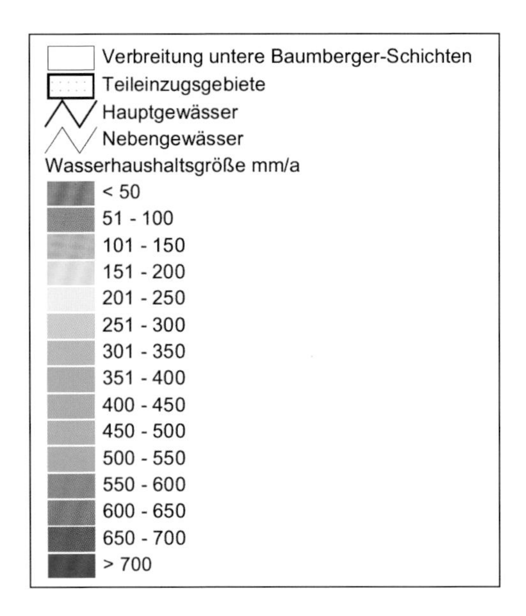

Anhang 1.5: Legende zum langjähriges Mittel von Verdunstung, Gesamtabfluss und Direktabfluss.

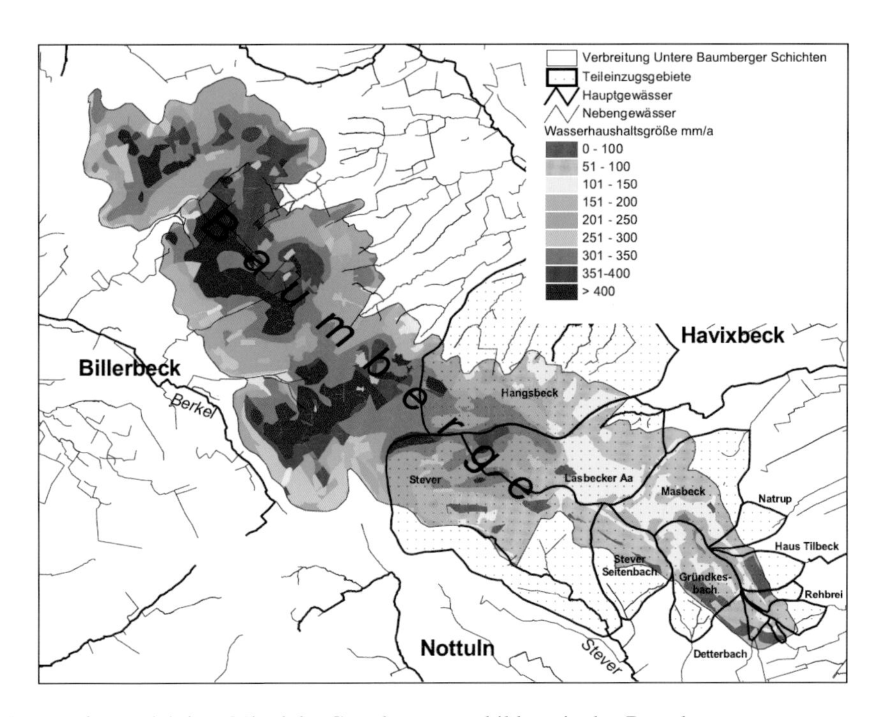

Anhang 1.6: Langjähriges Mittel der Grundwasserneubildung in den Baumbergen.

Anhang 2: Hydrochemie des Grund- und Quellwassers

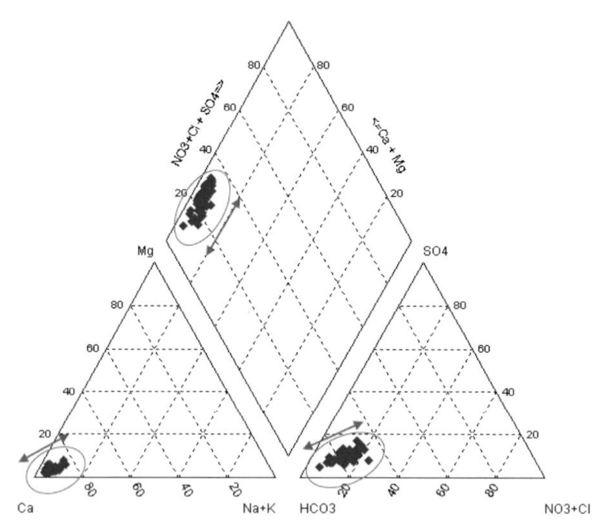

Anhang 2.1: Hydrochemische Situation der 67 Quellwasserproben im Februar 2008. PIPER-Diagramm (Einteilung in % der Äquivalentkonzentration).

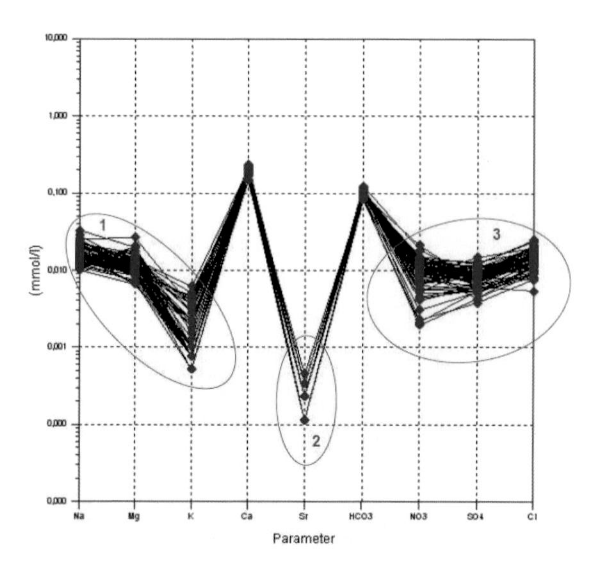

Anhang 2.2: Hydrochemische Situation der 67 Quellwasserproben im Februar 2008. SCHOELLER-Diagramm (in mmol/l Äquivalentkonzentration).

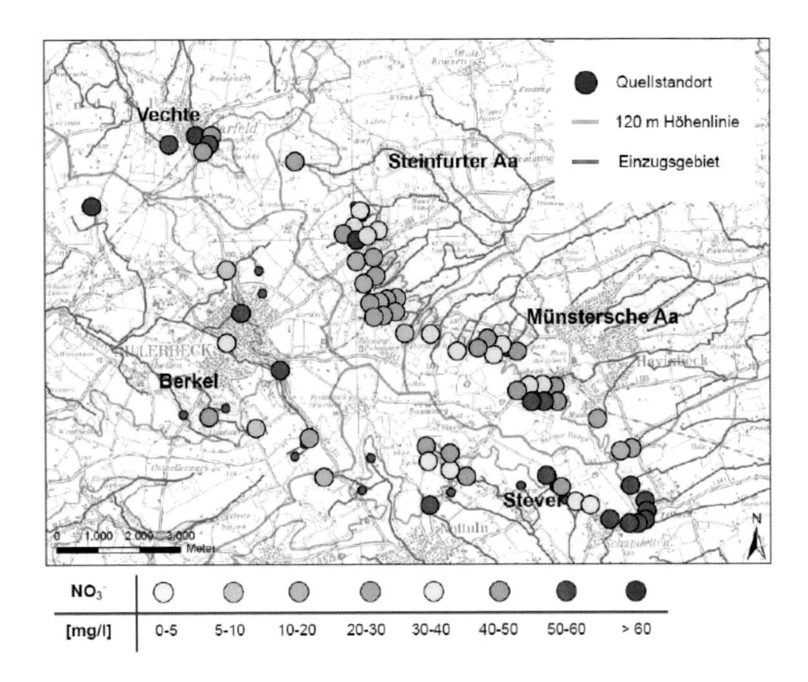

Anhang 2.3: Übersichtskarte für die NO_3^--Konzentrationen der Quellwässer im Februar 2008 (in mg/l).

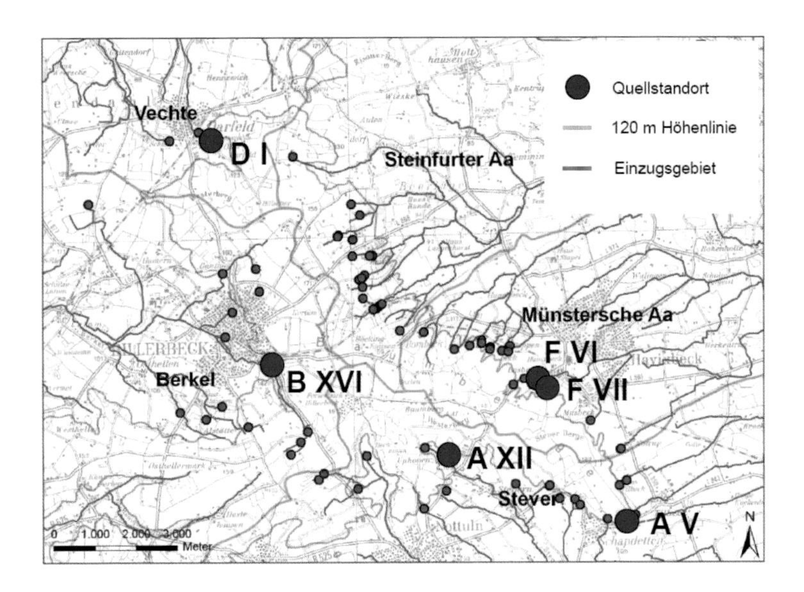

Anhang 2.4: Lage der Quellen mit mehr als 10 Probennahmen im Untersuchungsgebiet (Einzugsgebiete, Höhenlinie +120 mm NN und Quellstandorte werden angezeigt).

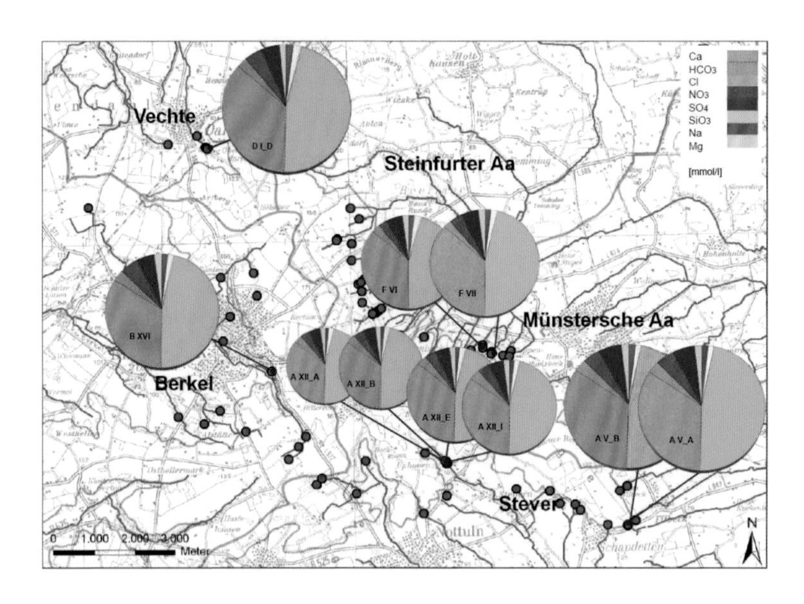

Anhang 2.5: Kreisdiagramme der Gesamtmineralisation in den Quellen der Baumberge mit mehr als 10 Probennahmen (Mittelwerte) in mmol/l dargestellt.

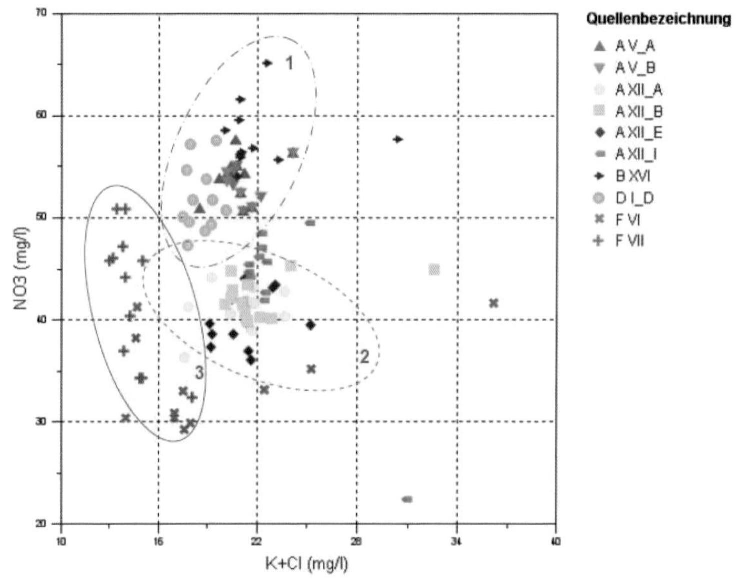

Anhang 2.6: $[K^{+}+Cl^{-}]:[NO_3^{-}]$-Scatter-Diagramm der Quellen mit mehr als 10 Probennahmen in mg/l.

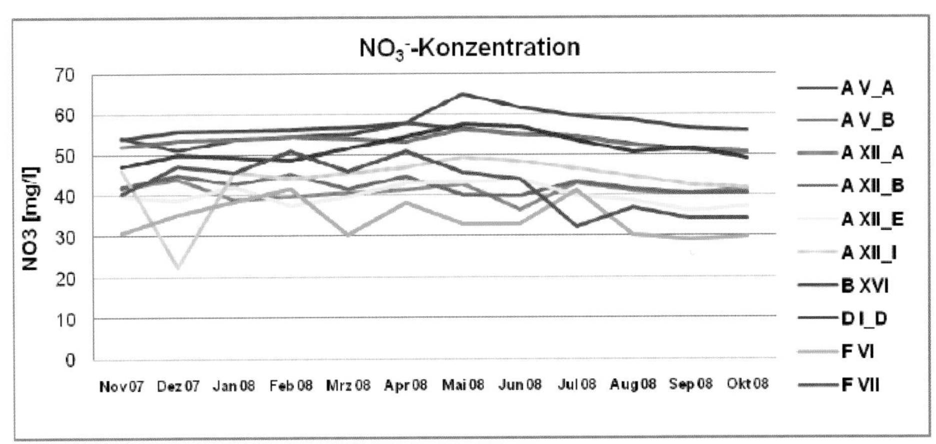

Anhang 2.7: NO_3^--Konzentrationen der Quellen mit mehr als 10 Probennahmen (Mittelwerte) in mg/l.

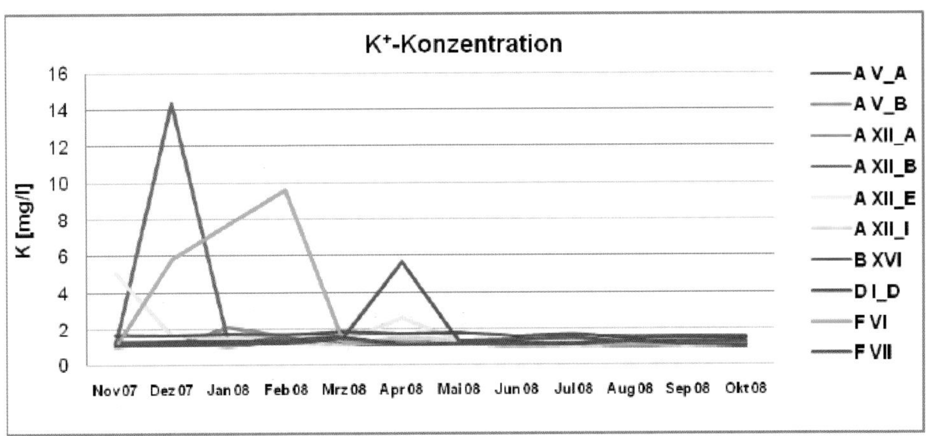

Anhang 2.8: K^+-Konzentrationen der Quellen mit mehr als 10 Probennahmen (Mittelwerte) in mg/l.

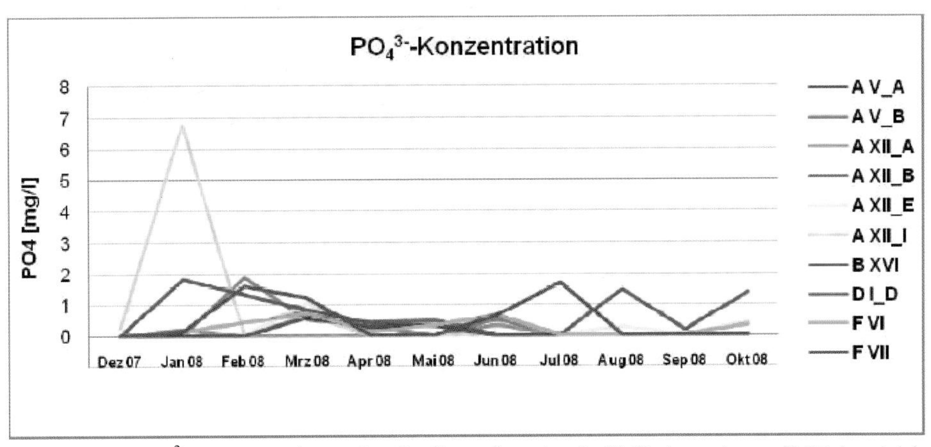

Anhang 2.9: PO_4^{3-}-Konzentrationen der Quellen mit mehr als 10 Probennahmen (Mittelwerte) in mg/l.

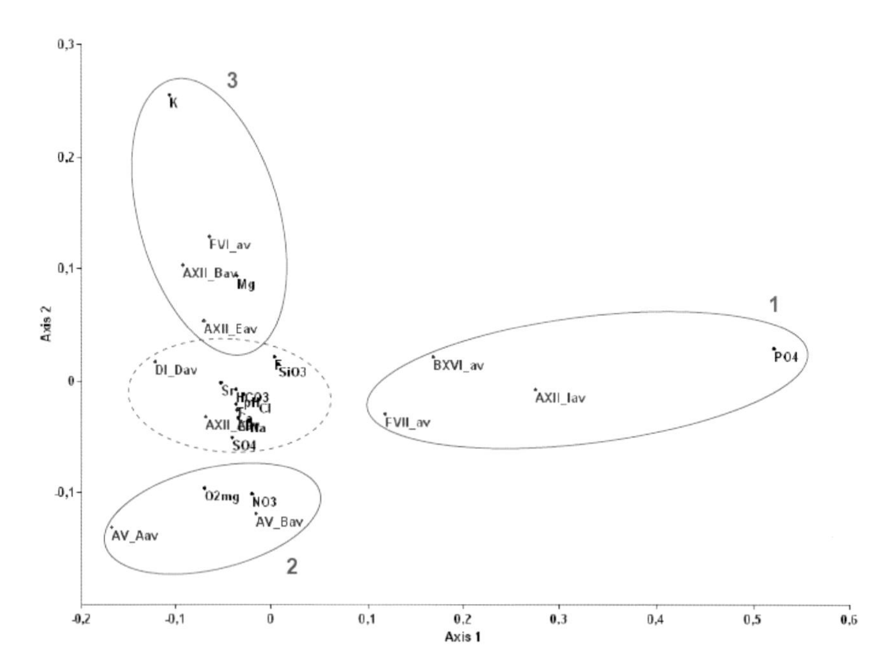

Anhang 2.10: Ergebnisse der Korrespondenzanalyse der physikalisch-chemischen und chemischen Parameter der Quellen mit mehr als 10 Probennahmen (Mittelwerte standardisiert).

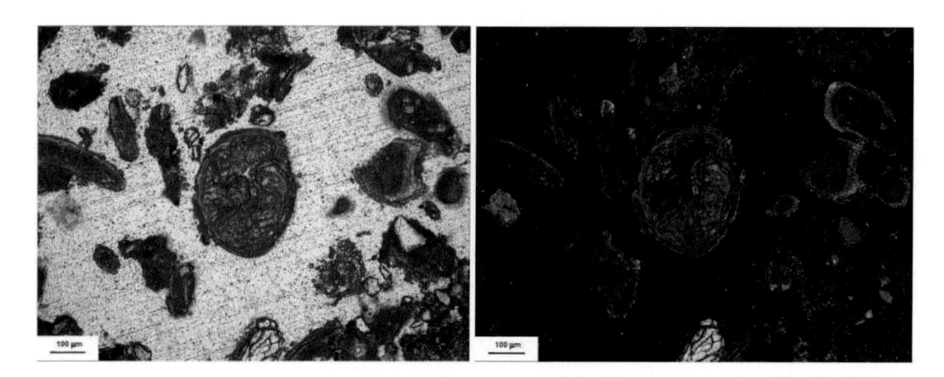

Anhang 2.11: Kugelig ausgebildeter Ooid. Hexenpüttquelle A V_A. Foto links unter ungekreuzten Polarisatoren. Foto rechts unter gekreuzten Polarisatoren.

Anhang 3:

Untersuchungen des Berkelquelltopfes

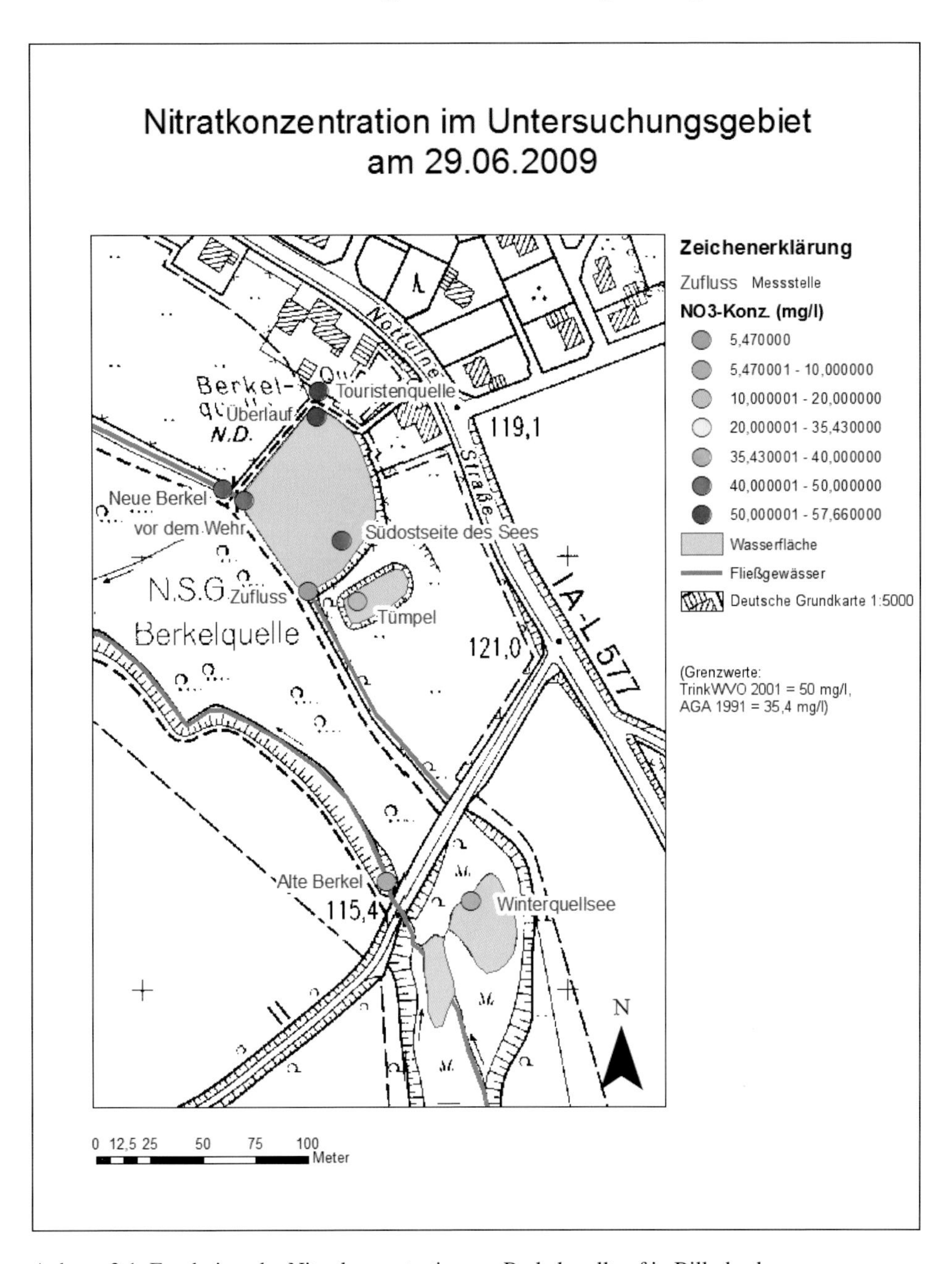

Anhang 3.1: Ergebnisse der Nitratkonzentration am Berkelquelltopf in Billerbeck

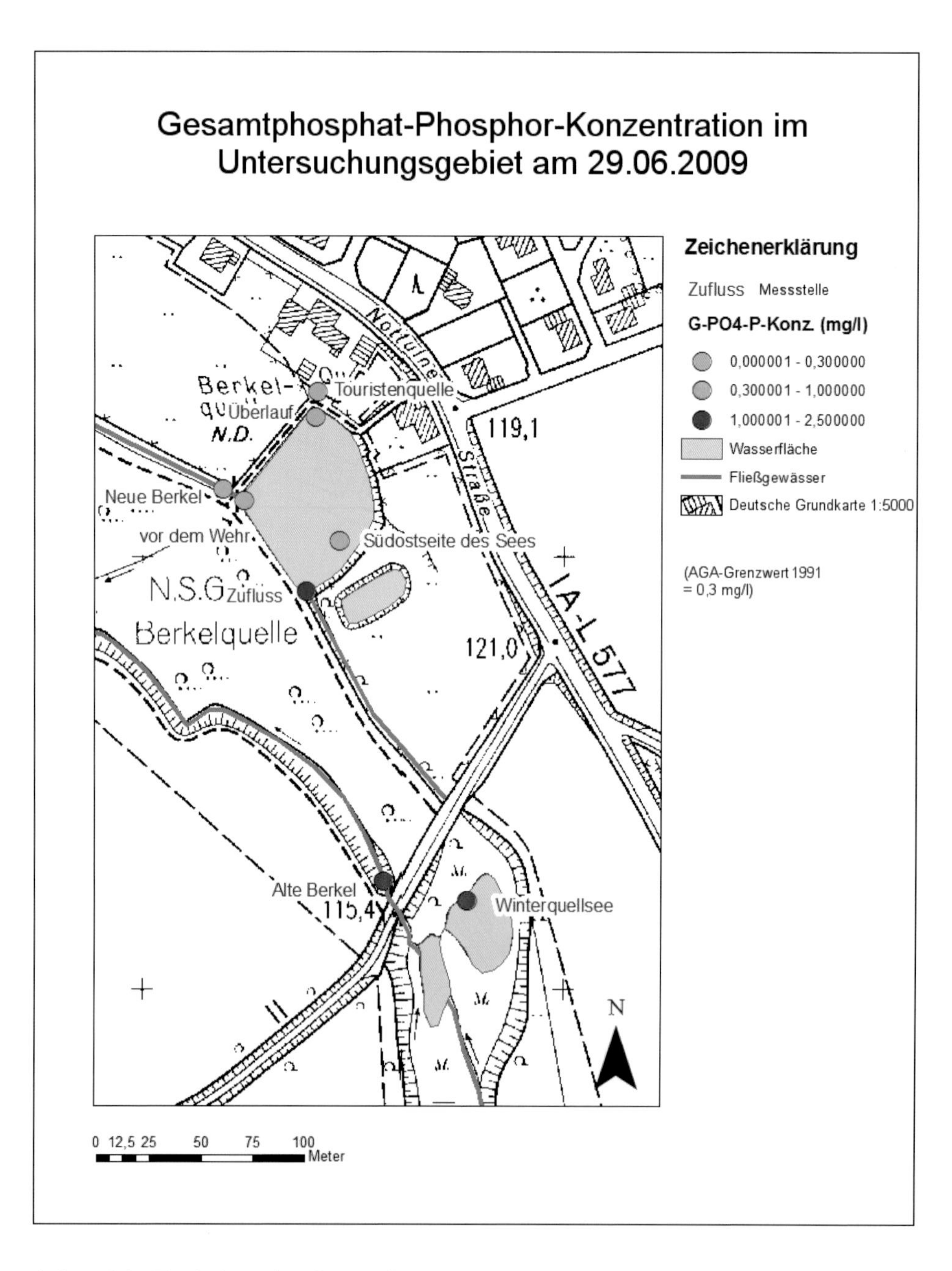

Anhang 3.2: Ergebnisse der Gesamtphosphat-Phosphor-Konzentration am Berkelquelltopf in Billerbeck

Anhang 4:

Bewertung der Biodiversität in den Quellen

Anh. 4.1: Vollständige Taxaliste (Quellaustritte und Quellbach). Kategorien der Roten Liste: 0 = ausgestorben/verschollen, 1 = vom Aussterben bedroht, 2 = stark gefährdet, 3 = gefährdet, 4 = potenziell gefährdet, R = extrem selten, * = vorkommend und ungefährdet; ÖWZ = Ökologische Wertzahl.

Klasse	Ordnung	Familie	Determination	Rote-Liste-Status	ÖWZ (Fischer 1996)	ÖWZ (Schindler 2006)	A IV	A V	A XII	A XXVIII	A XXX	B II	B XVI	D I	D II	D VI	E VI	E XVII	F III	F IV	F V	F VII
Turbellaria	Tricladida	-	Turbellaria non det.								160											
		Dendrocoelidae	*Dendrocoelum lacteum*		1	1							10		280							
		Dugesiidae	*Dugesia gonocephala*		4	4		67	430				50	680		40				7	80	145
		Dugesiidae	*Dugesia lugubris*										50									
Mollusca	Gastropoda	Bithyniidae	*Bithynia tentaculata*	NRW: *														560				
		Lymnaeidae	Lymnaeidae non det.							40							40					
		Lymnaeidae	*Galba truncatula*	NRW: *	8	8	147	10			73			200	60	20	30	3920				
		Lymnaeidae	*Radix balthica*	NRW: *	1	1							20	80								
		Planorbidae	Planorbidae non det.								73					20						
		Planorbidae	*Planorbis planorbis*	NRW: *						40												
		Planorbidae	*Anisus* sp.															80				
		Planorbidae	*Gyraulus* sp.							40										7		
		Planorbidae	*Gyraulus albus*	NRW: *	-	1											40			7		
		Planorbidae	*Gyraulus laevis*	BRD: 1; NRW: 1													40					
	Bivalvia	-	Gastropoda non det.					13														
		Sphaeriidae	*Sphaerium corneum*							520							40					
		Sphaeriidae	*Pisidium* sp.		8	8	80	147			107		20	1760				2000				1290
		Sphaeriidae	*Pisidium personatum*		16	16	133	33		1600	53			400	40			160		67		20
Clitellata	Oligochaeta	-	Oligochaeta non det.						15										7			180
		Lumbriculidae	Lumbriculidae non det.								13	20							7			
		Lumbriculidae	*Lumbriculus variegatus*				80			280				80		40	220	320		40	40	
		Lumbriculidae	*Stylodrilus heringianus*																	7		
		Tubificidae	*Tubifex* sp.							80	20					60	450	320		7		
		Tubificidae	*Limnodrilus* sp.				47			120						40	120			27		
		Naididae	*Naididae* non det.				67				7		80				1700	1680		1327	120	315
		Naididae	*Chaetogaster* sp.											160								
		Naididae	*Nais* sp.																		60	
		Naididae	*Pristina* sp.																13			
		Enchytraeidae	Enchytraeidae non det.		-	2		100	5				20									440
	Hirudinea	Glossiphoniidae	*Helobdella stagnalis*										20									
		Erpobdellidae	*Erpobdella octoculata*		1	1							50									
Arachnida	Acari (Hygrobatoidea)	Oribatidae	*Atractides* sp.					3														
		Oribatidae	*Lebertia glabra*					3														
Crustacea	Amphipoda	Gammaridae	*Gammarus* sp.		-	2	2787	620	1270				720	10160	1600		1000	800	520		2660	230
		Gammaridae	*Gammarus fossarum*		4	4			420			720		360	440		10		40		600	100
		Gammaridae	*Gammarus pulex*		2	2	3100	760	680		80	3740	270	2840	1560	120	520	3120	1820		1640	175
		Gammaridae	*Niphargus* sp.		16	16		17	5		27			40		40			13			20
		Gammaridae	*Niphargus aquilex aquilex*		16	16													13			
		Asellidae	*Asellus aquaticus*		0,5	0,5									60					40		
Insecta	Ephemeroptera	Baetidae	*Baetis* sp.		2	2			40													
		Baetidae	*Baetis rhodani*		1	1		20	240					320			170					10
	Plecoptera	Nemouridae	Nemouridae non det.		-	4									120		10					60
		Nemouridae	*Nemoura* sp.		4	4		353			7											20
		Nemouridae	*Nemoura cambrica*		4	4		533														
		Nemouridae	*Nemoura cinerea*		-	1	47	57							80							50
		Nemouridae	*Nemurella pictetii*		8	8	27								120							
	Heteroptera	Veliidae	*Velia* sp. (Larve)										20									
	Coleoptera	-	Coleoptera non det. (Larve)																13	7		
		Carabidae	Carabidae non det. (Larve)								27											
		Haliplidae	*Brychius elevatus*											40								
		Haliplidae	*Haliplus lineatocollis*		-	4							30						7	7		
		Dytiscidae	*Agabus* sp. (Larve)		4	4					13											
		Hydraenidae	*Hydraena* sp. (Imago)		4	4	27															
		Hydraenidae	*Hydraena nigrita*		8	8		13														
		Hydrochidae	*Hydrochus elongatus*																7			
		Staphylinidae	Staphylinidae non det. (Imago)																7			120
		Scirtidae	*Elodes* sp. (Larve) (Elodes-min.-Grup.)		4	4	300	53	30						200	280				7		25
		Scirtidae	*Elodes* sp. (Larve)		4	4	53															
		Dryopidae	Dryopidae non det. (Larve)		-	1											20					

Anh. 4.2: Fortsetzung.

Klasse	Ordnung	Familie	Determination	Rote-Liste-Status	ÖWZ (Fischer 1996)	ÖWZ (Schindler2006)	A IV	A V	A XII	A XXVIII	A XXX	B II	B XVI	D I	D II	D VI	E VI	E XVII	F III	F IV	F V	F VII
Insecta	Trichoptera	-	Trichoptera non det.				7		10				10		120							
		Glossosomatidae	*Agapetus fuscipes*	NRW: *	4	4		240														
		Psychomyiidae	*Tinodes pallidulus*	NRW: 3					5													
		Psychomyiidae	*Tinodes unicolor*	NRW: 2	8	8			5													
		Polycentropodidae	*Plectrocnemia conspersa*	NRW: *	2	2	7	37													340	
		Polycentropodidae	*Plectrocnemia geniculata*	NRW: *	8	8	27															
		Brachycentridae	*Micrasema longulum*	NRW: *			7															
		Lepidostomatidae	*Crunoecia irrorata*	NRW: *	16	16	80	103														
		Limnephilidae	Limnephilidae non det.																			20
		Limnephilidae	*Drusus* sp.		4	4			10													
		Limnephilidae	*Drusus trifidus*	BRD:3; NRW:2	8	8			1135													
		Limnephilidae	*Limnephilus lunatus*	NRW: *	1	1								360	160							
		Limnephilidae	*Micropterna sequax*	NRW: 3	4	4	7	3														20
		Limnephilidae	*Potamophylax rotundipennis*	NRW: 3	4	4			400						20							
		Sericostomatidae	*Sericostoma* sp.		8	8		30														
		Sericostomatidae	*Sericostoma personatum*	NRW: *	8	8		47														
		Sericostomatidae	*Sericostoma schneideri*		8	8		27														
	Diptera	-	Diptera non det.					7			7			40			10					
		-	Diptera non det. (Puppe)				27	7						120			20		47			
		Ptychopteridae	Ptychopteridae non det.		2	2		3	20		33											10
		Culicidae	*Anopheles claviger*											40								
		Dixidae	*Dixidae* non det. (Puppe)		4	4											10					
		Dixidae	*Dixa* sp.		4	4	7															
		Dixidae	*Dixa maculata / nubilipennis*		4	4	7	37			40				20	60	40		7			130
		Dixidae	*Dixa submaculata*		8	8	7															
		Chironomidae	Chironomidae non det.							120	173					180	170					
		Chironomidae	Tanypodinae non det.						5	160	167			80	20			320	27	47	540	240
		Chironomidae	Diamesinae non det.																	7		
		Chironomidae	Orthocladiinae non det.				980	150	30	280	753		80	11920	220	1160	1300	1600	153	180	60	135
		Chironomidae	Orthocladiinae non det. (Puppe)							40	27						10					
		Chironomidae	*Corynoneura* sp.				380	37			307			480	40	20	110	80	27	7	120	45
		Chironomidae	*Chironomini* non det.				7															10
		Chironomidae	*Chironomini* non det.												20	20						
		Chironomidae	*Tanytarsini* non det.				1153	10	65	160	47		280	80	160			80	27	7	7720	140
		Chironomidae	*Tanytarsini* non det. (Puppe)							40												
		Simuliidae	Simuliidae non det.		-	2											210			7		
		Simuliidae	Simuliidae non det. (Puppe)		-	2	80															
		Simuliidae	*Simulium (Nevermannia) angustitarse*		4	4		7														
		Ceratopogonidae	Ceratopogonidae non det.				27	3		400	1547		10	480	80	60	80	3600	13	53	60	160
		Ceratopogonidae	Ceratopogonidae non det. (Puppe)											40								
		Ceratopogonidae	Dasyheleinae non det.					7														
		Psychodidae	Psychodidae non det.					87		120	133						60	240	13	27		
		Psychodidae	Psychodidae non det. (Puppe)																7			40
		Tipulidae	Tipulidae non det.					7														
		Tipulidae	*Tipula-(Acutipula)-maxima-Gruppe*		-	4					7	20					20					
		Limoniidae	Limoniidae non det.												20		30		20			
		Limoniidae	Limoniidae non det. (Puppe)																13			
		Limoniidae	*Eloeophila* sp.				13													7		25
		Limoniidae	*Neolimnomyia* sp.																			110
		Limoniidae	*Erioconopa* sp.				13	10														
		Limoniidae	*Molophilus* sp.		-	8		3														
		Limoniidae	*Rhabdomastix* sp.					13														
		Limoniidae	*Rhypholophus* sp.		-	4	40				7								13			
		Limoniidae	*Antocha* sp.								7									13		
		Pediciidae	*Dicranota* sp.		4	4		13	5													
		Pediciidae	*Pedicia* sp.		8	8		3												7		
		Pediciidae	*Tricyphona* sp.																			40
		Stratiomyidae	Stratiomyidae non det.					7	5		27								67	7		
		Stratiomyidae	*Oxycera pardalina*		16	16		33			7				80							5
		Tabanidae	Tabanidae non det.					7														

Anh. 4.3: Strukturkartierung der Baumbergequellen nach SCHINDLER (2006): Stammdaten.

Bezeichnung	Quellname	Einzugsgebiet	Höhe (+mNN)	'Rechtswert	'Hochwert	'Datum	Bearbeiter	Kreis	TK25-Nr.	Schutzstatus
A I-III	Muehlengrabenquelle	Stever	88	2598318	5757769	11.02.2008	Düspohl	COE	4010	teilweise in NSG Baumberge
A IV	Tilbecker Bachquelle	Stever	106	2598530	5756932	26.01.2008	Müller	COE	4010	NSG Baumberge
A V	Hexenpuett/Sieben Quellen	Stever	107	2598345	5756834	26.01.2008	Müller	COE	4010	NSG Baumberge
A VIII	Detterbachquelle	Stever	118	2597853	5756828	26.02.2008	Müller	COE	4010	-
A IX	Gründkesbachquelle (suedoestlich)	Stever	119	2597176	5757175	15.06.2008	Müller	COE	4010	NSG Hexenkuhle
A X	Gründkesbachquelle (westlich)	Stever	112	2596668	5757330	15.06.2008	Müller	COE	4010	grenzt an NSG Hexenkuhle
A XII	Steverquelle	Stever	112	2593873	5758359	31.01.2008	Müller	COE	4010	NSG Stever Nord
A XIII	Originalquelle der Stever	Stever	95	2593394	5758543	12.02.2008	Müller	COE	4010	NSG Stever Nord
A XV	Nonnenbachquelle bei Wenker (suedwestlich)	Stever	135	2590782	5757787	11.03.2008	Müller	COE	4009	NSG Waldgebiet Hengwehr u. Hanloer Mark
A XXVII	Steverquelle auf den Steenaeckern	Stever	99	2595612	5757677	12.02.2008	Müller	COE	4010	-
A XXVIII	Hangenfelsbach (Lossbecke)	Stever	115	2593363	5757090	12.02.2008	Düspohl	COE	4010	NSG Lossbecke
A XXIX	Nonnenbachquelle bei Wenker (nordoestlich)	Stever	130	2590906	5757931	11.03.2008	Müller	COE	4009	-
A XXX	Steverquelle unterhalb Leopoldshoehe	Stever	118	2596434	5757643	26.01.2008	Kähler	COE	4010	-
A XXXI	Gründkesbachquelle (nordwestlich)	Stever	123	2597048	5757315	26.01.2008	Müller	COE	4010	NSG Hexenkuhle
B II	Ludgerusbrunnen	Berkel	115	2588667	5761789	10.03.2008	Hafouzov	COE	4009	-
B IV	Wallenbachquelle am Haus Hamern	Berkel	118	2588409	5759530	15.04.2008	Müller	COE	4009	-
B VII	Gantweger Bachquelle bei Hesker	Berkel	115	2588427	5762709	10.03.2008	Hafouzov	COE	4009	-
B XV	Berkelquelle noerdlich Hengwehr	Berkel	127	2590345	5758682	11.03.2008	Müller	COE	4009	-
B XVI	Berkelquelle suedoestliches Billerbeck	Berkel	115	2589687	5760471	15.06.2008	Müller	COE	4009	grenzt an NSG Berkelquelle
B XVII	Berkelquelle in der Gräfte am Richthof	Berkel	107	2588488	5761197	10.03.2008	Hafouzov	COE	4009	grenzt an NSG Berkelaue
B XVIII	Siebbachquelle an der Bushaltestelle Ermke	Berkel	122	2589045	5759038	10.03.2008	Hafouzov	COE	4009	-
B XX	Berkelquelle bei Moellerandt an der L580	Berkel	107	2587392	5759390	15.04.2008	Müller	COE	4009	-
B XXI	Mersmannsbachquelle bei Mersmann	Berkel	111	2585177	5764392	12.02.2008	Kähler	COE	3909	-
D I	Vechtequelle	Vechte	102	2588100	5765778	12.02.2008	Kähler	COE	3909	NSG Vechtequelle
D II	Burloer Bachquelle	Vechte	98	2587135	5765882	12.02.2008	Kähler	COE	3909	-
D VI	Nebenquelle Vechte	Vechte	104	2587852	5766088	13.03.2008	Kähler	COE	3909	-
E II	Steinfurter-Aaquelle bei Mensing (suedlich)	Steinfurter Aa	109	2591805	5764101	13.03.2008	Kähler	COE	3910	-
E III	Dielbachquelle bei Luetke Daldrup	Steinfurter Aa	120	2591256	5763593	11.02.2008	Kähler	COE	3909	-
E IV	Dielbachquelle bei Grosse Daldrup	Steinfurter Aa	117	2591631	5763514	11.02.2008	Kähler	COE	4010	-
E VI	Bombecker Aaquelle	Steinfurter Aa	124	2592339	5761982	11.02.2008	Engel	COE	3909	NSG Bombecker Aa
E VIII	Landwehrbachquelle bei Isenberg	Steinfurter Aa	127	2592786	5761345	14.01.2008	Engel	COE	3910	-
E XV	Steinfurter-Aaquelle am Hasenkamp	Steinfurter Aa	127	2590158	5765508	13.03.2008	Kähler	COE	3909	-
E XVI	Steinfurter Aaquelle bei Sommer (westlich)	Steinfurter Aa	130	2591616	5763121	10.03.2008	Müller	COE	4010	-
E XVII	Steinfurter Aaquelle bei Sommer (westlich)	Steinfurter Aa	130	2591616	5763121	11.02.2008	Kähler	COE	4010	-
E XIX	Steinfurter Aaquelle bei Mensing (westlich)	Steinfurter Aa	123	2591590	5764368	16.04.2008	Müller	COE	3910	-
E XX	Steinfurter Aaquelle bei Boeving (suedlich)	Steinfurter Aa	134	2591781	5762557	11.02.2008	Kähler	COE	4010	NSG Bombecker Aa
E XXII	Steinfurter Aaquelle bei Boeving (oestlich)	Steinfurter Aa	125	2591915	5762667	11.02.2008	Kähler	COE	4010	NSG Bombecker Aa
E XXIII	Steinfurter Aaquelle bei Boeving (suedl., Wald)	Steinfurter Aa	140	2591868	5762383	10.03.2008	Müller	COE	4010	NSG Bombecker Aa
E XXIV	Bombecker Aaquelle bei Hof Damer	Steinfurter Aa	135	2591883	5762111	10.03.2008	Düspohl	COE	4010	NSG Bombecker Aa
F II	Poppenbecker Aaquelle	Münstersche Aa	127	2594120	5760892	11.03.2008	Krüttgen	COE	4010	NSG Hangsbachquellen
F III	Hangsbachquelle bei Iber (oestlich)	Münstersche Aa	115	2594790	5761045	11.03.2008	Krüttgen	COE	3909	NSG Hangsbachquellen
F III	Hangsbachquelle bei Iber (westlich)	Münstersche Aa	125	2594498	5760988	11.03.2008	Krüttgen	COE	3909	NSG Hangsbachquellen
F IV	Hangsbachquelle bei Jeiler	Münstersche Aa	115	2594990	5760897	12.02.2008	Engel	COE	3909	NSG Hangsbachquellen
F V	Lasbecker Aaquelle	Münstersche Aa	110	2595818	5760191	22.01.2008	Düspohl	COE	4010	NSG Lasbecker Quellen
F VI	Arningquelle (westlich)	Münstersche Aa	105	2596106	5760118	22.01.2008	Müller	COE	4010	NSG Lasbecker Quellen
F VII	Arningquelle (oestlich)	Münstersche Aa	110	2596235	5760029	22.01.2008	Müller	COE	4010	NSG Lasbecker Quellen
F VIII	Masbecker Aaquelle	Münstersche Aa	98	2597438	5759188	11.02.2008	Müller	COE	4010	NSG Baumberge
F IX	Glosenbachquelle	Münstersche Aa	95	2598177	5758507	11.02.2008	Düspohl	COE	4010	-
F XIV	Hangsbachquelle vor den Gleisen	Münstersche Aa	103	2595435	5760835	11.03.2008	Engel	COE	4010	-
F XV	Hangsbachquelle oestliches Poppenbeck	Münstersche Aa	95	2595475	5760977	11.03.2008	Engel	COE	4010	-

Anh. 4.4: Strukturkartierung der Baumbergequellen nach SCHINDLER (2006): Morphologie.

Bezeichnung	Austrittsform	Vernetzung der Austritte	Geländeneigung	Hanglage	Quellschüttung	Fließgeschwindigkeit	Abflussrichtung	Anzahl der Austritte	Größe der Quelle (in m2)	Größe des Quellbereichs (in m2)	Menge der Quellschüttung (in l/sek)
A I-III	Tümpelquelle	Quellkomplex	schwach	Mittelhang	ganzjährig	stehend	NO	2	60	80	0,0
A IV	Sturzquelle	Einzelquelle	schroff	Mittelhang	ganzjährig	schnell	SW	2	5	10	0,0
A V	Sturzquelle	Quellkomplex	stark	Mittelhang	ganzjährig	schnell	O	7	10	100	-
A VIII	künstlich	Einzelquelle	mäßig	Mittelhang	ganzjährig	schnell	S	1	0,1	0,2	0,5
A IX	künstlich	Quellkomplex	schwach	Mittelhang	ganzjährig	mäßig	SW	2	5	15	-
A X	künstlich	Einzelquelle	schwach	Mittelhang	ganzjährig	schnell	S	1	0,1	2	0,3
A XII	Sturzquelle	Quellkomplex	mäßig	Mittelhang	ganzjährig	mäßig	SO	12	20	200	0,0
A XIII	Tümpelquelle	Einzelquelle	schwach	Mittelhang	ganzjährig	stehend	-	1	700	800	0,0
A XV	Wanderquelle	Einzelquelle	schwach	Tallage	periodisch	langsam	O	1	10	200	0,3
A XXVII	künstlich	Einzelquelle	schwach	Mittelhang	periodisch	mäßig	SO	1	0,25	5	0,0
A XXVIII	Tümpelquelle	Einzelquelle	schwach	Mittelhang	ganzjährig	langsam	SO	2	200	400	0,0
A XXIX	Tümpelquelle	Einzelquelle	schwach	Tallage	periodisch	stehend	O	1	5	80	0,2
A XXX	Sickerquelle	Quellkomplex	mäßig	Mittelhang	periodisch	mäßig	SW	3	20	500	0,0
A XXXI	künstlich	Einzelquelle	schwach	Mittelhang	periodisch	langsam	S	1	-	-	0,0
B II	künstlich	Einzelquelle	schwach	Hangfuß	ganzjährig	schnell	NW	1	-	-	2,5
B IV	Tümpelquelle	Quellkomplex	schwach	Hangfuß	ganzjährig	langsam	-	1	200	400	-
B VII	Sickerquelle	Quellkomplex	mäßig	Oberhang	ganzjährig	mäßig	W	1	-	-	-
B XV	Tümpelquelle	Einzelquelle	schwach	Mittelhang	ganzjährig	langsam	NO	1	300	400	-
B XVI	Tümpelquelle	Einzelquelle	schwach	Hangfuß	-	stehend	-	-	-	-	-
B XVII	künstlich, Sturzquelle	Einzelquelle	schwach	Hangfuß	ganzjährig	mäßig	NW	1	-	-	0,5
B XVIII	Tümpelquelle	Einzelquelle	mäßig	Mittelhang	ganzjährig	mäßig	W	1	10	15	0,3
B XX	Sickerquelle	Einzelquelle	schroff	Oberhang	ganzjährig	langsam	-	1	400	800	-
B XXI	Sickerquelle	Einzelquelle	mäßig	Mittelhang	ganzjährig	langsam	SO	1	-	600	0,0
D I	Sturzquelle	Quellkomplex	schwach	Mittelhang	ganzjährig	mäßig	W	4	40	50	0,0
D II	Tümpelquelle	Einzelquelle	schwach	Oberhang	ganzjährig	mäßig	W	1	200	400	0,0
D VI	Sturzquelle	Einzelquelle	mäßig	Mittelhang	ganzjährig	mäßig	S	1	1	4	-
E II	Sickerquelle	Einzelquelle	-	Mittelhang	-	langsam	O	1	2	3	-
E III	Sturzquelle	Quellkomplex	mäßig	Mittelhang	ganzjährig	mäßig	O	3	15	500	0,0
E IV	Sturzquelle	Quellkomplex	mäßig	Mittelhang	ganzjährig	schnell	O	5	3	5	1,0
E VI	Sturzquelle	Quellkomplex	mäßig	Mittelhang	ganzjährig	mäßig	O	10	-	-	-
E VIII	Sturzquelle	Einzelquelle	stark	Tallage	-	langsam	SO	1	0,25	1	-
E XV	Sturzquelle	Einzelquelle	mäßig	Mittelhang	ganzjährig	mäßig	SO	8	20	-	-
E XVI	Sickerquelle	Einzelquelle	schwach	Tallage	periodisch	langsam	SO	2	4000	6000	0,0
E XVII	Sturzquelle	Einzelquelle	mäßig	Mittelhang	temporär	schnell	O	2	0,5	2	0,5
E XIX	Wanderquelle	Quellkomplex	schwach	Mittelhang	-	langsam	-	2	6	20	-
E XX	Sickerquelle	Einzelquelle	mäßig	Mittelhang	ganzjährig	langsam	O	1	50	100	0,2
E XXII	Sickerquelle	Einzelquelle	schwach	Tallage	-	mäßig	SO	1	-	-	-
E XXIII	Sturzquelle	Einzelquelle	mäßig	Mittelhang	-	mäßig	SO	1	0,5	10	0,2
E XXIV	Wanderquelle	Einzelquelle	stark	Mittelhang	temporär	langsam	SO	1	5	10	0,1
F II	künstlich	Einzelquelle	mäßig	Mittelhang	periodisch	mäßig	-	1	0,1	0,5	-
F III	Sturzquelle	Quellkomplex	mäßig	Mittelhang	ganzjährig	mäßig	NO	2	-	-	-
F III	-	-	-	-	temporär	langsam	-	-	-	-	-
F IV	Sturzquelle	Quellkomplex	mäßig	Mittelhang	ganzjährig	mäßig	NO	4	0,25	2,25	-
F V	Wanderquelle	Quellkomplex	schwach	Mittelhang	ganzjährig	mäßig	NNO	2	5	100	0,0
F VI	Sickerquelle	Einzelquelle	mäßig	Mittelhang	ganzjährig	mäßig	N	2	50	200	0,0
F VII	Sturzquelle	Quellkomplex	schwach	Mittelhang	ganzjährig	schnell	NW	12	200	600	-
F VIII	Sickerquelle	Einzelquelle	schwach	Mittelhang	ganzjährig	mäßig	NO	1	-	-	0,0
F IX	Sturzquelle	Einzelquelle	schwach	Hangfuß	ganzjährig	mäßig	NO	2	8	12	0,0
F XIV	künstlich	Einzelquelle	mäßig	Mittelhang	periodisch	mäßig	NO	1	-	-	0,0
F XV	Tümpelquelle	Einzelquelle	schroff	Mittelhang	periodisch	langsam	NW	1	-	-	0,2

Anh. 4.5: Strukturkartierung der Baumbergequellen nach SCHINDLER (2006): Einträge/Verbau, erster Teil.

	Fassung	Verlegung		Aufstau			Absturz		Verbau		
Bezeichnung	Zustand	Zustand	Länge (in m)	Anteil	Entfernung zur Quelle (in m)	Größe (in m²)	Anteil	Höhe (in m)	Zustand und Wasserkontakt	wenn verrohrt: Entfernung (in m)	wenn verrohrt: Länge (in m)
A I-III	-	-	-	Hauptschluss	6	800	Teilabfluss	0,4	Beton (gering)	-	-
A IV	-	-	-	-	-	-	-	-	Verrohrung (stark)	100	150
A V	-	-	-	Hauptschluss	15	50	-	-	Verrohrung (gering)	30	-
A VIII	Nur Rohr/Rinne (neu)	alt	50	-	-	-	-	-	Beton (gering)	-	-
A XXXI	-	-	-	-	-	-	-	-	-	-	-
A X	Nur Rohr/Rinne (alt)	alt	50	-	-	-	-	-	-	-	-
A XII	-	-	-	-	-	-	-	-	-	-	-
A XIII	-	-	-	Hauptschluss	-	700	Gesamtabfluss	1	Verrohrung (stark)	-	4
A XV	-	-	-	Hauptschluss	100	100	Teilabfluss	0,3	-	-	-
A XXVII	Nur Rohr/Rinne (neu)	alt	-	-	-	-	-	-	Verrohrung (stark)	100	5
A XXVIII	-	-	-	-	-	-	-	-	Verrohrung (stark)	100	15
A XXIX	Nur Rohr/Rinne (alt)	alt	20	-	-	-	-	-	Verrohrung (stark)	4	15
A XXX	-	-	-	-	-	-	-	-	Steinschüttung (stark)	-	-
A IX	Brunnenstube mit Überlauf (neu)	alt	50	-	-	-	Teilabfluss	0,2	-	-	-
B II	Nur Rohr/Rinne (alt)	alt	100	-	-	-	-	-	Verrohrung (stark)	40	-
B IV	-	-	-	-	-	-	-	-	-	-	-
B VII	-	-	-	-	-	-	-	-	-	-	-
B XV	-	-	-	-	-	-	-	-	-	-	-
B XVI	-	-	-	Hauptschluss	-	2000	Teilabfluss	0,3	Beton (gering)	-	-
B XVII	Nur Rohr/Rinne (alt)	-	-	-	-	-	-	-	-	-	-
B XVIII	Nur Rohr/Rinne (alt)	alt	20	-	-	-	-	-	Steinschüttung (stark)	7	5
B XX	-	-	-	-	-	-	-	-	-	-	-
B XXI	-	-	-	-	-	-	-	-	-	-	-
D I	-	-	-	-	-	-	-	-	Steinschüttung (gering)	-	-
D II	-	-	-	-	-	-	-	-	-	-	-
D VI	-	-	-	Hauptschluss	20	20	-	-	Holz (mittel)	-	-
E II	-	-	-	-	-	-	-	-	-	-	-
E III	-	-	-	-	-	-	-	-	-	-	-
E IV	-	-	-	Hauptschluss	100	100	-	-	-	-	-
E VI	-	-	-	-	-	-	-	-	-	-	-
E VIII	-	-	-	-	-	-	-	-	-	-	-
E XV	-	-	-	Hauptschluss	50	200	-	-	-	-	-
E XVI	-	-	-	-	-	-	-	-	-	-	-
E XVII	-	-	-	-	-	-	-	-	-	-	-
E XIX	-	alt	-	Hauptschluss	200	400	-	-	Steinschüttung (stark)	-	-
E XX	-	-	-	-	-	-	-	-	-	-	10
E XXII	-	-	-	-	-	-	-	-	-	-	-
E XXIII	-	-	-	-	-	-	-	-	-	-	-
E XXIV	-	-	-	-	-	-	-	-	-	-	-
F II	Nur Rohr/Rinne (alt)	alt	50	-	-	-	-	-	-	-	-
F III	-	-	-	-	-	-	-	-	-	-	-
F III	-	-	-	-	-	-	-	-	-	-	-
F IV	-	-	-	-	-	-	-	-	-	-	-
F V	-	-	-	-	-	-	-	-	-	-	-
F VI	-	-	-	-	-	-	-	-	Verrohrung (stark)	100	140
F VII	-	-	-	Hauptschluss	300	500	-	-	-	-	-
F VIII	-	-	-	Hauptschluss	45	15	-	-	-	-	-
F IX	-	-	-	Hauptschluss	50	200	-	-	Verrohrung (gering)	20	40
F XIV	-	-	-	-	-	-	-	-	Verrohrung (stark)	-	-
F XV	-	-	-	-	-	-	-	-	-	-	-

Anh. 4.6: Strukturkartierung der Baumbergequellen nach SCHINDLER (2006): Einträge/Verbau, zweiter Teil.

	Trittschäden		Infrastruktur								Ablagerungen						Einleitungen	
Bezeichnung	Trittschäden	Verursacher	Zuwegung	Bank/Parkplatz	Trittsteine	Überdachung	Wassertretbecken	Wildfütterung	Fahrschäden	sonstiges	Anzahl	Müll	Holzabfälle	Pfanzenabfälle	Erdaushub	Organische Reste	Art	Entfernung zur Quelle (m)
A I-III	-	-	-	-	-	-	-	-	-	-	0	-	teilweise	-	-	-	-	-
A IV	gering	Mensch	-	-	-	-	-	-	-	Moutainbikespuren	1	-	-	-	-	-	-	-
A V	gering	Mensch	-	-	-	-	-	-	-	Brücke mit Geländer, Zäune	2	-	-	-	-	-	-	-
A VIII	-	-	-	-	-	-	-	-	-	Privatgelände, Garten	1	-	-	-	-	-	-	-
A XXXI	-	-	ja	-	-	-	-	-	-	-	1	vereinzelt	-	-	-	-	Oberfläche/Straße	0
A X	-	-	-	-	-	-	-	-	-	-	0	-	-	-	-	-	-	-
A XII	stark	Mensch	ja	ja	ja	-	-	-	-	-	3	vereinzelt	-	-	-	-	-	-
A XIII	-	-	-	-	-	-	-	-	-	-	0	-	-	-	-	-	unverdünnt	0
A XV	-	-	ja	-	-	-	-	-	-	Wanderweg	1	-	vereinzelt	-	-	-	-	-
A XXVII	-	-	-	-	-	-	-	-	-	-	0	-	-	-	-	-	Drainage/Graben	2
A XXVIII	-	-	-	-	-	-	-	-	-	-	0	-	-	-	-	vereinzelt	-	-
A XXIX	-	-	ja	-	-	-	-	-	-	Radweg, Landstraße	1	-	-	-	-	-	Drainage/Graben	0
A XXX	-	-	-	-	-	-	-	-	-	-	0	vereinzelt	vereinzelt	-	teilweise	vereinzelt	Drainage/Graben	-10
A IX	-	-	-	-	-	-	-	-	-	-	0	vereinzelt	vereinzelt	vereinzelt	-	vereinzelt	-	-
B II	-	-	-	-	-	-	-	-	-	Spielplatz	1	-	-	-	-	-	Drainage/Graben	15
B IV	-	-	-	-	-	-	-	-	-	-	0	-	-	-	-	-	-	-
B VII	-	-	ja	-	-	-	-	-	-	Wohnhaus	2	-	-	-	-	-	-	-
B XV	-	-	-	-	-	-	-	-	-	-	0	-	-	-	-	-	Drainage/Graben	5
B XVI	-	-	ja	-	-	-	-	-	-	-	1	-	-	-	-	-	-	-
B XVII	-	-	-	-	-	-	-	-	-	-	0	-	-	-	-	-	-	-
B XVIII	-	-	ja	-	-	-	-	-	-	-	1	-	-	-	-	-	Oberfläche/Straße	3
B XX	-	-	ja	-	-	-	-	-	-	-	1	vereinzelt	-	-	-	-	Drainage/Graben	0
B XXI	gering	Vieh	-	-	-	-	-	-	-	-	0	-	-	-	-	-	Drainage/Graben	0
D I	-	-	ja	ja	-	-	-	-	-	-	2	-	-	-	-	-	-	-
D II	-	-	-	-	-	-	-	-	-	-	0	-	-	-	-	-	-	-
D VI	gering	Mensch	-	-	-	-	-	-	-	-	0	-	-	-	-	-	Drainage/Graben	30
E II	-	-	-	-	-	-	-	-	-	-	0	-	-	-	-	-	-	-
E III	-	-	-	-	-	-	-	-	-	-	0	-	-	-	-	-	Drainage/Graben	-10
E IV	-	-	-	-	-	-	-	-	-	-	0	-	-	-	-	-	Drainage/Graben	-200
E VI	-	-	-	-	-	-	-	-	-	-	0	-	-	-	-	-	Drainage/Graben	250
E VIII	-	-	-	-	-	-	-	-	-	-	0	-	-	-	-	-	-	-
E XV	-	-	-	-	-	-	-	-	-	-	0	-	-	-	-	-	Drainage/Graben	5
E XVI	gering	Vieh, Pferd	-	-	-	-	-	-	-	-	0	-	-	-	-	-	-	-
E XVII	-	-	ja	-	-	-	-	-	-	-	1	-	-	-	-	-	-	-
E XIX	-	-	-	-	-	-	-	-	-	-	0	-	-	-	-	-	-	-
E XX	gering	Vieh, Traktor	ja	-	-	-	-	-	-	-	1	-	-	-	-	-	-	-
E XXII	-	-	-	-	-	-	-	-	-	-	0	-	-	-	-	-	-	-
E XXIII	-	-	ja	-	-	-	-	-	-	-	1	-	-	-	vereinzelt	-	Rohr trocken	-10
E XXIV	-	-	-	-	-	-	-	-	-	-	0	-	-	-	-	-	-	-
F II	-	-	-	-	-	-	-	-	-	-	0	-	-	-	-	-	-	-
F III	-	-	-	-	-	-	-	-	-	-	0	-	-	-	-	-	Drainage/Graben	100
F III	gering	Mensch	-	-	-	-	-	-	-	-	0	-	-	-	-	teilweise	Rohr trocken	3
F IV	-	-	ja	-	-	-	-	-	-	-	1	-	teilweise	teilweise	-	-	Drainage/Graben	25
F V	-	-	-	-	-	-	-	-	-	-	0	vereinzelt	-	-	-	-	-	-
F VI	-	-	-	-	-	-	-	-	-	-	0	-	-	-	-	-	Drainage/Graben	-8
F VII	gering	Mensch	-	-	-	-	-	-	-	-	0	vereinzelt	-	-	teilweise	-	-	-
F VIII	-	-	-	-	-	-	-	-	ja	-	1	-	vereinzelt	-	-	-	-	-
F IX	-	-	-	-	-	-	-	-	-	-	0	-	-	teilweise	teilweise	-	Drainage/Graben	15
F XIV	gering	-	ja	-	-	-	-	-	-	-	1	-	-	-	-	-	Drainage/Graben	0
F XV	gering	Mensch	ja	-	-	-	-	-	-	-	1	-	-	-	-	-	-	-

Anh. 4.7: Strukturkartierung der Baumbergequellen nach SCHINDLER (2006): Vegetation/Nutzung, erster Teil.

		Standorttypische Vegetation				Standortfremde Vegetation				Moosgesellschaften				Laubwald					Mischwald					Gebüsch				
Bezeichnung	Beschattung	Umfeld	Quell-bereich	Quell-ufer	Quell-bach	Umfeld	Quell-bereich	Quell-ufer	Quell-bach	Umfeld	Quell-bereich	Quell-ufer	Quell-bach	Einzugs-gebiet	Umfeld	Quell-bereich	Quell-ufer	Quell-bach	Einzugs-gebiet	Umfeld	Quell-bereich	Quell-ufer	Quell-bach	Einzugs-gebiet	Umfeld	Quell-bereich	Quell-ufer	Quell-bach
A I-III	mittel	ja	ja	-	-	-	-	-	-	ja	-	-	-	ja	-	-	-	-	ja	-	-	-	-	ja	-	-	-	-
A IV	stark	ja	ja	ja	ja	-	-	-	-	ja	-	-	ja	ja	ja	ja	ja	ja	-	-	-	-	-	-	-	-	-	-
A V	stark	ja	ja	ja	ja	-	-	-	-	-	-	-	-	ja	ja	-	-	-	-	-	-	-	-	ja	ja	-	-	-
A VIII	mittel	ja	-	ja	ja	ja	-	ja	ja	-	-	-	-	-	-	-	-	-	-	-	-	-	-	-	ja	ja	-	-
A IX	mittel	ja	-	ja	ja	-	-	-	-	-	-	-	-	ja	ja	-	ja	ja	-	-	-	-	-	-	-	-	-	-
A X	mittel	-	-	-	-	-	-	-	-	-	-	-	-	-	-	-	-	ja	-	-	-	-	-	ja	ja	-	ja	ja
A XII	mittel	ja	ja	ja	ja	-	-	-	-	ja	-	ja	-	ja	ja	-	ja	ja	-	-	-	-	-	-	-	-	-	-
A XIII	schwach	ja	-	-	-	ja	-	-	-	ja	-	-	-	ja	-	-	-	-	-	-	-	-	-	-	ja	-	ja	-
A XV	stark	ja	ja	ja	ja	-	-	-	-	ja	-	-	-	ja	ja	-	ja	ja	-	-	-	-	-	-	-	-	-	-
A XXVII	stark	ja	-	-	-	ja	-	-	-	-	ja	ja	-	-	-	-	-	-	-	-	-	-	-	-	ja	-	-	-
A XXVIII	mittel	ja	ja	ja	ja	ja	-	-	ja	ja	-	-	-	-	-	-	-	-	-	-	-	-	-	ja	ja	ja	ja	ja
A XXIX	stark	ja	-	ja	ja	-	-	-	-	-	-	-	-	-	ja	-	ja	ja	-	-	-	-	-	-	-	-	-	-
A XXX	mittel	ja	ja	ja	ja	-	ja	ja	ja	-	-	ja	ja	-	ja	-	ja	ja	-	-	-	-	-	ja	ja	-	ja	ja
A XXXI	mittel	ja	-	ja	ja	ja	ja	ja	ja	-	-	-	-	-	-	-	-	-	-	-	-	-	-	-	-	-	-	-
B II	stark	-	-	-	-	ja	-	ja	ja	-	-	-	-	-	-	-	-	-	-	-	-	-	-	-	-	-	-	-
B IV	mittel	-	-	-	-	-	-	-	-	ja	-	ja	-	ja	ja	-	ja	ja	-	-	-	-	-	-	-	-	-	-
B VII	stark	-	ja	-	-	ja	-	-	-	-	-	-	-	-	ja	ja	ja	-	ja	-	-	-	-	ja	ja	-	-	-
B XV	schwach	ja	ja	ja	ja	ja	-	ja	ja	-	-	-	-	-	-	-	-	-	-	-	-	-	-	-	ja	ja	ja	-
B XVI	schwach	ja	-	-	ja	ja	-	-	ja	-	-	-	-	-	-	-	-	-	-	-	-	-	-	-	ja	-	ja	ja
B XVII	mittel	-	-	-	-	ja	ja	ja	-	-	-	ja	-	-	-	-	-	-	-	-	-	-	-	-	-	ja	ja	-
B XVIII	schwach	-	-	-	-	ja	ja	ja	ja	ja	-	-	-	-	-	-	-	-	-	-	-	-	-	-	ja	-	-	-
B XX	mittel	ja	ja	ja	ja	-	-	-	-	-	-	-	-	ja	ja	-	-	-	-	-	-	-	-	ja	ja	-	ja	ja
B XXI	unbeschattet	-	ja	-	-	-	-	-	-	-	-	-	-	-	-	-	-	-	-	-	-	-	-	-	-	-	-	-
D I	schwach	ja	ja	ja	ja	-	-	ja	ja	ja	-	-	-	-	-	-	-	-	-	-	-	-	-	-	ja	-	-	ja
D II	mittel	ja	ja	-	-	-	-	-	-	-	-	ja	-	ja	ja	-	-	-	-	-	-	-	-	ja	ja	-	-	-
D VI	mittel	ja	-	-	ja	-	-	-	-	-	-	-	-	ja	ja	-	-	ja	-	-	-	-	-	ja	ja	-	-	ja
E II	mittel	-	-	ja	ja	ja	-	-	-	-	-	-	-	ja	ja	-	-	-	-	-	-	-	-	-	ja	-	-	ja
E III	mittel	ja	-	ja	-	-	-	-	-	ja	-	ja	-	ja	ja	-	-	-	-	-	-	-	-	ja	ja	-	-	-
E IV	stark	ja	-	ja	ja	ja	-	ja	ja	ja	ja	ja	ja	-	-	-	-	-	ja	ja	-	-	-	-	-	-	-	-
E VI	stark	ja	-	ja	ja	ja	-	-	-	-	ja	-	-	ja	ja	-	-	-	-	-	-	-	-	-	-	-	-	-
E VIII	stark	ja	ja	-	ja	-	ja	-	-	-	-	-	-	ja	-	-	-	-	-	-	-	-	-	ja	-	-	ja	ja
E XV	mittel	ja	-	ja	-	ja	-	-	-	-	-	-	-	-	-	-	-	-	-	-	-	-	-	ja	ja	-	-	-
E XVI	unbeschattet	ja	ja	-	-	-	-	-	-	-	-	-	-	ja	ja	-	-	-	-	-	-	-	-	ja	-	-	-	-
E XVII	stark	ja	-	ja	ja	-	-	-	-	ja	-	ja	ja	ja	ja	-	ja	ja	-	-	-	-	-	-	-	-	-	-
E XIX	stark	ja	-	ja	ja	-	-	-	-	-	-	-	-	ja	ja	-	-	-	-	-	-	-	-	ja	ja	-	-	-
E XX	schwach	ja	ja	ja	ja	-	-	-	-	ja	-	-	-	-	-	-	-	-	-	-	-	-	-	-	ja	-	-	-
E XXII	stark	ja	ja	ja	ja	-	-	-	-	ja	-	ja	ja	-	-	-	-	-	-	-	-	-	-	-	ja	-	-	ja
E XXIII	mittel	-	-	ja	ja	-	-	-	-	-	-	ja	ja	-	-	-	-	-	-	-	-	-	-	-	ja	-	-	ja
E XXIV	mittel	ja	-	ja	ja	-	-	-	-	ja	ja	ja	ja	ja	-	-	-	-	-	-	-	-	-	ja	-	-	-	-
F II	mittel	ja	-	ja	ja	-	-	-	-	ja	-	ja	ja	ja	-	-	-	-	-	-	-	-	-	-	-	-	ja	-
F III	stark	ja	-	ja	ja	-	-	-	-	ja	ja	ja	ja	ja	ja	-	ja	ja	-	-	-	-	-	ja	ja	-	ja	ja
F III	stark	ja	ja	ja	ja	ja	-	-	-	-	ja	ja	-	ja	-	-	-	-	ja	ja	-	-	-	ja	ja	-	-	-
F IV	stark	-	-	-	-	-	-	-	-	-	-	-	-	-	ja	-	ja	ja	-	-	-	-	-	-	-	-	-	ja
F V	stark	ja	-	ja	ja	-	-	-	-	ja	-	ja	ja	ja	ja	-	ja	ja	-	-	-	-	-	-	-	-	-	-
F VI	stark	ja	ja	ja	ja	ja	ja	ja	ja	-	-	-	-	-	ja	-	ja	ja	-	-	-	-	-	ja	ja	-	-	-
F VII	stark	ja	ja	ja	ja	ja	-	ja	ja	-	-	-	-	ja	ja	-	ja	ja	-	-	-	-	-	ja	ja	-	ja	ja
F VIII	stark	ja	ja	ja	ja	-	-	-	-	-	ja	ja	-	ja	ja	-	-	-	-	-	-	-	-	ja	ja	ja	ja	ja
F IX	mittel	-	-	-	-	ja	-	-	-	-	-	-	-	-	-	-	-	-	-	ja	-	-	-	-	ja	-	ja	ja
F XIV	schwach	-	-	-	-	-	-	-	-	ja	ja	ja	ja	ja	-	-	-	-	-	-	-	-	-	ja	-	-	-	-
F XV	stark	ja	ja	ja	-	ja	-	ja	-	ja	-	ja	-	-	ja	-	ja	-	-	-	-	-	-	-	-	-	ja	ja

Anh. 4.8: Strukturkartierung der Baumbergequellen nach SCHINDLER (2006): Vegetation/Nutzung, zweiter Teil.

	Nadelforst					Extensives Grünland					Intensives Grünland					Acker/Sonderkultur					Unbefestigter Weg				Befestigter Weg				Siedl./künstl. Veg.-freie Fläche				
Bezeichnung	Einzugs-gebiet	Um-feld	Quell-bereich	Quell-ufer	Quell-bach	Einzugs-gebiet	Um-feld	Quell-bereich	Quell-ufer	Quell-bach	Einzugs-gebiet	Um-feld	Quell-bereich	Quell-ufer	Quell-bach	Einzugs-gebiet	Um-feld	Quell-bereich	Quell-ufer	Quell-bach	Um-feld	Quell-bereich	Quell-ufer	Quell-bach	Um-feld	Quell-bereich	Quell-ufer	Quell-bach	Einzugs-gebiet	Um-feld	Quell-bereich	Quell-ufer	Quell-bach
A I-III	-	-	-	-	-	ja	-	-	-	-	-	-	-	-	-	ja	-	-	-	-	-	-	-	-	-	-	-	-	ja	-	-	-	-
A IV	-	-	-	-	-	-	-	-	-	-	-	-	-	-	-	-	-	-	-	-	ja	-	-	-	-	-	-	-	-	-	-	-	-
A V	-	-	-	-	-	-	-	-	-	-	-	-	-	-	ja	ja	ja	-	-	-	-	-	-	-	-	-	-	-	-	-	-	-	-
A VIII	-	-	-	-	-	-	-	-	-	-	-	-	-	-	-	ja	-	-	-	-	-	-	-	-	-	-	-	-	-	-	-	-	-
A IX	-	-	-	-	-	ja	-	-	-	-	-	-	-	-	-	ja	ja	-	-	-	-	-	-	-	ja	-	-	-	-	-	-	-	-
A X	-	-	-	-	-	ja	ja	-	-	ja	-	-	-	-	-	-	-	-	-	-	-	-	-	-	ja	-	-	-	ja	ja	-	-	-
A XII	-	-	-	-	-	ja	-	-	-	-	-	-	-	-	-	ja	-	-	-	-	-	-	-	-	ja	-	-	-	-	-	-	-	-
A XIII	-	-	-	-	-	ja	ja	-	-	-	-	-	-	-	-	ja	-	-	-	-	-	-	-	-	-	-	-	-	ja	-	-	-	-
A XV	-	-	-	-	-	ja	-	-	-	-	-	-	-	-	-	-	-	-	-	-	ja	-	-	-	-	-	-	-	ja	-	-	-	-
A XXVII	-	ja	-	-	-	-	-	-	-	-	-	-	-	-	-	ja	ja	-	-	-	-	-	-	-	-	-	-	-	-	-	-	-	-
A XXVIII	-	-	-	-	-	-	-	-	-	-	-	-	-	-	-	ja	-	-	-	-	-	-	-	-	ja	-	-	-	-	-	-	-	-
A XXIX	-	-	-	-	-	ja	-	-	-	-	-	-	-	-	-	-	-	-	-	-	ja	-	-	-	-	-	-	-	ja	ja	-	-	-
A XXX	-	-	-	-	-	-	-	-	-	-	-	-	-	-	-	ja	ja	-	-	-	-	-	-	-	-	-	-	-	-	-	-	-	-
A XXXI	-	-	-	-	-	-	-	-	-	-	-	-	-	-	-	ja	ja	-	-	-	-	-	-	-	ja	-	-	-	-	-	-	-	-
B II	-	-	-	-	-	-	-	-	-	-	-	-	-	-	-	-	-	-	-	-	-	-	-	-	-	-	-	-	ja	ja	-	ja	ja
B IV	ja	ja	-	-	-	-	-	-	-	-	-	-	-	-	-	-	-	-	-	-	-	-	-	-	-	-	-	-	-	-	-	-	-
B VII	-	-	-	-	-	-	-	-	-	-	-	-	-	-	-	ja	ja	-	-	-	-	-	-	-	ja	ja	-	-	ja	-	-	-	-
B XV	-	-	-	-	-	-	-	-	-	-	-	-	-	-	-	-	ja	-	ja	ja	-	-	-	-	-	-	-	-	ja	-	-	-	-
B XVI	-	-	-	-	-	-	-	-	-	-	-	-	-	-	-	-	-	-	-	-	-	-	-	-	-	-	-	-	ja	-	-	-	-
B XVII	-	-	-	-	-	-	-	-	-	-	-	-	-	-	-	-	-	-	-	-	-	-	-	-	ja	ja	-	-	ja	ja	ja	-	-
B XVIII	-	-	-	-	-	-	-	-	-	-	ja	ja	ja	-	-	ja	-	-	-	-	-	-	-	-	ja	ja	-	-	-	-	-	-	-
B XX	-	-	-	-	-	-	-	-	-	-	-	-	-	-	-	ja	-	-	-	-	ja	-	-	-	ja	-	-	-	ja	-	-	-	-
B XXI	-	-	-	-	-	-	ja	-	ja	-	-	-	-	-	-	ja	ja	-	-	-	-	-	-	-	-	-	-	ja	-	-	-	-	ja
D I	-	-	-	-	-	ja	ja	-	-	-	-	-	-	-	-	-	-	-	-	-	-	-	-	-	ja	-	-	-	ja	ja	-	-	-
D II	-	-	-	-	-	ja	-	-	-	ja	-	-	-	-	-	-	-	-	-	-	-	-	-	-	-	-	-	-	ja	-	-	-	-
D VI	-	-	-	-	-	ja	ja	-	-	-	-	-	-	-	-	-	ja	-	-	-	-	-	-	-	ja	-	-	-	ja	ja	-	-	-
E II	-	-	-	-	-	-	-	-	-	-	-	-	-	-	-	ja	ja	-	-	-	-	-	-	-	-	-	-	-	-	-	-	-	-
E III	ja	-	-	-	-	-	-	-	-	-	-	-	-	-	-	ja	-	-	-	-	ja	-	-	-	-	-	-	-	-	-	-	-	-
E IV	-	-	-	-	-	-	-	-	-	-	ja	-	-	-	-	-	-	-	-	-	-	-	-	-	-	-	-	-	-	-	-	-	-
E VI	-	-	-	-	-	-	-	-	-	-	-	-	-	-	-	-	-	-	-	-	ja	-	-	-	-	-	-	-	-	-	-	-	-
E VIII	ja	ja	-	-	-	-	-	-	-	-	-	-	-	-	-	ja	-	-	-	-	-	-	-	-	-	-	-	-	-	-	-	-	-
E XV	-	-	-	-	-	-	-	-	-	-	ja	ja	-	-	-	ja	ja	-	-	-	-	-	-	-	-	-	-	-	-	-	-	-	-
E XVI	-	-	-	-	-	ja	ja	ja	ja	-	-	-	-	-	-	-	-	-	-	-	-	-	-	-	-	-	-	-	-	-	-	-	-
E XVII	-	-	-	-	-	ja	ja			-	-	-	-	-	-	-	-	-	-	-	ja	-	-	-	-	-	-	-	-	-	-	-	-
E XIX	-	-	-	-	-	ja	-	-	-	-	-	-	-	-	-	ja	-	-	-	-	-	-	-	-	-	-	-	-	-	-	-	-	-
E XX	-	-	-	-	-	ja	ja	ja	ja	ja	-	-	-	-	-	-	-	-	-	-	-	-	-	-	-	-	-	-	-	-	-	-	-
E XXII	-	-	-	-	-	ja	ja	-	-	ja	-	-	-	-	-	-	-	-	-	-	-	-	-	-	-	-	-	-	-	-	-	-	-
E XXIII	-	-	-	-	-	ja	-	-	-	-	-	-	-	-	-	ja	-	-	-	-	-	-	-	-	ja	-	-	-	ja	-	-	-	-
E XXIV	-	-	-	-	-	-	-	-	-	-	ja	ja	-	-	-	ja	-	-	-	-	ja	-	-	-	-	-	-	-	ja	-	-	-	-
F II	-	-	-	-	-	-	-	-	-	-	-	-	-	-	-	ja	ja	-	-	-	-	-	-	-	-	-	-	-	-	-	-	-	-
F III	-	-	-	-	-	-	-	-	-	-	ja	-	-	-	-	ja	-	-	-	-	ja	-	-	-	-	-	-	-	-	-	-	-	-
F III	ja	ja	-	-	-	-	-	-	-	-	ja	ja	-	-	-	-	ja	-	-	-	-	-	-	-	ja	-	-	-	-	-	-	-	-
F IV	-	-	-	-	-	-	-	-	-	-	ja	-	-	-	-	ja	ja	-	-	-	ja	-	-	-	-	-	-	ja	-	-	-	-	-
F V	-	-	-	-	-	ja	ja	-	-	-	-	-	-	-	-	ja	-	-	-	-	-	-	-	-	-	-	-	-	ja	-	-	-	-
F VI	-	-	-	-	-	ja	ja	-	-	-	-	-	-	-	-	-	-	-	-	-	-	-	-	-	ja	-	-	-	ja	-	-	-	-
F VII	-	-	-	-	-	-	-	-	-	-	-	-	-	-	-	ja	ja	-	-	-	-	-	-	-	ja	-	-	-	ja	-	-	-	-
F VIII	-	-	-	-	-	-	-	-	-	-	-	-	-	-	-	ja	ja	-	-	-	ja	-	-	-	-	-	-	-	ja	-	-	-	-
F IX	-	-	-	-	-	-	-	-	-	-	-	-	-	-	-	ja	-	-	-	-	-	-	-	-	ja	-	-	-	-	ja	-	-	ja
F XIV	ja	-	-	-	-	-	-	-	-	-	ja	ja	-	ja	ja	ja	ja	-	ja	ja	ja	-	-	-	ja	-	-	-	-	-	-	-	-
F XV	-	-	-	-	-	-	-	-	-	-	-	ja	-	-	-	ja	-	-	-	-	ja	-	-	-	ja	-	-	-	-	-	-	-	-

Anh. 4.9: Strukturkartierung der Baumbergequellen nach SCHINDLER (2006): Struktur, erster Teil.

Bezeichnung	Substrattypen													Stömungszustände											
	Fels/ Blöcke	Steine	Kies/ Schotter	Sand	Feinma- terial	Moos- polster	Wurzeln	Totholz	Pflanzen	Falllaub	Detritus	Kalk- sinter	Anzahl	Quell- fremd	Algen	Spritz- wasser	glatt	fließend	über- fließ	gerip- pelt	plät- schernd	über- stürzend	fallend	Anzahl	Wasser- Land-Ver- zahnung
A I-III	-	-	-	-	mittel	-	gering	gering	gering	mittel	stark	-	6	-	-	-	ja	-	ja	-	-	-	-	2	mittel
A IV	-	-	gering	gering	gering	-	mittel	mittel	-	stark	gering	-	7	-	-	-	-	ja	-	ja	ja	ja	-	4	groß
A V	gering	mittel	stark	gering	gering	-	gering	mittel	-	gering	gering	-	9	-	-	ja	ja	ja	ja	ja	ja	ja	ja	8	groß
A VIII	-	-	-	gering	gering	-	-	-	-	gering	gering	-	3	-	-	-	-	ja	-	ja	-	-	-	2	gering
A IX	-	-	-	mittel	mittel	-	gering	gering	-	stark	-	-	5	-	-	-	-	ja	ja	ja	-	-	-	3	mittel
A X	-	-	-	gering	-	-	gering	gering	-	gering	-	-	5	-	-	-	-	ja	-	ja	-	-	-	2	gering
A XII	-	mittel	gering	stark	gering	-	-	gering	-	gering	gering	gering	8	-	-	-	ja	ja	ja	ja	-	-	-	4	gering
A XIII	-	-	-	gering	mittel	-	gering	mittel	gering	gering	mittel	-	7	-	mittel	-	ja	-	-	-	-	-	-	1	mittel
A XV	-	-	-	gering	mittel	gering	gering	mittel	gering	stark	mittel	-	8	-	-	-	ja	ja	-	ja	-	-	-	3	mittel
A XXVII	-	mittel	mittel	-	-	-	gering	gering	-	-	stark	-	5	-	mittel	-	ja	ja	-	ja	-	-	-	3	gering
A XXVIII	-	-	-	gering	stark	gering	gering	mittel	mittel	gering	-	-	7	-	-	-	ja	ja	ja	ja	-	-	-	4	groß
A XXIX	-	-	-	gering	-	-	mittel	gering	-	gering	gering	-	5	-	-	-	-	ja	-	-	-	-	-	1	gering
A XXX	-	gering	-	mittel	mittel	gering	-	gering	-	gering	mittel	-	7	-	-	-	-	ja	ja	ja	ja	-	-	4	mittel
A XXXI	-	-	-	-	stark	-	gering	gering	-	mittel	mittel	-	5	-	-	-	ja	-	-	-	-	-	-	1	groß
B II	-	-	mittel	stark	-	-	-	-	-	-	-	-	2	stark	-	-	-	ja	-	ja	-	-	-	2	gering
B IV	-	-	-	mittel	-	-	gering	gering	-	mittel	stark	-	5	-	-	-	ja	ja	-	-	-	-	-	2	gering
B VII	-	mittel	-	-	mittel	-	-	mittel	-	stark	mittel	-	5	-	-	-	ja	ja	-	-	-	-	-	2	groß
B XV	-	-	-	mittel	-	-	gering	-	stark	gering	mittel	-	5	-	-	-	ja	ja	-	-	-	-	-	2	gering
B XVI	gering	gering	-	stark	gering	-	-	-	-	-	gering	-	5	-	-	-	ja	ja	-	-	-	-	-	2	mittel
B XVII	-	gering	-	gering	mittel	-	-	-	-	-	-	-	0	stark	stark	-	ja	-	-	-	ja	-	-	2	gering
B XVIII	-	gering	-	stark	gering	-	gering	gering	-	mittel	mittel	-	7	-	-	-	ja	ja	-	ja	-	-	-	3	mittel
B XX	-	-	-	mittel	mittel	-	gering	gering	mittel	-	mittel	-	6	-	-	-	ja	ja	ja	-	-	-	-	3	groß
B XXI	-	-	-	-	mittel	-	-	-	stark	-	mittel	-	3	-	-	-	ja	ja	-	-	-	-	-	2	groß
D I	-	mittel	-	stark	mittel	gering	-	-	gering	-	-	-	5	-	gering	-	ja	ja	-	ja	-	-	-	3	mittel
D II	-	-	gering	stark	-	-	-	gering	mittel	mittel	gering	-	6	-	-	-	ja	ja	-	ja	-	-	-	3	groß
D VI	-	mittel	gering	mittel	-	-	-	-	-	-	-	-	3	-	-	-	ja	ja	-	ja	-	-	-	3	mittel
E II	-	-	-	gering	mittel	-	-	gering	-	stark	mittel	-	5	-	-	-	ja	ja	-	-	-	-	-	2	mittel
E III	gering	mittel	gering	mittel	mittel	-	gering	mittel	-	-	-	-	7	-	-	-	ja	ja	-	ja	ja	-	ja	5	gering
E IV	gering	mittel	stark	mittel	gering	-	-	-	-	-	-	-	5	-	-	-	ja	ja	ja	ja	ja	-	-	5	gering
E VI	-	gering	mittel	gering	-	gering	gering	gering	-	mittel	gering	-	8	-	mittel	-	ja	ja	-	-	-	-	-	2	mittel
E VIII	-	-	-	-	-	-	-	-	-	mittel	mittel	-	2	-	-	-	-	ja	-	-	-	-	-	1	mittel
E XV	-	stark	-	mittel	gering	-	-	gering	-	gering	mittel	-	6	-	mittel	-	ja	ja	-	ja	ja	-	-	4	gering
E XVI	-	-	-	gering	-	-	-	-	stark	-	mittel	-	3	-	-	-	ja	ja	-	-	-	-	-	2	groß
E XVII	mittel	mittel	-	mittel	-	-	gering	-	-	-	-	-	4	-	-	-	-	ja	-	ja	ja	-	-	3	gering
E XIX	-	-	-	mittel	mittel	-	-	gering	-	gering	-	-	4	-	-	-	ja	ja	-	ja	-	-	-	3	mittel
E XX	-	-	-	-	-	gering	gering	gering	stark	gering	-	-	5	-	-	-	-	ja	-	-	-	-	-	1	groß
E XXII	-	-	-	stark	-	mittel	gering	mittel	-	gering	-	-	5	-	-	-	-	ja	-	ja	ja	-	-	3	groß
E XXIII	-	-	-	stark	gering	-	-	gering	-	gering	gering	-	5	-	-	-	ja	ja	-	ja	-	-	-	3	mittel
E XXIV	-	-	mittel	stark	mittel	mittel	-	gering	-	-	-	-	5	-	-	-	-	ja	-	-	-	-	-	1	mittel
F II	-	stark	-	-	gering	gering	mittel	gering	gering	mittel	gering	-	8	-	mittel	-	ja	ja	-	ja	ja	-	-	4	gering
F III	gering	gering	-	stark	-	gering	gering	mittel	-	mittel	gering	-	8	-	-	-	ja	ja	-	ja	ja	-	-	4	gering
F III	-	-	-	-	-	gering	mittel	mittel	-	mittel	gering	-	5	-	-	-	-	ja	-	-	-	-	-	1	gering
F IV	-	-	mittel	stark	-	-	gering	gering	-	mittel	-	-	6	-	-	-	-	ja	-	-	-	-	-	1	gering
F V	gering	-	-	gering	gering	-	-	-	-	stark	mittel	-	5	-	-	-	ja	ja	-	ja	-	-	-	3	mittel
F VI	-	-	-	mittel	gering	-	-	gering	-	stark	gering	-	5	-	-	-	ja	ja	ja	ja	-	-	-	4	mittel
F VII	gering	gering	gering	mittel	gering	-	mittel	gering	-	mittel	-	-	8	-	-	-	ja	ja	ja	ja	ja	-	-	5	mittel
F VIII	-	-	-	-	mittel	mittel	gering	gering	-	stark	mittel	-	6	-	-	-	ja	-	-	ja	-	-	-	2	gering
F IX	-	-	-	gering	mittel	-	gering	gering	gering	mittel	mittel	-	7	-	-	-	ja	ja	-	ja	-	-	-	3	gering
F XIV	-	mittel	-	stark	-	mittel	-	-	-	-	-	-	3	-	-	-	-	ja	-	-	-	-	-	1	gering
F XV	-	-	-	gering	-	-	gering	mittel	mittel	mittel	mittel	-	6	-	-	-	-	ja	-	ja	-	-	-	2	gering

Anh. 4.10:Strukturkartierung der Baumbergequellen nach SCHINDLER (2006): Struktur, zweiter Teil.

Bezeichnung	Besondere Strukturen Laufver-zweigungen	Insel-strukturen	Fließ-hindernisse	Sandwirbel	natürliche Pools	Tiefenvarianz	Kaskaden	Wasserfall	starke Quellflur	Wasser-moose	großes Lücken-system	Riesel-flur	Anzahl	Gesamt-eindruck	$ÖWS_{Struktur}$	Wertklasse (Struktur)
A I-III	-	-	-	-	-	-	-	-	-	-	-	-	0	3	3	3
A IV	-	-	ja	-	ja	ja	-	-	-	-	ja	-	4	1	3	3
A V	-	-	ja	-	ja	ja	-	ja	-	-	-	-	5	1	3,2	3
A VIII	-	-	-	-	-	-	-	-	-	-	-	-	0	4	3,1	3
A IX	-	-	-	-	-	-	-	-	-	-	-	-	0	4	3,5	4
A X	-	-	-	-	-	-	-	-	-	-	-	-	0	4	3	3
A XII	-	-	ja	ja	-	ja	-	-	-	-	ja	-	4	2	2,9	3
A XIII	-	-	-	-	-	ja	-	-	-	-	-	-	1	3	3,5	4
A XV	-	-	ja	-	-	-	-	-	-	-	-	-	1	1	2,1	2
A XXVII	-	-	-	-	-	-	-	-	-	-	-	-	0	5	4	4
A XXVIII	ja	ja	ja	-	-	ja	-	-	ja	-	-	-	5	2	2,9	3
A XXIX	-	-	-	-	-	-	-	-	-	-	-	-	0	2	2,6	2
A XXX	ja	-	ja	-	ja	-	-	-	-	-	-	-	3	3	2,9	3
A XXXI	-	-	-	-	-	-	-	-	-	-	-	-	0	5	4,2	4
B II	-	-	-	-	-	-	-	-	-	-	-	-	0	5	4,3	5
B IV	-	ja	ja	ja	-	-	-	-	-	-	-	-	3	1	1,6	1
B VII	-	-	-	-	-	-	-	-	-	-	-	-	0	2	2,7	3
B XV	-	-	-	-	-	-	-	-	-	-	-	-	0	3	3,2	3
B XVI	-	-	-	-	-	-	-	-	-	-	-	-	0	3	3,9	4
B XVII	-	-	-	-	-	-	-	-	-	-	-	-	0	5	2,8	3
B XVIII	-	ja	-	-	-	-	-	-	-	-	-	-	1	2	3,4	3
B XX	ja	-	-	ja	ja	-	-	-	ja	-	-	-	4	1	2,4	2
B XXI	-	-	-	-	-	-	-	-	ja	-	-	-	1	3	3,2	3
D I	ja	-	-	ja	-	-	-	-	ja	-	-	-	3	2	2,6	2
D II	-	-	-	-	-	-	-	-	-	-	-	-	0	1	1,5	1
D VI	-	-	-	-	-	-	-	-	-	-	ja	-	1	2	2,2	2
E II	-	-	-	-	-	-	-	-	-	-	-	-	0	1	1,7	1
E III	-	-	-	-	-	-	-	-	-	-	ja	-	1	1	2,3	2
E IV	-	ja	ja	-	ja	-	-	-	-	-	-	-	3	1	3,5	4
E VI	-	-	-	-	-	ja	-	-	-	-	-	-	1	1	1,8	1
E VIII	-	-	-	-	-	-	-	-	-	-	-	-	0	4	2,2	2
E XV	-	ja	ja	-	-	-	-	-	-	-	-	-	2	3	1,5	1
E XVI	ja	-	ja	-	ja	-	-	-	ja	-	-	-	4	1	1,8	1
E XVII	-	-	ja	-	-	-	-	-	-	-	ja	-	2	1	2,2	2
E XIX	-	-	-	-	-	-	-	-	-	-	-	-	0	1	2,8	3
E XX	-	-	-	-	-	-	-	-	ja	-	-	-	1	1	2,2	2
E XXII	-	-	ja	-	ja	-	-	-	-	-	-	-	2	1	1,2	1
E XXIII	-	-	-	-	-	-	-	-	-	-	-	-	0	2	3,1	3
E XXIV	-	-	ja	-	-	-	-	-	-	-	-	-	1	2	1,6	1
F II	-	-	-	-	-	-	-	-	-	-	-	-	0	4	2,6	3
F III	ja	ja	ja	-	ja	-	-	-	-	-	-	-	4	1	2,9	3
F III	-	-	-	-	-	-	-	-	-	-	-	-	0	2	3,6	4
F IV	-	ja	ja	-	-	-	-	-	-	-	-	-	2	2	3,3	3
F V	-	-	-	-	-	-	-	-	-	-	-	-	0	2	2,4	2
F VI	-	-	-	-	-	-	-	-	-	-	-	-	0	3	3,6	4
F VII	ja	ja	ja	ja	ja	ja	-	-	-	-	ja	-	7	1	2,8	3
F VIII	-	-	-	-	-	-	-	-	-	-	-	-	0	2	3,4	3
F IX	-	-	-	-	-	-	-	-	-	-	-	-	0	3	3,4	3
F XIV	-	-	-	-	-	-	-	-	-	-	-	-	0	4	4,2	5
F XV	-	-	-	-	-	-	-	-	-	-	-	-	0	3	2,5	2

Anhang 4.11: Ergebnisse der Quellbewertung nach der Struktur und der Fauna an den Einzelstandorten; Aufgeführte Rote-Liste-(RL-)Arten sind in mindestens einer der RL NRW und BRD aufgeführt (hochgestellte Ziffer = höchste Gefährdungskategorie in einer der RL); *ÖWS* = Ökol. Wertsumme.

Bezeichnung	Quellname	Struktur Wertklasse ($ÖWS_{Struktur}$)	Fauna Wertklasse ($ÖWS_{Fauna}$)	# Taxa	# indiz. Taxa	# Quelltaxa (krenobiont/-phil)	# RL-Arten
E XXII	Steinfurter Aaquelle bei Böving (O)	1 (1,2)					
D II	Burloer Bachquelle	1 (1,5)	3 (10,2)	23	15	4 (2/2)	1^3
E XV	Steinfurter-Aaquelle am Hasenkamp	1 (1,5)					
B IV	Wallenbachquelle am Haus Hamern	1 (1,6)					
E XXIV	Bombecker Aaquelle bei Hof Damer	1 (1,6)					
E II	Steinfurter-Aaquelle bei Mensing (S)	1 (1,7)					
E VI	Bombecker Aaquelle	1 (1,8)	4 (5,5)	28	12	1 (0/1)	1^1
E XVI	Steinfurter Aaquelle bei Sommer (W)	1 (1,8)	1 (29,2)	16	5	3 (1/2)	
A XV	Nonnenbachquelle bei Wenker (SW)	2 (2,1)					
E XX	Steinfurter Aaquelle bei Böving (S)	2 (2,2)					
E VIII	Landwehrbachquelle bei Isenberg	2 (2,2)					
E XVII	Steinfurter Aaquelle Sommer (Wiese)	2 (2,2)					
D VI	Nebenquelle Vechte	2 (2,2)	4 (8,7)	15	6	2 (1/1)	-
E III	Dielbachquelle bei Lütke Daldrup	2 (2,3)					
F V	Lasbecker Aaquelle	2 (2,4)	3 (10,4)	13	5	-	-
B XX	Berkelquelle Möllerandt a. d. L580	2 (2,4)					
F XV	Hangsbachquelle östl. Poppenbeck	2 (2,5)					
A XXIX	Nonnenbachquelle bei Wenker (NO)	2 (2,6)					
D I	Vechtequelle	2 (2,6)	2 (18,7)	23	11	4 (2/2)	-
F II	Poppenbecker Aaquelle	3 (2,6)					
B VII	Gantweger Bachquelle bei Hesker	3 (2,7)					
F VII	Arningquelle (O)	3 (2,8)	4 (9,2)	31	17	4 (3/1)	1^3
B XVII	Berkelquelle i. d. Gräfte am Richthof	3 (2,8)					
E XIX	Steinfurter Aaquelle bei Mensing (W)	3 (2,8)					
F III	Hangsbachquelle bei Iber (O)	3 (2,9)	4 (8,3)	26	8	2 (2/0)	-
A XXX	Steverquelle unterhalb Leopoldshöhe	3 (2,9)	4 (8,8)	29	12	5 (3/2)	-
A XII	Steverquelle	3 (2,9)	3 (10,1)	22	15	3 (1/2)	4^3
A XXVIII	Hangenfelsbach (Lossbecke)	3 (2,9)	- (-)	16	2	2 (1/1)	-
A IV	Tilbecker Bachquelle	3 (3,0)	4 (9,6)	33	19	7 (2/5)	1^3
A X	Gründkesbachquelle (W)	3 (3,0)					
A I-III	Mühlengrabenquelle	3 (3,0)					
E XXIII	Steinfurter Aaquelle bei Böving (S)	3 (3,1)					
A VIII	Detterbachquelle	3 (3,1)					
A V	Hexenpütt/Sieben Quellen	3 (3,2)	4 (9,0)	45	28	12 (4/8)	1^3
B XV	Berkelquelle nördlich Hengwehr	3 (3,2)					
B XXI	Mersmannsbachquelle bei Mersmann	3 (3,2)					
F IV	Hangsbachquelle bei Jeiler	3 (3,3)	4 (6,9)	25	7	2 (1/1)	-
B XVIII	Siebbachquelle Bushaltestelle Ermke	3 (3,4)					
F VIII	Masbecker Aaquelle	3 (3,4)					
F IX	Glosenbachquelle	3 (3,4)					
E IV	Dielbachquelle bei Grosse Daldrup	4 (3,5)					
A IX	Gründkesbachquelle (SO)	4 (3,5)					
A XIII	Originalquelle der Stever	4 (3,5)					
F III	Hangsbachquelle bei Iber (W)	4 (3,6)					
F VI	Arningquelle (W)	4 (3,6)					
B XVI	Berkelquelle südöstliches Billerbeck	4 (3,9)	5 (3,9)	17	9	1 (0/1)	-
A XXVII	Steverquelle auf den Steenäckern	4 (4,0)					
A IX	Gründkesbachquelle (NW)	4 (4,2)					
F XIV	Hangsbachquelle vor den Gleisen	5 (4,2)					
B II	Ludgerusbrunnen	5 (4,3)	- (-)	4	3	-	-

Anhang 5: Charakterisierung der Fauna in den Quellen

Anh. 5.1: Vollständige Taxaliste der Quellmünder. Kategorien der Roten Liste: 0 = ausgestorben/verschollen, 1 = vom Aussterben bedroht, 2 = stark gefährdet, 3 = gefährdet, 4 = potenziell gefährdet (nur in RL der Länder, zukünftig mit R zu ersetzen), R = extrem selten, * = vorkommend und ungefährdet.

Familie	Determination	Abkürzung	Rote-Liste-Status	Quellassoziation (Fischer 1996)	A IV	A V A	A V B	A XII A	A XII B	A XII C	A XXX B	B II	B XVI	D I	D VI	E VI A	E VI B	F III A	F III B	F IV A	F IV B	F V A	F VII A	F VII B	F VII C	A XXX A	D II	F V B	A XXVIII	E XVII
Klasse: Turbellaria																														
Ordnung: Tricladida																														
-	Tricladida non det.	Turb_non			.	.	.	.	.	.	.	.	.	.	.	.	.	.	.	.	.	.	.	.	.	480	.	.	.	.
Dendrocoelidae	Dendrocoelum lacteum	Dend_lac			.	.	.	.	.	.	.	.	10	.	.	.	.	.	.	.	.	.	.	.	.	.	280	.	.	.
Dugesiidae	Dugesia gonocephala	Duge_gon			.	20	.	.	80	880	.	.	50	.	40	.	.	.	.	.	.	.	160	60	.	.	.	160	.	.
Dugesiidae	Dugesia lugubris	Duge_lug			.	.	.	.	.	.	.	.	50	.	.	.	.	.	.	.	.	.	.	.	.	.	.	.	.	.
Klasse: Mollusca																														
Ordnung: Gastropoda																														
Bithyniidae	Bithynia tentaculata	Bith_ten	NRW: *		.	.	.	.	.	.	.	.	.	.	.	.	.	.	.	.	.	.	.	.	.	.	.	.	.	560
Lymnaeidae	Lymnaeidae non det.	Lymn_non			.	.	.	.	.	.	.	.	.	.	.	80	.	.	.	.	.	.	.	.	.	.	.	.	40	.
Lymnaeidae	Galba truncatula	Galb_tru	NRW: *	krenophil	120	.	.	.	.	.	80	.	.	400	20	.	.	.	.	.	.	.	.	.	.	.	60	.	.	3920
Lymnaeidae	Radix balthica	Radi_bal	NRW: *		.	.	.	.	.	.	.	.	20	160	.	.	.	.	.	.	.	.	.	.	.	.	.	.	.	.
Planorbidae	Planorbidae non det.	Plan_non			.	.	.	.	.	.	80	.	.	.	20	.	.	.	.	.	.	.	.	.	.	.	.	.	.	.
Planorbidae	Planorbis planorbis	Plan_pla	NRW: *		.	.	.	.	.	.	.	.	.	.	.	.	.	.	.	.	.	.	.	.	.	.	.	.	40	.
Planorbidae	Anisus sp.	Anis_spe			.	.	.	.	.	.	.	.	.	.	.	.	.	.	.	.	.	.	.	.	.	.	.	.	.	80
Planorbidae	Gyraulus sp.	Gyra_spe			.	.	.	.	.	.	.	.	.	.	.	.	.	.	.	.	.	.	.	.	.	.	.	.	40	.
Planorbidae	Gyraulus albus	Gyra_alb	NRW: *		.	.	.	.	.	.	.	.	.	.	.	80	.	.	.	.	.	.	.	.	.	.	.	.	.	.
Planorbidae	Gyraulus laevis	Gyra_lae	BRD: 1; NRW: 1		.	.	.	.	.	.	.	.	.	.	.	.	80	.	.	.	.	.	.	.	.	.	.	.	.	.
-	Gastropoda non det.	Gast_non			.	.	40	.	.	.	.	.	.	.	.	.	.	.	.	.	.	.	.	.	.	.	.	.	.	.
Ordnung: Bivalvia																														
Sphaeriidae	Sphaerium corneum	Spha_cor			.	.	.	.	.	.	.	.	.	.	.	.	.	.	.	.	.	.	.	.	.	.	.	.	520	.
Sphaeriidae	Pisidium sp.	Pisi_spe		krenophil	.	.	.	.	.	.	.	.	20	3520	.	.	.	.	.	.	.	.	.	.	4880	320	.	.	.	2000
Sphaeriidae	Pisidium personatum	Pisi_per		krenobiont	.	.	100	.	.	.	40	.	.	800	.	.	.	.	.	.	.	.	.	80	.	.	40	.	1600	160
Klasse: Clitellata																														
Ordnung: Oligochaeta																														
-	Oligochaeta non det.	Olig_non			.	.	.	.	20	40	.	.	.	.	.	.	.	.	.	.	.	.	.	240	480	.	.	.	.	.
Lumbriculidae	Lumbriculidae non det.	Lumb_non			.	.	.	.	.	.	.	20	.	.	.	.	.	.	.	.	.	.	.	.	.	.	.	.	.	.
Lumbriculidae	Lumbriculus variegatus	Lumb_var			240	.	.	.	.	.	.	.	.	.	40	160	240	.	.	.	120	.	.	.	.	.	.	80	280	320
Lumbriculidae	Stylodrilus heringianus	Stylo_her			.	.	.	.	.	.	.	.	.	.	.	.	.	.	.	.	20	.	.	.	.	.	.	.	.	.
Tubificidae	Tubifex sp.	Tub_spe			.	.	.	.	.	.	.	.	.	.	60	280	480	.	.	.	20	.	.	.	.	.	.	.	80	320
Tubificidae	Limnodrilus sp.	Lim_spe			140	.	.	.	.	.	.	.	.	.	40	160	.	.	.	40	40	.	.	.	.	.	.	.	120	.
Naididae	Naididae non det.	Naid_non			200	.	.	.	.	.	.	.	80	.	.	1840	640	.	.	.	80	240	960	60	240	.	.	.	.	1680
Naididae	Nais sp.	Nais_spe			.	.	.	.	.	.	.	.	.	.	.	.	.	.	.	.	.	120	.	.	.	.	.	.	.	.
Naididae	Pristina sp.	Pris_spe			.	.	.	.	.	.	.	.	.	.	.	.	.	40	.	.	.	.	.	.	.	.	.	.	.	.
Enchytraeidae	Enchytraeidae non det.	Ench_non			.	120	180	20	.	.	.	.	20	.	.	.	.	.	.	.	.	.	480	760	480	.	.	.	.	.
Ordnung: Hirudinea																														
Glossiphoniidae	Helobdella stagnalis	Helo_sta			.	.	.	.	.	.	.	.	20	.	.	.	.	.	.	.	.	.	.	.	.	.	.	.	.	.
Erpobdellidae	Erpobdella octoculata	Erpo_oct			.	.	.	.	.	.	.	.	50	.	.	.	.	.	.	.	.	.	.	.	.	.	.	.	.	.
Klasse: Crustacea																														
Ordnung: Amphipoda																														
Gammaridae	Gammarus fossarum	Gamm_fos			.	.	.	765	498	589	.	720	.	2856	.	.	.	.	.	.	.	1492	576	.	.	.	792	1082	.	.
Gammaridae	Gammarus pulex	Gamm_pul			4300	.	500	1454	342	491	.	3740	990	22423	120	200	.	600	.	.	.	1988	864	20	80	240	2808	5238	.	3920
Gammaridae	Niphargus sp.	Niph_spe		krenobiont	.	40	.	20	.	.	.	.	.	80	40	.	.	.	40	.	.	.	.	.	80	80	.	.	.	.
Gammaridae	Niphargus aquilex aquilex	Niph_aqu		krenobiont	.	.	.	.	.	.	.	.	.	.	.	.	.	.	40	.	.	.	.	.	.	.	.	.	.	.
Asellidae	Asellus aquaticus	Asel_aqu			.	.	.	.	.	.	.	.	.	.	.	.	.	.	.	.	.	.	.	.	.	.	60	.	.	.
Klasse: Insecta																														
Ordnung: Ephemeroptera																														
Baetidae	Baetis rhodani	Baet_rho			.	.	.	.	40	80	.	.	.	.	.	.	.	.	.	.	.	.	.	.	.	.	.	.	.	.

Anh. 5.2: Fortsetzung.

Familie	Determination	Abkürzung	Rote-Liste-Status	Quellassoziation (Fischer 1996)	A IV	A V A	A V B	A XII A	A XII B	A XII C	A XXX B	B II	B XVI	D I	D VI	E VI A	E VI B	F III A	F III B	F IV A	F IV B	F V A	F VII A	F VII B	F VII C	A XXX A	D II	F V B	A XXVIII	E XVII
Ordnung: Plecoptera																														
Nemouridae	Nemoura cambrica	Nemo_cam			.	1600	.	.	.	.	.	.	.	.	.	.	.	.	.	.	.	.	.	.	.	.	.	.	.	.
Nemouridae	Nemoura cinerea	Nemo_cin			60	40	.	.	.	.	.	.	.	.	.	.	.	.	.	.	.	.	.	.	80	.	80	.	.	.
Nemouridae	Nemurella pictetii	Nemu_pic		krenophil	.	.	.	.	.	.	.	.	.	.	.	.	.	.	.	.	.	.	.	.	.	.	120	.	.	.
Ordnung: Heteroptera																														
Veliidae	Velia sp. (Larve)	Veli_spe			.	.	.	.	.	.	.	.	20	.	.	.	.	.	.	.	.	.	.	.	.	.	.	.	.	.
Ordnung: Coleoptera																														
	Coleoptera non det. (Larve)	Cole_non			.	.	.	.	.	.	.	.	.	.	.	.	.	.	40	.	.	.	.	.	.	.	.	.	.	.
Haliplidae	Haliplus lineatocollis	Hali_lin			.	.	.	.	.	.	.	.	30	.	.	.	.	20	.	.	.	.	.	.	.	.	.	.	.	.
Dytiscidae	Agabus sp. (Larve)	Agab_spe			.	.	.	.	.	.	40	.	.	.	.	.	.	.	.	.	.	.	.	.	.	.	.	.	.	.
Hydraenidae	Hydraena nigrita	Hydr_nig		krenophil	.	40	.	.	.	.	.	.	.	.	.	.	.	.	.	.	.	.	.	.	.	.	.	.	.	.
Scirtidae	Elodes sp. (Larve) (Elodes-min.-Grup.)	Elod_elo			900	20	.	20	20	80	.	.	.	.	280	.	.	.	.	.	.	.	.	20	80	.	200	.	.	.
Dryopidae	Dryopidae non det. (Larve)	Dryo_non			.	.	.	.	.	.	.	.	.	.	.	40	.	.	.	.	.	.	.	.	.	.	.	.	.	.
Ordnung: Trichoptera																														
	Trichoptera non det.	Tric_non			.	.	.	20	.	.	.	.	10	.	.	.	.	.	.	.	.	.	.	.	.	.	120	.	.	.
Polycentropodidae	Plectrocnemia conspersa	Plec_con	NRW: *		.	.	100	.	.	.	.	.	.	.	.	.	.	.	.	.	.	600	.	.	.	.	.	80	.	.
Lepidostomatidae	Crunoecia irrorata	Crun_irr	NRW: *	krenobiont	.	20	60	.	.	.	.	.	.	.	.	.	.	.	.	.	.	.	.	.	.	.	.	.	.	.
Limnephilidae	Limnephilidae non det.	Limn_non			.	.	.	.	.	.	.	.	.	.	.	.	.	.	.	.	.	.	.	.	80	.	.	.	.	.
Limnephilidae	Drusus sp.	Drus_spe			.	.	.	.	.	40	.	.	.	.	.	.	.	.	.	.	.	.	.	.	.	.	.	.	.	.
Limnephilidae	Drusus trifidus	Drus_tri	BRD:3; NRW:2	krenophil	.	.	.	580	120	3760	.	.	.	.	.	.	.	.	.	.	.	.	.	.	.	.	.	.	.	.
Limnephilidae	Limnephilus lunatus	Limn_lun	NRW: *		.	.	.	.	.	.	.	.	.	720	.	.	.	.	.	.	.	.	.	.	.	.	160	.	.	.
Limnephilidae	Micropterna sequax	Micr_seq	NRW: 3		.	.	.	.	.	.	.	.	.	.	.	.	.	.	.	.	.	.	.	.	80	.	.	.	.	.
Limnephilidae	Potamophylax rotundipennis	Pota_rot	NRW: 3		.	.	.	400	.	1160	.	.	.	.	.	.	.	.	.	.	.	.	.	.	.	.	20	.	.	.
Ordnung: Diptera																														
-	Diptera non det.	Dipt_non			.	.	20	.	.	.	20	.	.	.	.	.	.	.	.	.	.	.	.	.	.	.	.	.	.	.
-	Diptera non det. (Puppe)	Dipt_n_p			.	.	20	.	.	.	.	.	.	.	.	40	.	100	40	.	.	.	.	.	.	.	.	.	.	.
Ptychopteridae	Ptychopteridae non det.	Ptyc_non			.	.	.	40	.	40	.	.	.	.	.	.	.	.	.	.	.	.	.	.	.	80	.	.	.	.
Culicidae	Anopheles claviger	Anop_cla			.	.	.	.	.	.	.	.	.	80	.	.	.	.	.	.	.	.	.	.	.	.	.	.	.	.
Dixidae	Dixa sp.	Dixa_non			20	.	.	.	.	.	.	.	.	.	.	.	.	.	.	.	.	.	.	.	.	.	.	.	.	.
Dixidae	Dixa maculata / nubilipennis	Dixa_m_n			20	40	20	.	.	.	.	.	.	.	60	80	.	.	.	.	.	.	480	.	.	80	20	.	.	.
Dixidae	Dixa submaculata	Dixa_sub		krenophil	20	.	.	.	.	.	.	.	.	.	.	.	.	.	.	.	.	.	.	.	.	.	.	.	.	.
Chironomidae	Chironomidae non det.	Chir_non			.	.	.	.	.	.	520	.	.	.	180	320	.	.	.	.	.	.	.	.	.	.	.	.	120	.
Chironomidae	Tanypodinae non det.	Tany_non			.	.	.	.	20	.	360	.	.	80	.	.	.	.	.	.	.	600	960	.	.	.	20	480	160	320
Chironomidae	Orthocladiinae non det.	Orth_non			60	200	80	40	.	.	.	.	80	11920	1160	.	80	40	280	200	20	120	320	60	.	.	220	.	280	1600
Chironomidae	Orthocladiinae non det. (Puppe)	Orth_n_p			.	.	.	.	.	.	80	.	.	.	.	.	.	.	.	.	.	.	.	.	.	.	.	.	40	.
Chironomidae	Corynoneura sp.	Cory_spe			20	60	.	.	.	.	140	.	.	880	20	.	.	.	.	.	20	240	160	20	.	.	40	.	.	80
Chironomidae	Chironomini non det.	Chiro_no			20	.	.	.	.	.	.	.	.	.	.	.	.	.	.	.	.	.	.	.	.	.	.	.	.	.
Chironomidae	Chironomini non det. (Puppe)	Chir_n_p			.	.	.	.	.	.	.	.	.	.	20	.	.	.	.	.	.	.	.	.	.	.	20	.	.	.
Chironomidae	Tanytarsini non det.	Tanyt_non			20	.	.	20	20	200	20	.	280	160	.	.	.	.	40	.	20	10800	.	.	560	.	160	4640	160	80
Chironomidae	Tanytarsini non det. (Puppe)	Tanyt_np			.	.	.	.	.	.	.	.	.	.	.	.	.	.	.	.	.	.	.	.	.	.	.	.	40	.
Simuliidae	Simuliidae non det.	Simu_non			.	.	.	.	.	.	.	.	.	.	.	400	.	.	.	.	20	.	.	.	.	.	.	.	.	.
Ceratopogonidae	Ceratopogonidae non det.	Cera_non			.	.	.	.	.	.	1020	.	10	880	60	80	80	.	40	.	20	120	.	.	640	3280	80	.	400	3600
Ceratopogonidae	Ceratopogonidae non det. (Puppe)	Cera_n_p			.	.	.	.	.	.	.	.	.	80	.	.	.	.	.	.	.	.	.	.	.	.	.	.	.	.
Ceratopogonidae	Dasyheleinae non det.	Dasy_non			.	20	.	.	.	.	.	.	.	.	.	.	.	.	.	.	.	.	.	.	.	.	.	.	.	.
Psychodidae	Psychodidae non det.	Psyc_non			.	240	20	.	.	.	.	.	.	.	.	120	.	.	.	.	20	.	.	.	.	160	.	.	120	240
Psychodidae	Psychodidae non det. (Puppe)	Psyc_n_p			.	.	.	.	.	.	.	.	.	.	.	.	.	.	.	.	.	.	160	.	.	.	.	.	.	.
Tipulidae	Tipulidae non det.	Tipu_non			.	20	.	.	.	.	.	.	.	.	.	.	.	.	.	.	.	.	.	.	.	.	.	.	.	.
Tipulidae	Tipula-(Acutipula)-maxima-Gruppe	Tipu_ma			.	.	.	.	.	.	.	20	.	.	.	40	.	.	.	.	.	.	.	.	.	.	.	.	.	.
Limoniidae	Limoniidae non det.	Limo_non			.	.	.	.	.	.	.	.	.	.	.	40	.	20	40	.	.	.	.	.	.	.	20	.	.	.
Limoniidae	Limoniidae non det. (Puppe)	Limo_n_p			.	.	.	.	.	.	.	.	.	.	.	.	.	.	40	.	.	.	.	.	.	.	.	.	.	.
Limoniidae	Eloeophila sp.	Eloe_spe			40	.	.	.	.	.	.	.	.	.	.	.	.	.	.	.	20	.	.	20	80	.	.	.	.	.
Limoniidae	Neolimnomyia sp.	Neol_spe			.	.	.	.	.	.	.	.	.	.	.	.	.	.	.	.	.	.	160	.	240	.	.	.	.	.
Limoniidae	Erioconopa sp.	Erio_spe			40	20	.	.	.	.	.	.	.	.	.	.	.	.	.	.	.	.	.	.	.	.	.	.	.	.
Limoniidae	Rhabdomastix sp.	Rhab_spe			.	.	40	.	.	.	.	.	.	.	.	.	.	.	.	.	.	.	.	.	.	.	.	.	.	.
Limoniidae	Rhypholophus sp.	Rhyp_spe			120	.	.	.	.	.	.	.	.	.	.	.	.	.	40	.	.	.	.	.	.	.	.	.	.	.
Pediciidae	Dicranota sp.	Dicr_spe			.	20	.	.	.	.	.	.	.	.	.	.	.	.	.	.	.	.	.	.	.	.	.	.	.	.
Pediciidae	Pedicia sp.	Pedi_spe		krenophil	.	.	.	.	.	.	.	.	.	.	.	.	.	.	.	.	20	.	.	.	.	.	.	.	.	.
Pediciidae	Tricyphona sp.	Tric_spe			.	.	.	.	.	.	.	.	.	.	.	.	.	.	.	.	.	.	160	.	.	.	.	.	.	.
Stratiomyidae	Stratiomyidae non det.	Stra_non			.	.	20	20	.	.	.	.	.	.	.	.	.	40	160	.	20	.	.	.	.	80	.	.	.	.
Stratiomyidae	Oxycera pardalina	Oxyc_par		krenobiont	.	80	.	.	.	.	.	.	.	.	.	.	.	.	.	.	.	.	.	20	.	.	80	.	.	.

Stereomikroskopische Aufnahmen der stenotopen Taxa

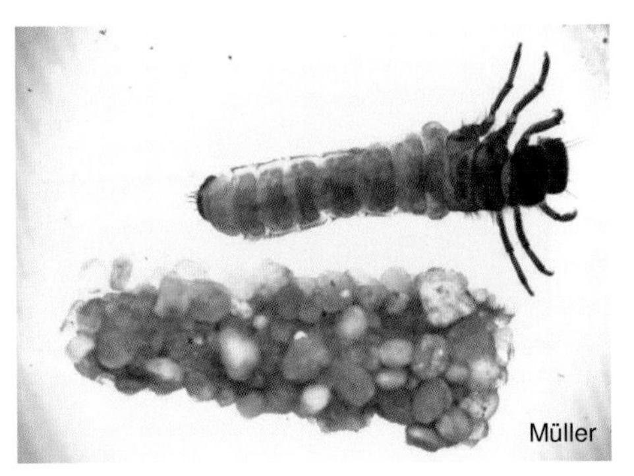

Anh. 5.3: *Drusus trifidus*: Transportabler Köcher aus Sandkörnern und Steinchen.

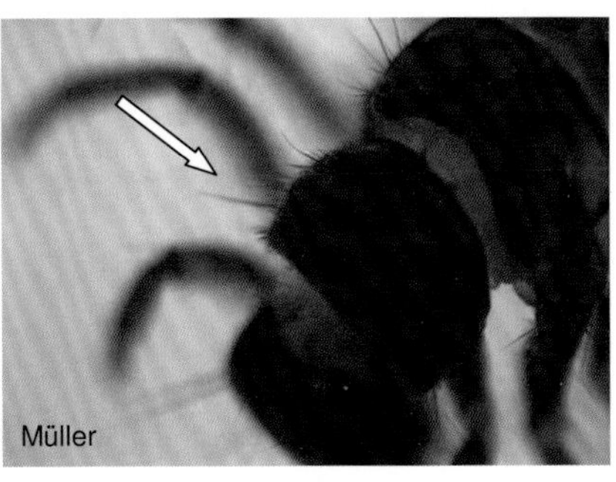

Anh. 5.4: *Drusus trifidus*: Gut zu erkennen an gelben Borsten auf dem Halsschild.

Anh. 5.5: *Dugesia gonocephala* – Dreieckskopf-Strudelwurm: Sehr empfindlich gegen Verunreinigung im Gewässer, Länge bis 18 mm.

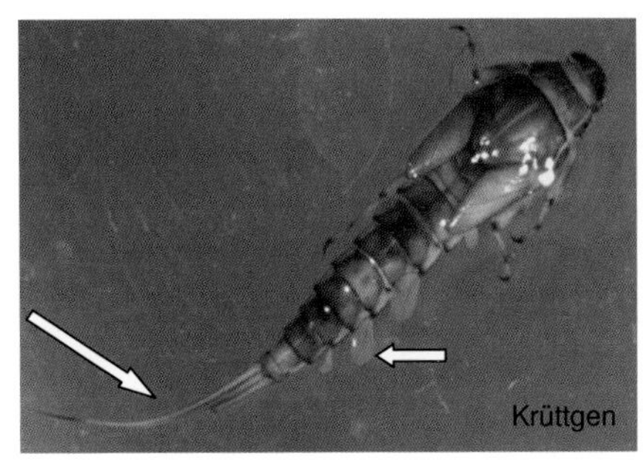

Anh. 5.6: *Baetis rhodani*: Besitzt dreifädige, gegliederte Schwanzanhänge (zwei Cerci, ein Terminalfilum, hier: nur ein Cerci in voller Länge, langer Pfeil), Tracheenkiemenblättchen (kurzer Pfeil), Länge 5 mm bis 9 mm.

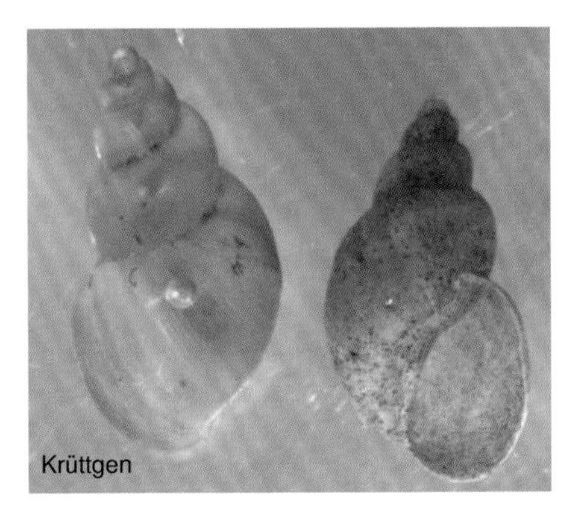

Anh. 5.7: *Galba truncatula* – Leberegelschnecke: Länge bis höchstens 10 mm, Breite etwa 5 mm, horngelbe Färbung.

Anh. 5.8: *Nemoura cinerea* – Gelbbeinige Uferfliege (links) und Nemoura cambrica - (rechts): N. cinerea ohne Beinbehaarung, N. cambrica mit Bein-behaarung, Länge 5 mm bis 9 mm.

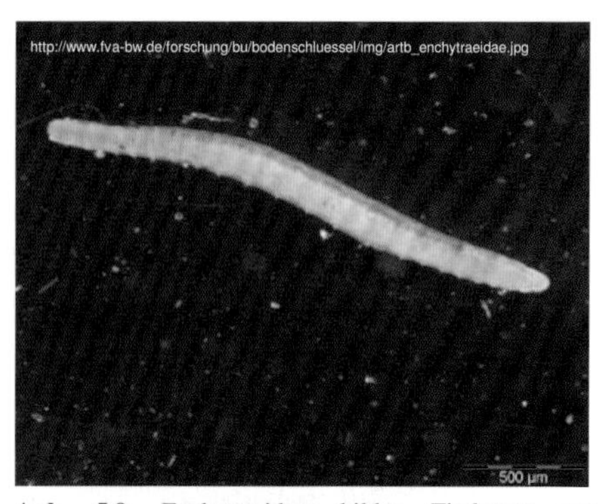

Anh. 5.9: Enchytraeidae: bilden Tierketten zur asexuellen Fortpflanzung.

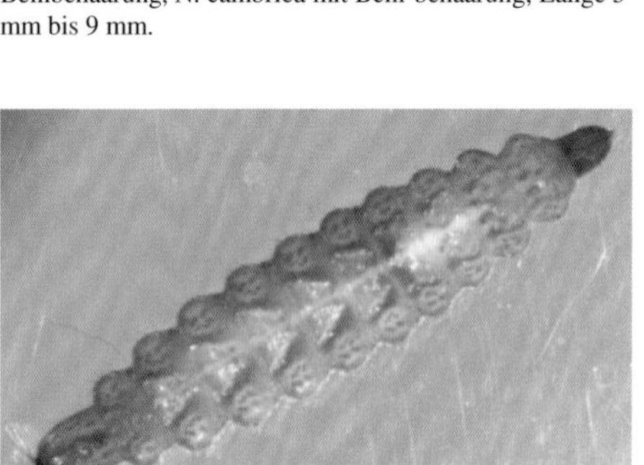

Anh. 5.10: *Oxycera* sp. – Waffenfliege: Atmungsorgane (Stigmen) von einem Haarkranz umgeben, zur Atmung heftet sich das Tier mit dem Haarkranz an das Wasserhäutchen, Länge 20-50 mm.

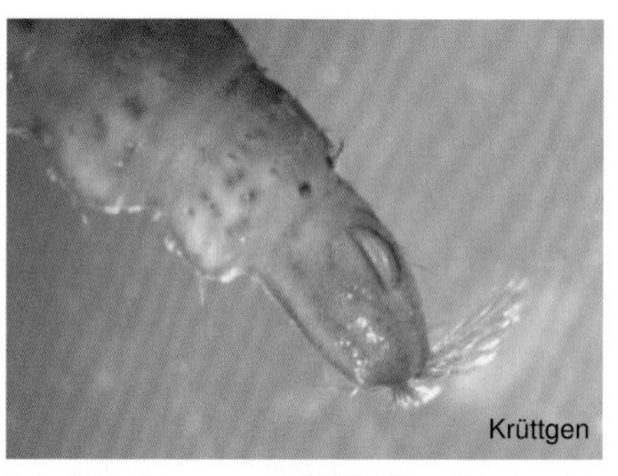

Anh. 5.11: *Oxycera* sp. – Waffenfliege: Tauchen die Larven unter, kann der Haarkranz eine Luftblase zur Sauerstoffversorgung einschliessen.

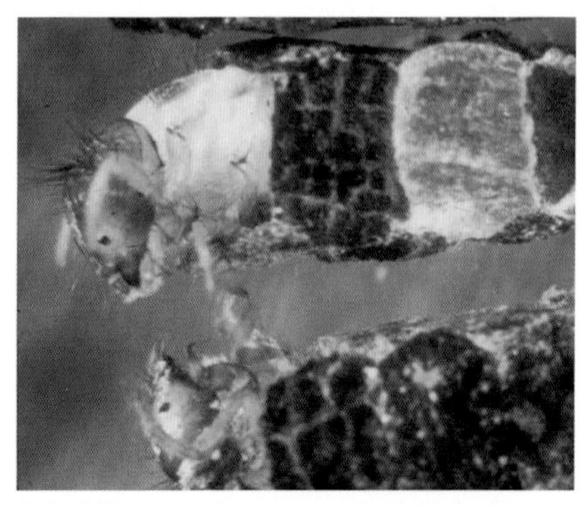

Anh. 5.12: *Crunoecia irrorata* – Quell-Köcherfliege: Trägt charakteristischen vierkantigen Köcher.

Anh. 5.13: *Gammarus* sp.:. Bachflohkrebs: Zur Paarung hält sich das Männchen über mehrere Tage in der sogenannten „Reiterstellung" am Weibchen fest (Präkopula-Stadium).

Anhang 6:

Mikrobiologie im Grund- und Quellwasser

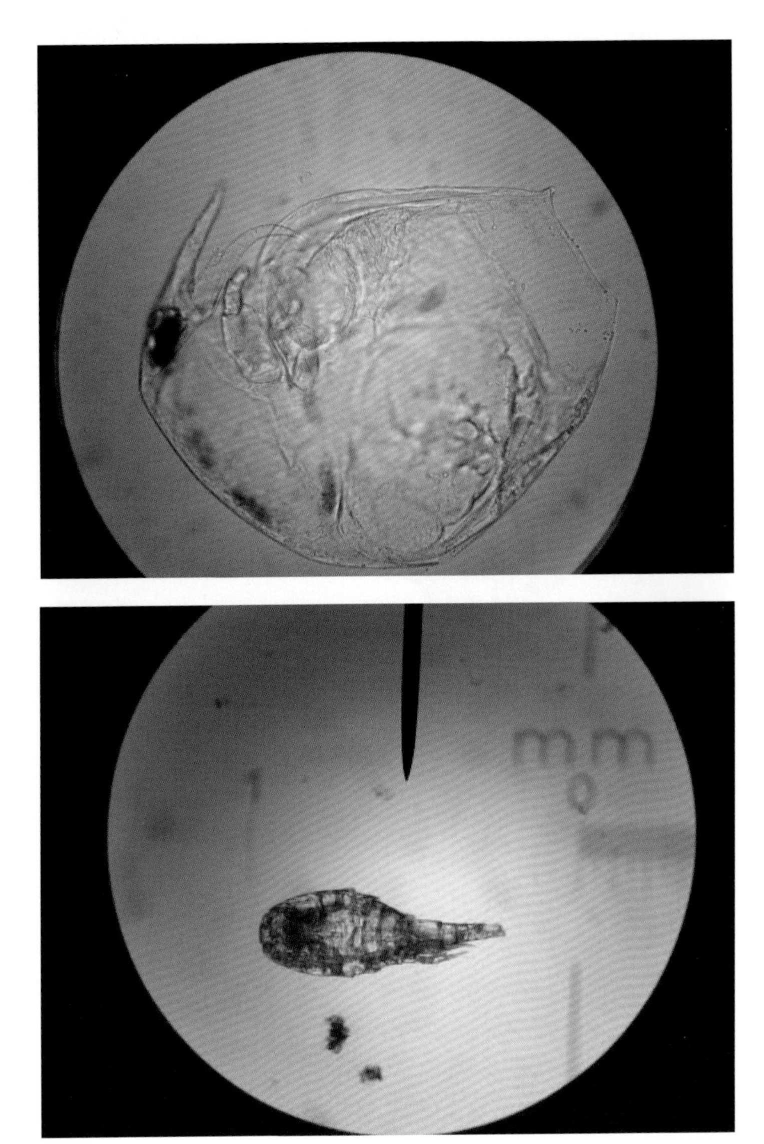

oben: Cladocera (Familie Bosminidae), Größe ca. 0,4 mm;
unten: Cyclopodia (Familie Cyclopoidae), Größe ca. 1 mm.

Anhang 7:

Regionales Tourismuskonzept

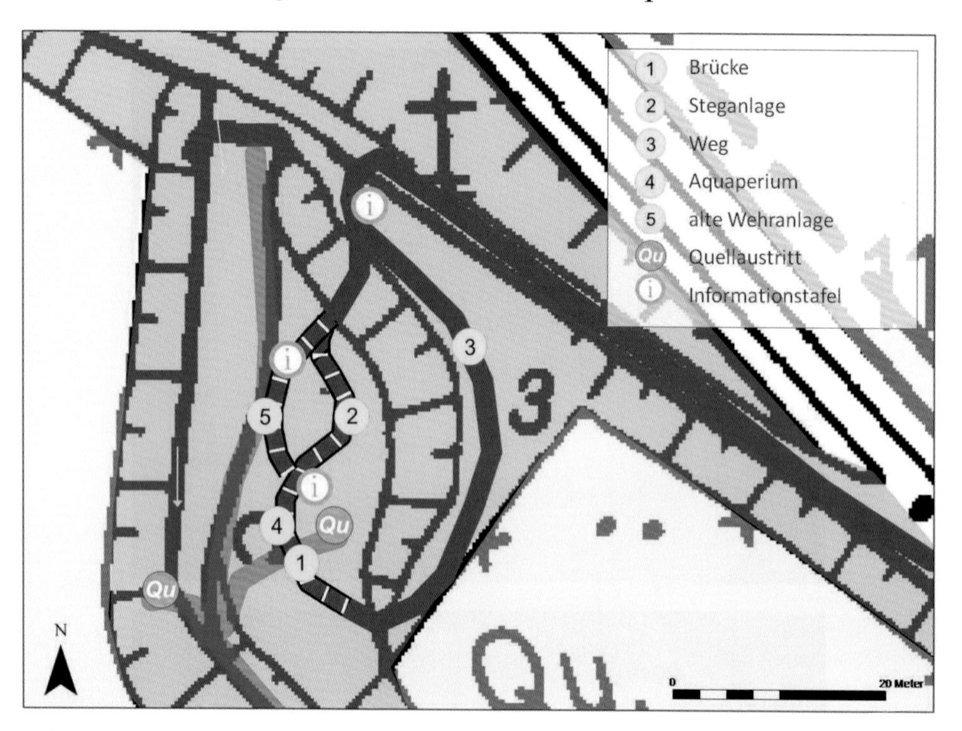

Anhang 7.1: Besucherlenkung an der Steverquelle.

Anhang 7.2: Informationstafel zu den Quellen in den Baumbergen.

Quellen in den Baumbergen

Die Quellen der Baumberge
Das Regenwasser in den Baumbergen sickert in den Boden und durchfließt den Kalkmergelstein. In einer bestimmten Tiefe sammelt es sich in einer Art „Schüssel" als unterirdischer Grundwasserspeicher über gering wasserdurchlässigem Gestein bis sie voll ist. An ihren Rändern läuft sie schließlich über und das Grundwasser tritt an den zahlreichen Stellen – den Quellen – der Baumberge wieder aus. Der Rand der Schüssel befindet sich überall bei einer Höhe von ca. +120 m NN. Dort sind auch die Quellen.

Vor 135 Millionen Jahren, in der Kreidezeit, war das Münsterland von einem Meer bedeckt. Der Sand des Meeresbodens bildete mit Kalkschalen und Skeletten von Tieren im Laufe der Zeit verschiedene Schichten. Diese Ablagerungen wurden schließlich zu Stein. Heute nennt man sie Baumberge-Schichten und Coesfeld-Schichten.

Durch Erdbewegungen ist eine schüsselähnliche Struktur der Gesteinsschichten entstanden, sie wird als **geologische Mulde** bezeichnet.

Als das Münsterland in den folgenden Jahrmillionen zum Festland wurde, haben Wind, Wasser und Eis die Gesteinsschichten wieder abgetragen.

Gletscher der Eiszeit formten sie deutlich. So wurde die geologische Mulde schließlich zu einem **morphologischen Berg** (Erhebung), den heutigen Baumbergen. Der Fachbegriff für die Umwandlung einer Mulde zu einer Erhebung lautet **Reliefumkehr**.

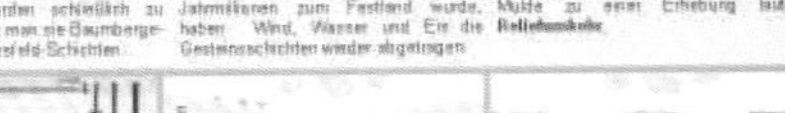

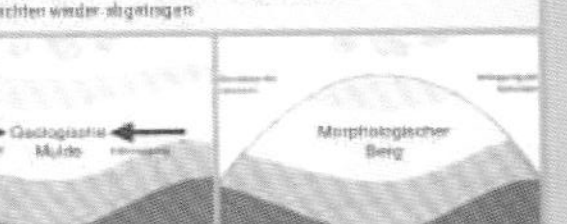
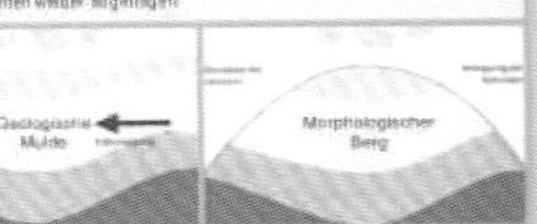
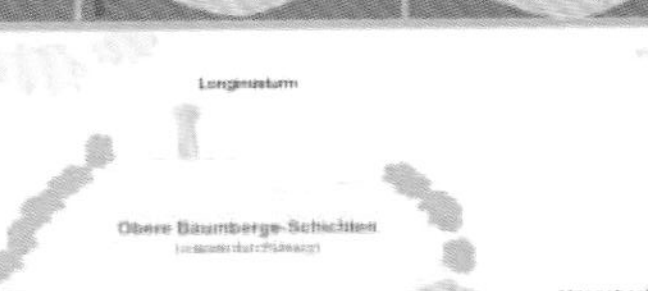

Die Baumberge Schichten sind geklüftet und wasserdurchlässig (**Grundwasserleiter**). Nur die Coesfeld-Schichten sind gering wasserdurchlässig und dienen als **Grundwasserstauer**, so dass sich in dieser „Schüssel" Wasser sammeln kann. Dieses kommt an den zahlreichen Quellen der Baumberge wieder zutage.

Liebe Naturbesucher,
das neue Besucherleitsystem an der Steverquelle soll Ihnen ermöglichen, einen Einblick in die Welt der Quellen zu bekommen. Bitte bleiben Sie zum Schutz der Quellen auf den Steganlagen und bestaunen Sie die kleinen und großen Wunder der Natur.

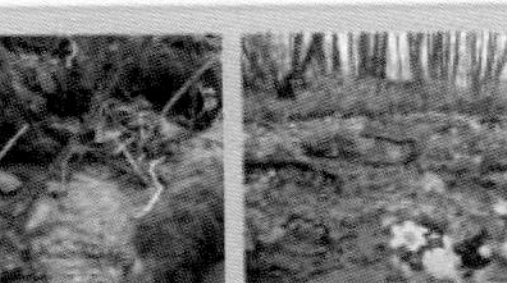

Eigenschaften
Die Temperatur des Quellwassers ist das ganze Jahr über konstant. Sie liegt zwischen 8 °C und 10 °C. Da das Grundwasser lange in der Erde war, ist der Mineralgehalt recht hoch und der Sauerstoffgehalt recht gering.

Die Quellwässer, die zuvor durch das Gestein der Baumberge geflossen sind und u.a. Kalk gelöst haben, werden als Calciumhydrogencarbonat-Wässer bezeichnet.

Quellen werden als Inselbiotope bezeichnet, weil abweichende Umweltbedingungen der Umgebung sie von anderen Quellbiotopen trennen. Tiere, die nicht flugfähig sind, haben keine Möglichkeit, eine andere Quelle zu erreichen.

Besiedlung
Für die Landnutzung gut geeignete Böden lockten die Menschen schon in der Jungsteinzeit in die Baumberge. Sie ließen sich vorwiegend in der Nähe der Quellbäche nieder. Als unentbehrlicher Bestandteil einer Siedlung besaß der Quellbach in der Vergangenheit u.a. die Funktion als Trinkwasserspender, Viehtränke, Waschbereich und Kühlwasser. Zusätzlich konnte er für eine Fischzucht aufgestaut werden.

Ausgrabungen in den Jahren 1984, 2007 und 2008 in der Nähe der Steverquelle belegen eine steinzeitliche Besiedlung vor Ort zwischen 4400 und 3500 v. Chr. Dies ist die zur Zeit älteste bäuerliche Siedlung in der Westfälischen Bucht.

Auswahl neolithischer Keramik aus der Grabungskampagne 2007. Oben: Scherben von Vorratsgefäßen und Becher der Michelsberger Kultur, unten: Verzierte Schüsseln der Rössener Kultur (Quelle: www.uni-muenster.de/UrFruehGeschichte/...Abb3.jpg)

Ausgrabungen im neolithischen Erdwerk in der Nähe der Steverquelle (Quelle: Landschaftsverband Westfalen-Lippe 2008)

Einen Hinweis auf den Wasserreichtum der Baumberge in der Vergangenheit geben auch die hiesigen Ortsnamen. Die Wortendung „-beck" bedeutet Bach und ist hier mit den Orten und Ortsteilen Billerbeck, Poppenbeck, Lasbeck, Masbeck und Havixbeck häufig vertreten.

Flora und Fauna von Quellen sind an die vorherrschenden Bedingungen dort angepasst. Äußere Einwirkungen wie Trittschäden können ihren Lebensraum vernichten. Eine Wiederbesiedlung durch die Fauna nach einer Zerstörung braucht lange oder findet **gar nicht** mehr statt!

Anhang 7.3: Lehrpfad „Lebensspendende Stever – ein Rundgang durch Geschichte, Kultur und Ökologie Steverns“.

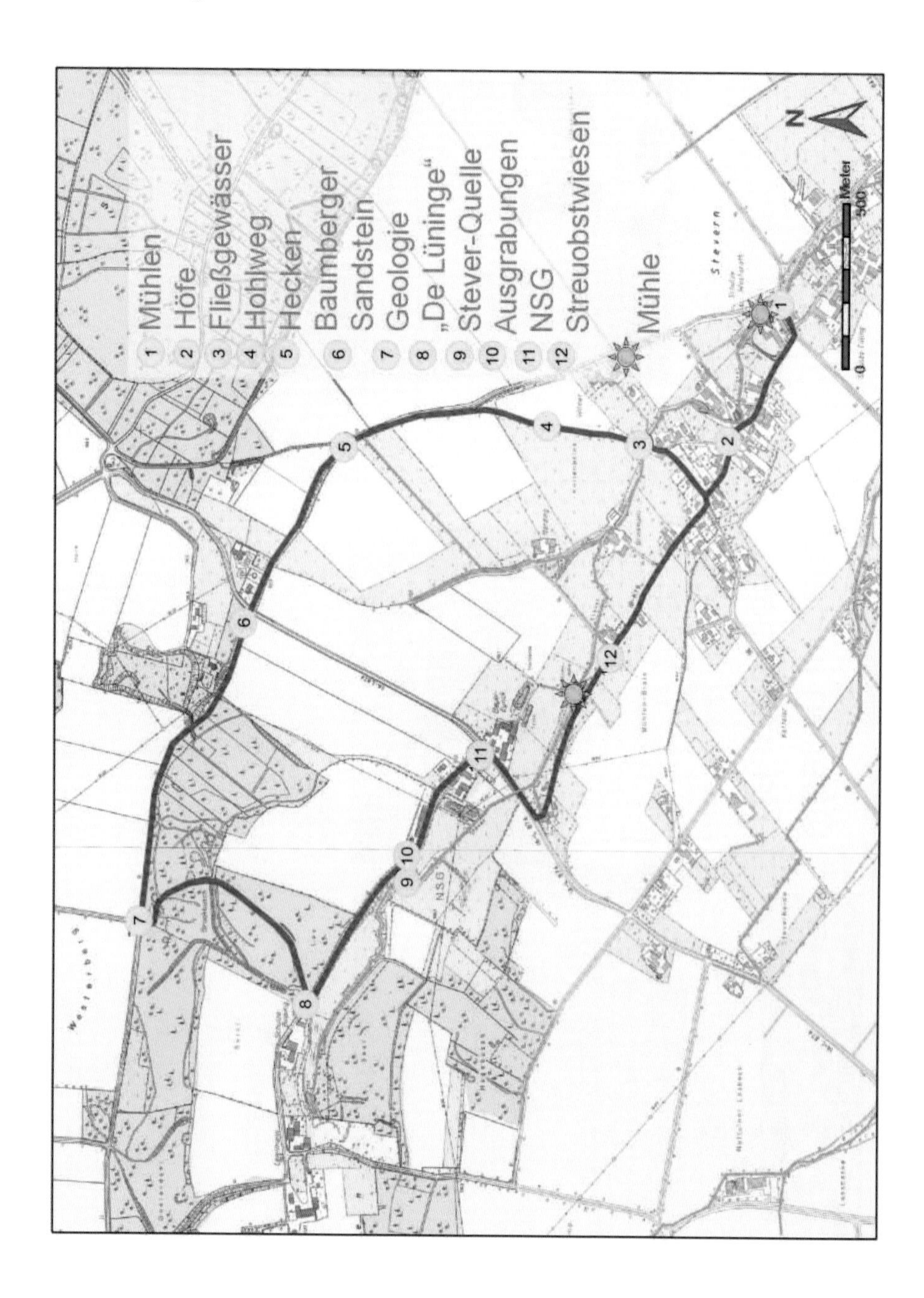

Anhang 7.4: Spezielle Info zum Standort 8 des Lehrpfad „Lebensspendende Stever – ein Rundgang durch Geschichte, Kultur und Ökologie Steverns“.

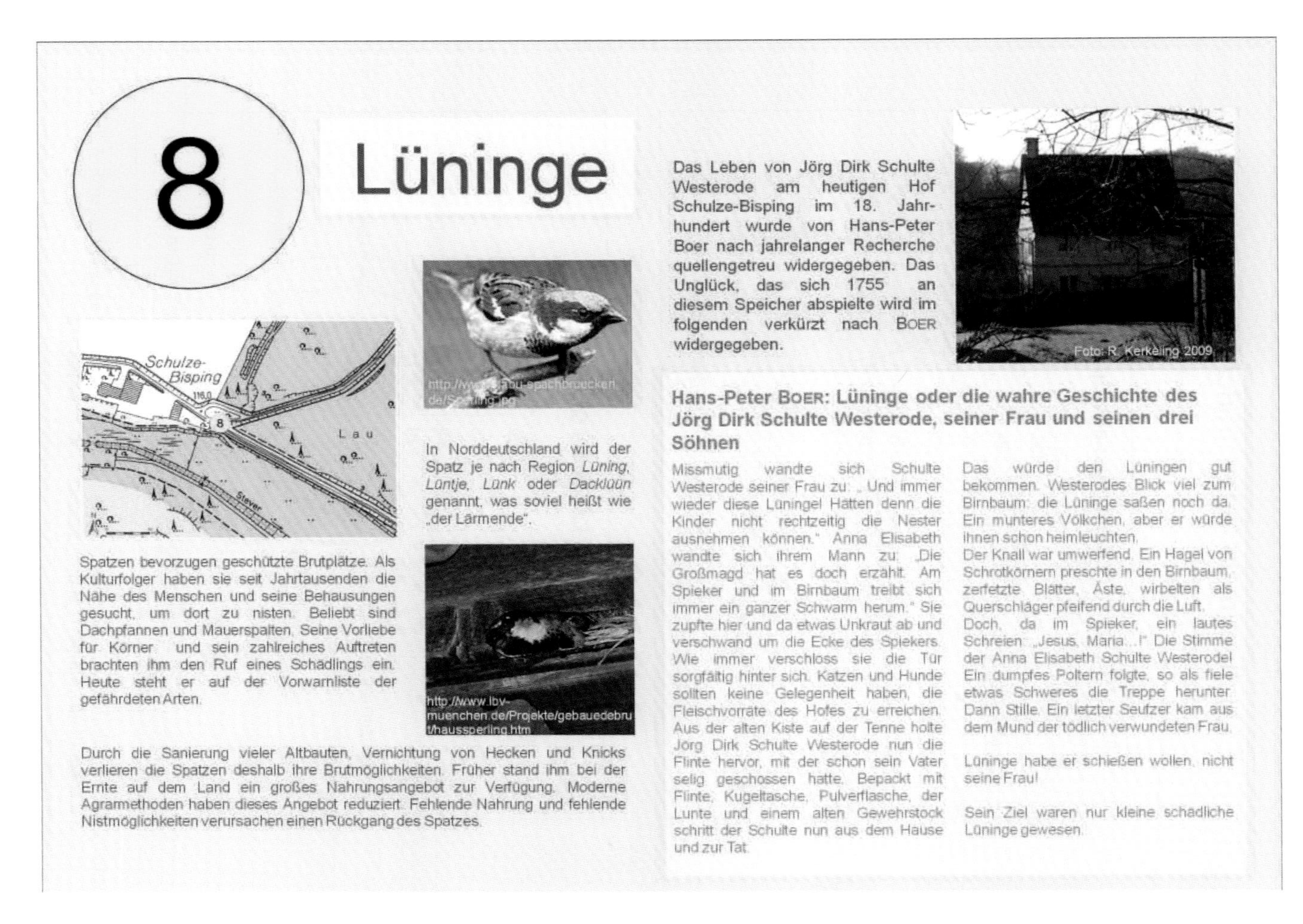

Anhang 8:

Quellen in der Seppenrader Schweiz

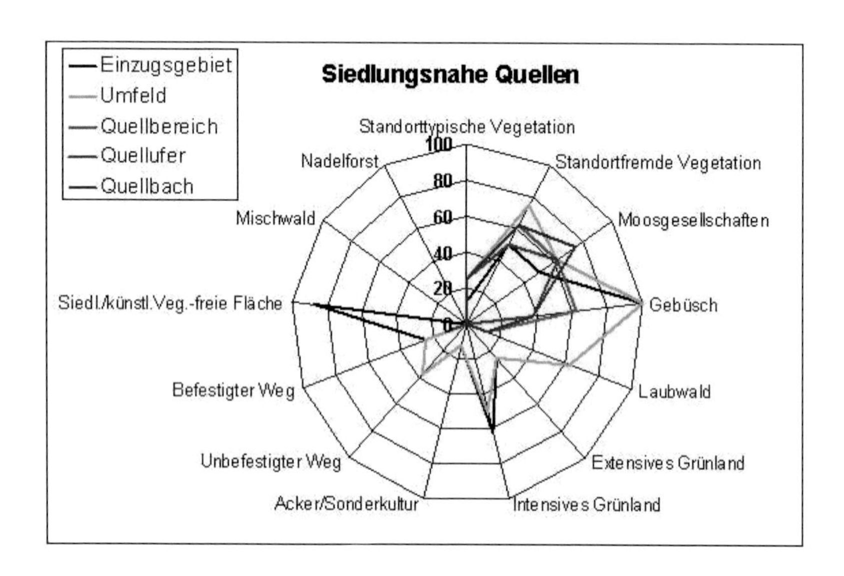

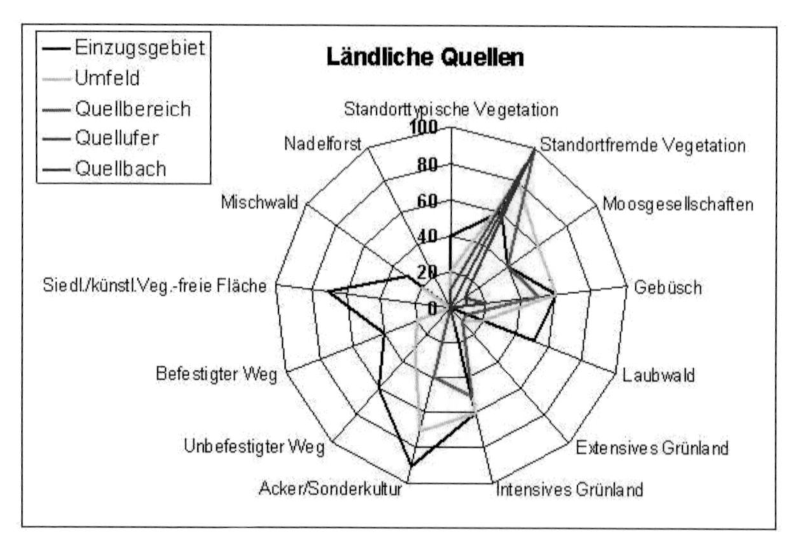

Anhang 8.1: Ergebnisse der Quellbewertung nach der Struktur in siedlungsnahen (oben) und ländlichen (unten) Quellen.

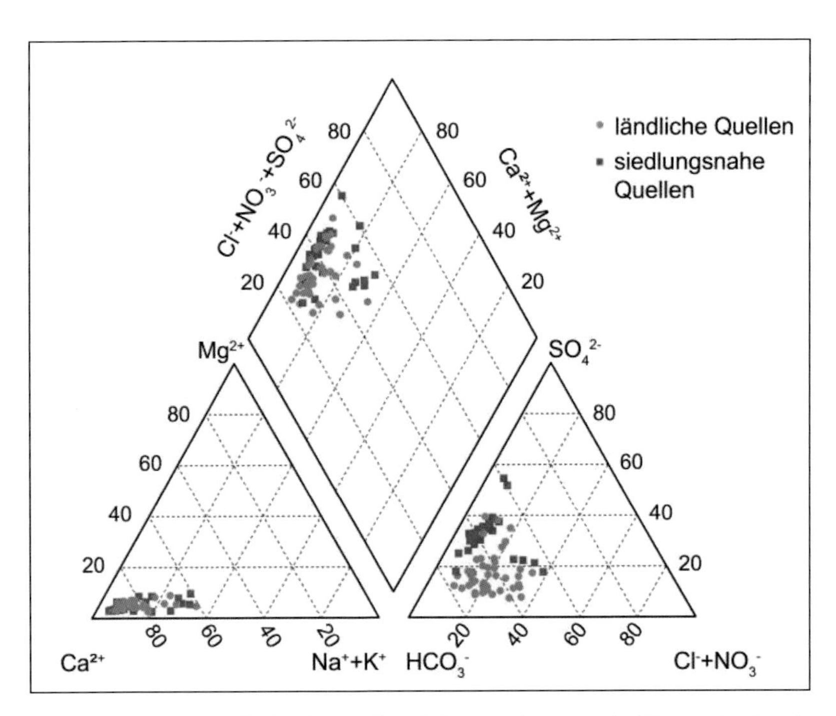

Anhang 8.2: Darstellung der Hydrochemie der siedlungsnahen und ländlichen Quellen im PIPER-Diagramm.

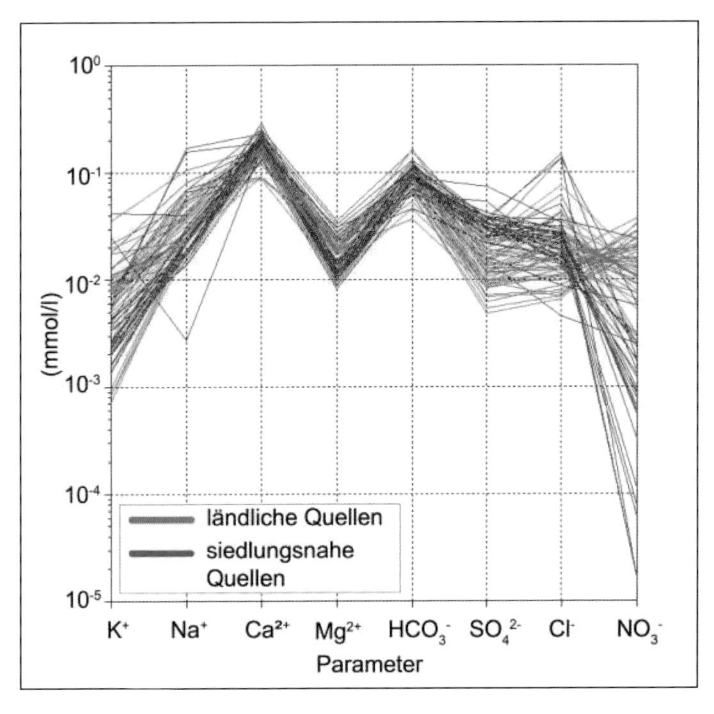

Anhang 8.3: Darstellung der Hydrochemie der siedlungsnahen und ländlichen Quellen im SCHOELLER-Diagramm.

Anhang 9:
Quellen des Vestischen Höhenrückens und der Castroper Hochfläche

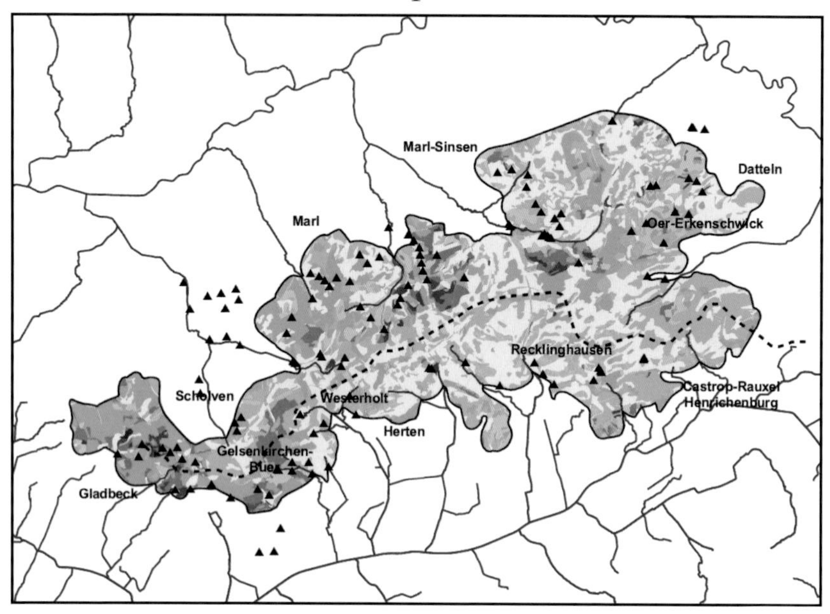

Anhang 9.1: Grundwasserneubildungsrate auf dem Vestischen Höhenrücken (Legende siehe Abb. 2 und 5).

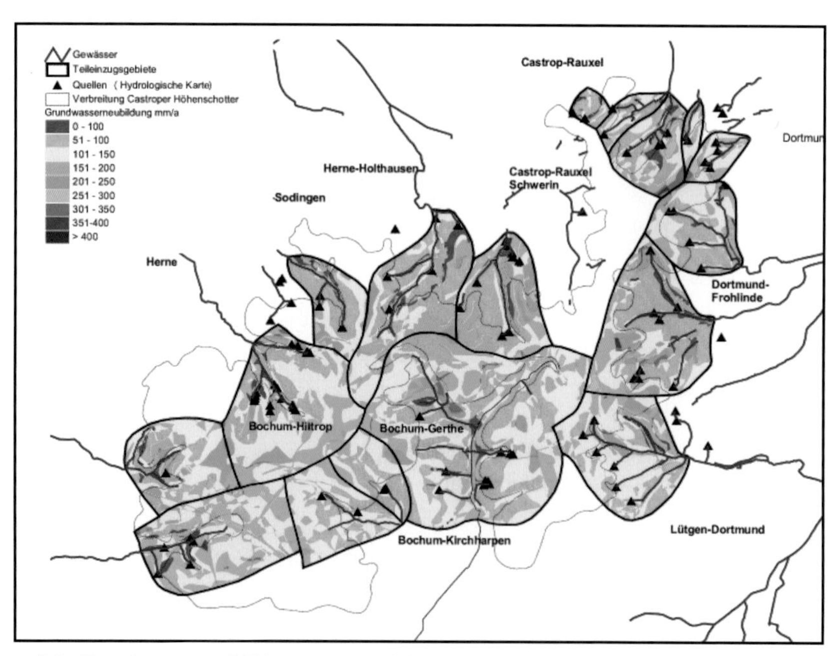

Anhang 9.2: Grundwasserneubildungsraten auf der Castroper Hochfläche.

Anhang 10: Quell-Steckbriefe der Baumberge

Anhang 10.1: Die Übersichtskarte stellt die vom Quellenprojekt beprobten Quellpunkte blau dar. Alle anderen Quellen werden orange abgebildet, ein Niederschlagsmesser braun und eine Drainage lila. Auf den folgenden Karten der Einzugsgebiete sind sie zusätzlich benannt.

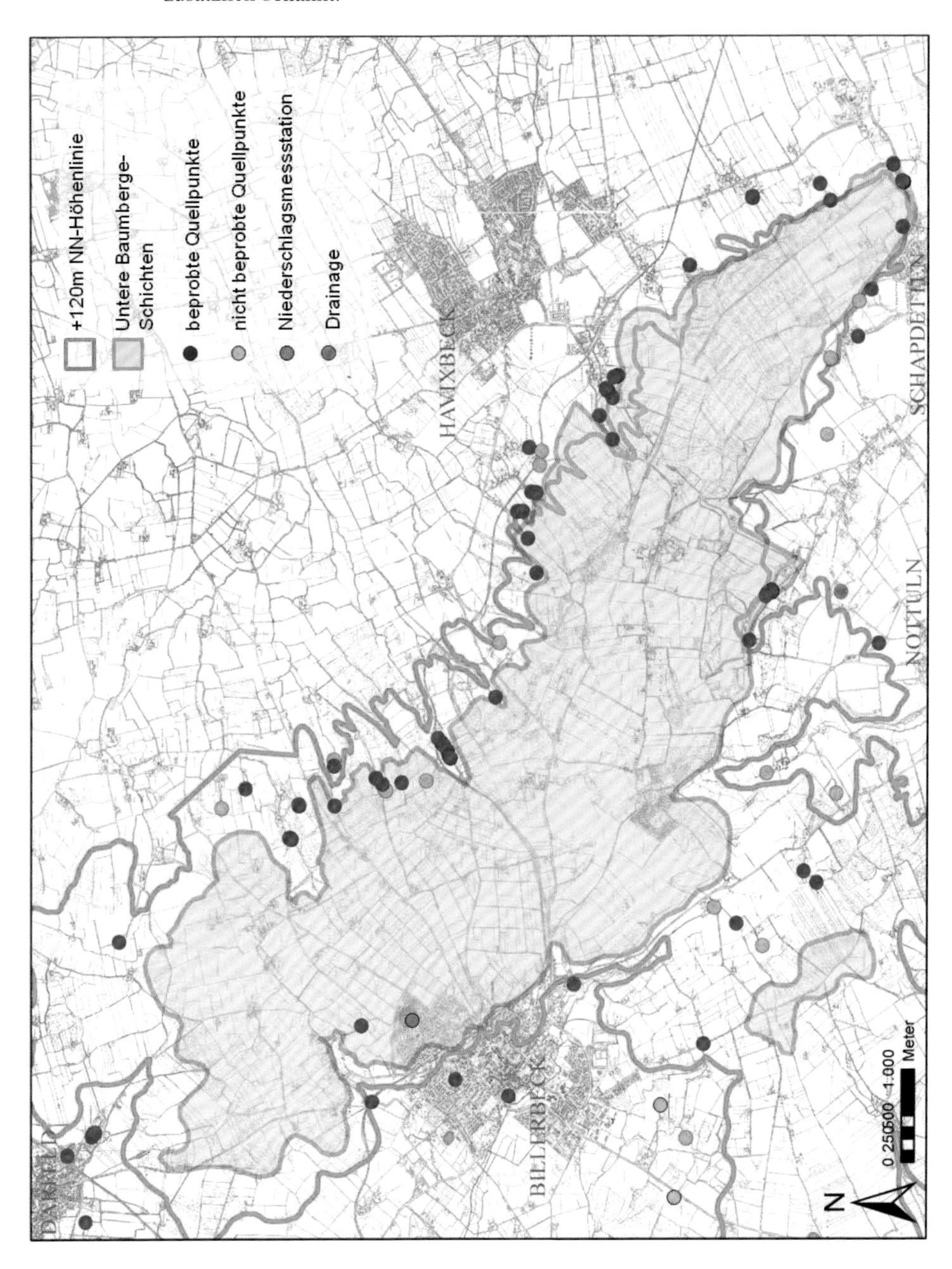

Anhang 10.2: Stever

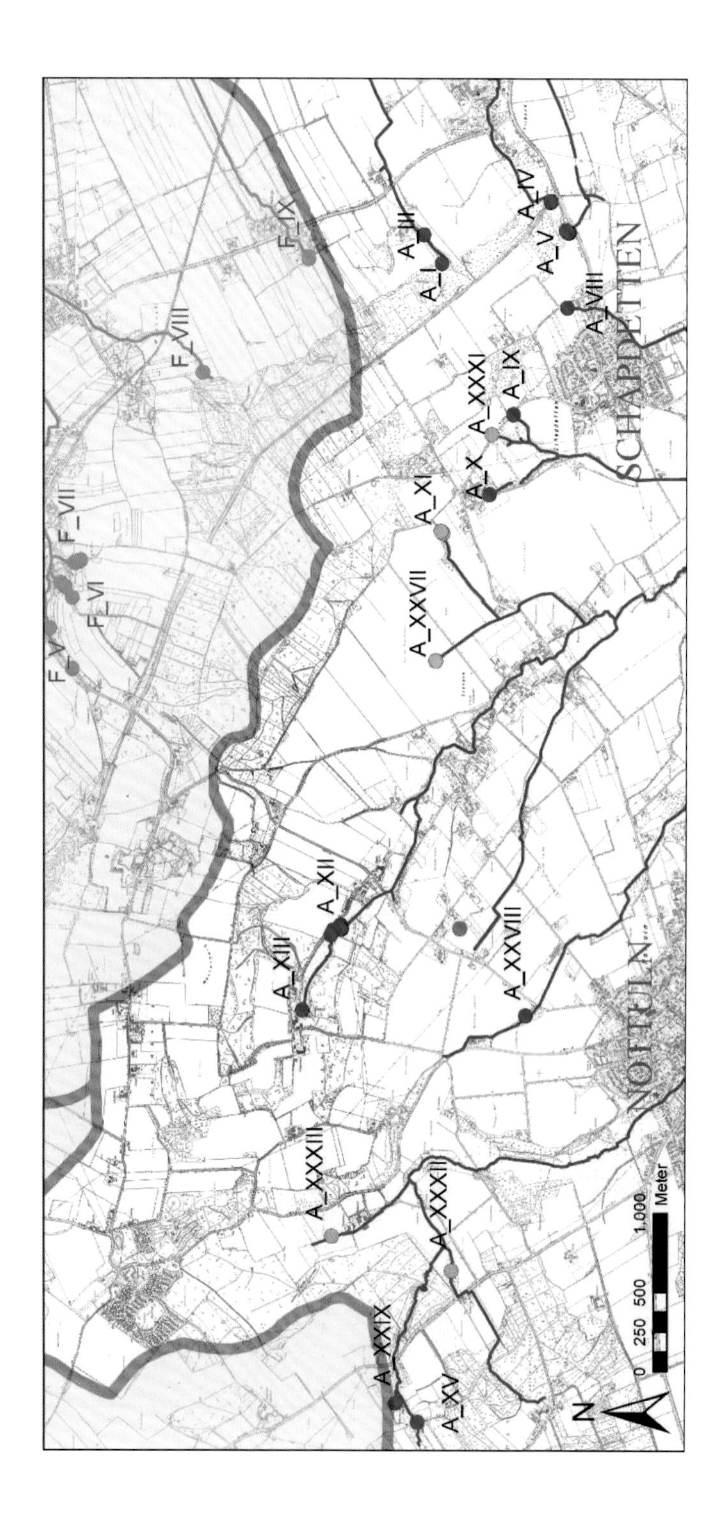

A I und A III – Mühlengrabenquellen

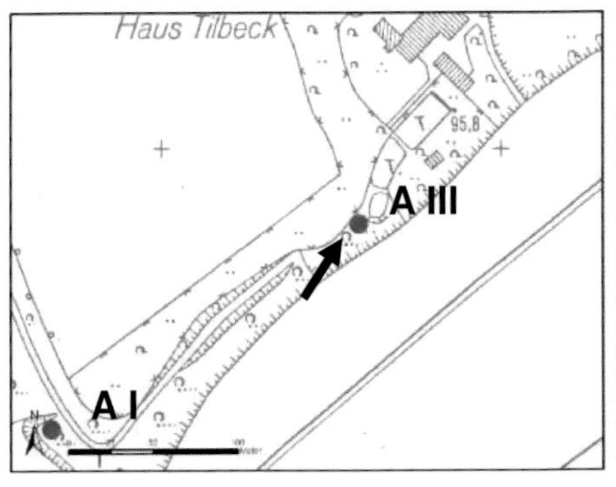

Lage:
Rechts-/Hochwert: 2598318/5757769
Höhe: +88 mNN
Schutzstatus: NSG (A I)
Struktur:
Quelltyp: Tümpelquelle (teilw. Wanderquelle)
Schüttung: periodisch (A I), ganzjährig (A III)
Sommerquelle: entspricht A III
Zahl der Austritte: 2 diffuse Austritte
Substrat: Detritus, Sand
Wasser-Land-Verzahnung: mittel
Sommerbeschattung: mittel
Biotopgröße 60 m^2:

Vegetation/Nutzung:
Einzugsgebiet: Acker, Grünland
Umfeld: Laubwald
Wasserchemie:
Beprobungszeitraum: 11/2007-07/2008 (A III)
pH-Wert: 6,7-7,8
Leitfähigkeit: 694-820 µS/cm
Wassertemperatur: 7,4-11,4 °C
Bemerkungen:
Im Sommerhalbjahr fällt A I trocken; Quellaustritt wandert im Laufe des Jahres entlang eines Trockentals
Beeinträchtigungen:
Quelle aufgestaut zu Teich

Bewertung: mäßig beeinträchtigt

A IV – Tilbecker Bachquelle

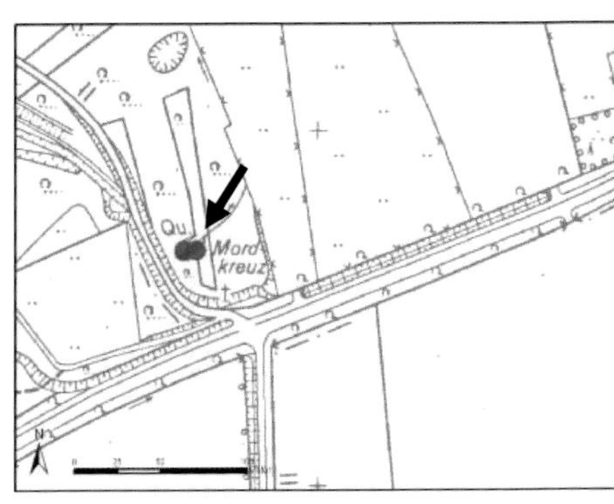

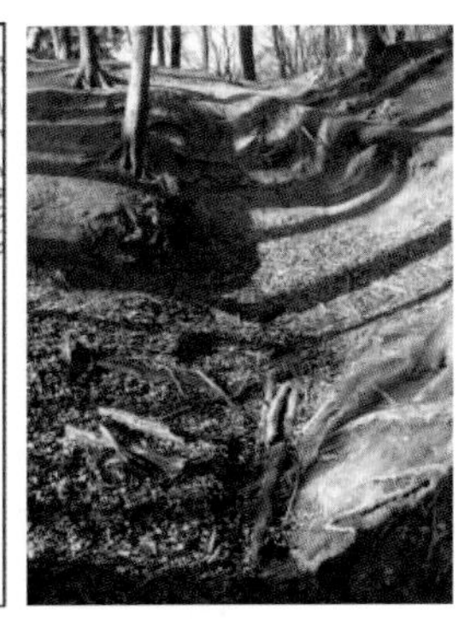

Lage:
Rechts-/Hochwert: 2598527/5756934
Höhe: +106 mNN
Schutzstatus: NSG, FHH
Struktur:
Quelltyp: Sturzquelle
Schüttung: ganzjährig
Sommerquelle: entspricht Winterquelle
Zahl der Austritte: 2
Substrat: Falllaub; Detritus
Wasser-Land-Verzahnung: groß
Sommerbeschattung: stark
Biotopgröße: 10 m^2

Vegetation/Nutzung:
Einzugsgebiet: Laubwald
Umfeld: Laubwald, Grünland
Wasserchemie:
Beprobungszeitraum: 11/2007-05/2008
pH-Wert: 6,7-8,1
Leitfähigkeit: 744-806 µS/cm
Wassertemperatur: 8,7-10,9 °C
Bemerkungen:
Liegt in einer Schlucht im Buchenwald; beinahe das ganze Jahr von Laub bedeckt
Beeinträchtigungen:
Trittschäden; Schäden durch Mountainbiker; Verrohrung des Quellbaches nach 100 m unter einer Wiese hindurch

Bewertung: mäßig beeinträchtigt

A V – Hexenpütt/Sieben Quellen

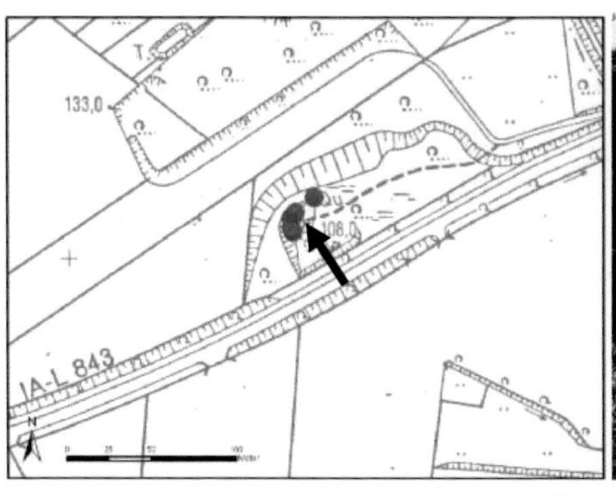

Lage:
Rechts-/Hochwert: 2598338/5756823
Höhe: +97 mNN
Schutzstatus: NSG, FFH
Struktur:
Quelltyp: Sturzquelle
Schüttung: ganzjährig
Sommerquelle: entspricht Winterquelle
Zahl der Austritte: 7
Substrat: Fels, Kies und Schotter
Wasser-Land-Verzahnung: groß
Sommerbeschattung: stark
Biotopgröße: 100 m^2

Vegetation/Nutzung:
Einzugsgebiet: Acker, Laubwald
Umfeld: Laubwald, Gebüsch
Wasserchemie:
Beprobungszeitraum: 11/2007-10/2008
pH-Wert: 6,9-8
Leitfähigkeit: 747-852 µS/cm
Wassertemperatur: 6,9-12 °C
Bemerkungen:
Der Quellbach ist die Kückenbecke; im Rahmen des Quellenprojektes Errichtung eines Messwehres zur kontinuierlichen Abflussmessung; Versinterungen am Gewässerboden; sehr strukturreiche Quelle; vielfältige Fauna
Beeinträchtigungen:
Aufstau des Quellbaches nach 40 m und anschließende Verrohrung für 80 m unter Acker hindurch; hohe Nitratwerte im Quellwasser; teilweise Trittschäden

Bewertung: mäßig beeinträchtigt

A VIII – Detterbachquelle

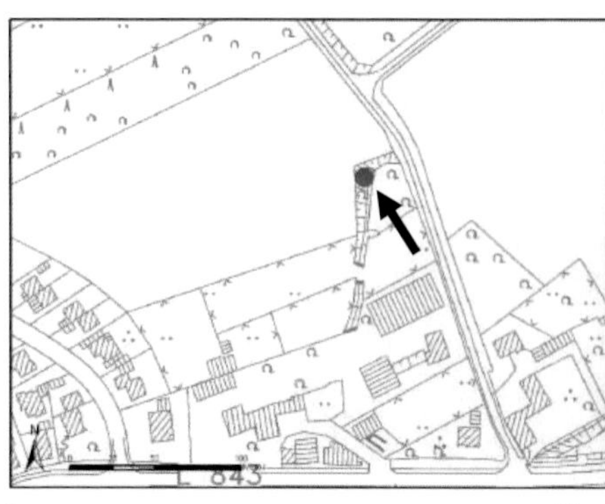

Lage:
Rechts-/Hochwert: 2597883/5756828
Höhe: +118 mNN
Schutzstatus: NSG
Struktur:
Quelltyp: künstlicher Austritt (Rohr)
Schüttung: periodisch
Sommerquelle: 750 m unterhalb
Zahl der Austritte: 1
Substrat: Sand, Feinmaterial
Wasser-Land-Verzahnung: gering
Sommerbeschattung: mittel
Biotopgröße: 0,2 m^2

Vegetation/Nutzung:
Einzugsgebiet: Acker
Umfeld: Gebüsch, Laubbäume
Wasserchemie:
Beprobungszeitraum: 11/2007-05/2008
pH-Wert: 6,9-7,5
Leitfähigkeit: 725-866 µS/cm
Wassertemperatur: 8,9-11,4 °C
Bemerkungen:
Quelle ehemals zur Wiesenbewässerung aufgestaut (BEYER 1932); Quelle liegt auf Kirchengrundstück; besitzt nach dem Austritt direkt Bachcharakter
Beeinträchtigungen:
Quelle in Kunststoffrohr und Beton gefasst; Quellbach nach 50 m verrohrt und unter der Ortschaft Schapdetten hindurchgeleitet (einige Abschnitte offen)

Bewertung: geschädigt

A IX – Gründkesbachquelle (süd-östlich)

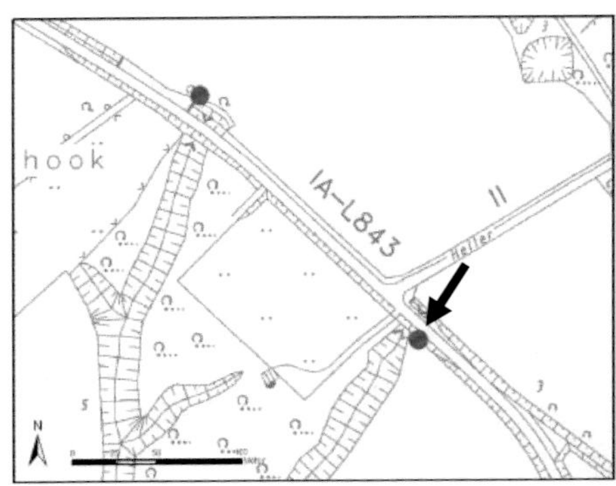

Lage:
Rechts-/Hochwert: 2597883/5756828
Höhe: +118 mNN
Schutzstatus: NSG
Struktur:
Quelltyp: künstlicher Austritt
Schüttung: periodisch
Sommerquelle: 40 m unterhalb
Zahl der Austritte:
Substrat: Falllaub
Wasser-Land-Verzahnung: mittel
Sommerbeschattung: mittel
Biotopgröße: 15 m^2

Vegetation/Nutzung:
Einzugsgebiet: Acker, Laubwald
Umfeld: Laubwald, Straße, Grünland
Wasserchemie:
Beprobungszeitraum: 11/2007-05/2008
pH-Wert: 7,1-8,4
Leitfähigkeit: 583-1030 µS/cm
Wassertemperatur: 5,6-12 °C
Bemerkungen:
Quelle befindet sich in einem landwirtschaftlich überprägten Trockental; Quellaustritt lag vermutlich weiter oberhalb im Tal, wurde aber aufgrund landwirtschaftlicher Nutzung oder beim Bau der Landstraße verlegt
Beeinträchtigungen:
Einleitung von Straßenabflüssen und Drainagewasser; Betonfassung

Bewertung: geschädigt

A IX – Gründkesbachquelle (nord-westlich)

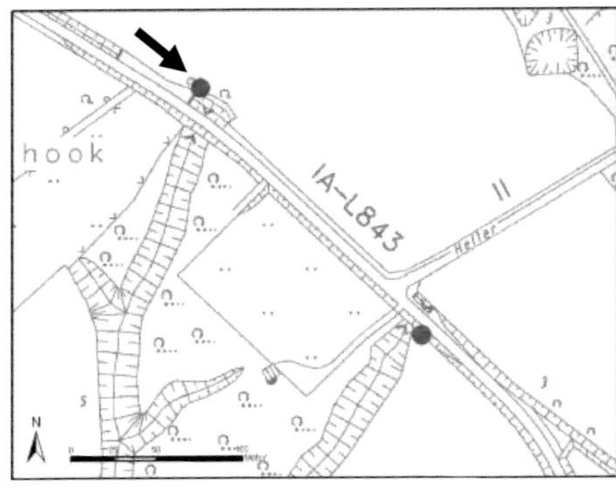

Lage:
Rechts-/Hochwert: 2597048/5757315
Höhe: +123 mNN
Schutzstatus: NSG
Struktur:
Quelltyp: künstlicher Austritt
Schüttung: periodisch
Sommerquelle: 45 m unterhalb
Zahl der Austritte: 2
Substrat: Falllaub
Wasser-Land-Verzahnung: gering
Sommerbeschattung: mittel
Biotopgröße: 20 m^2

Vegetation/Nutzung:
Einzugsgebiet: Acker
Umfeld: Laubwald, Gebüsch
Wasserchemie:
Beprobungszeitraum: 11/2007-05/2008
pH-Wert: 5,6-8,1
Leitfähigkeit: 632-782 µS/cm
Wassertemperatur: 6,3-13,8 °C
Bemerkungen:
Quellen ehemals zum Wasserschöpfen künstlich vertieft, geringe Wassermenge (BEYER 1932); Quelle tritt unterhalb direkt an der Landstraße aus; vermutlich lag sie, ähnlich wie die Quelle A X, in dem landwirtschaftlich überprägten Trockental weiter oberhalb
Beeinträchtigungen:
Einleitung von Straßenabflüssen und Drainagewasser

Bewertung: geschädigt

A X – Gründkesbachquelle (westlich)

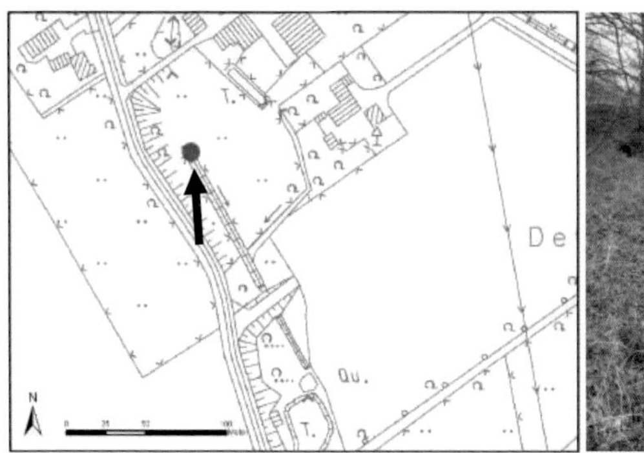

Lage:
Rechts-/Hochwert: 2596737/5757153
Höhe: +112 mNN
Schutzstatus: NSG

Struktur:
Quelltyp: künstlicher Austritt
Schüttung: ganzjährig
Sommerquelle: entspricht Winterquelle
Zahl der Austritte: 1
Substrat: Sand
Wasser-Land-Verzahnung: gering
Sommerbeschattung: mittel
Biotopgröße: 2 m²

Vegetation/Nutzung:
Einzugsgebiet: Acker, Laubwald
Umfeld: Grünland, Siedlung

Wasserchemie:
Beprobungszeitraum: 03/2008-10/2008
pH-Wert: 7,3-8,3
Leitfähigkeit: 529-876 µS/cm
Wassertemperatur: 6,9-15,8 °C

Bemerkungen:
liegt auf einer Kuhwiese, schlecht zu erreichen; weitere Quellaustritte im Wäldchen bachabwärts (BEYER 1932)

Beeinträchtigungen:
Quelle gefasst; Siedlung im Einzugsbereich

Bewertung: geschädigt

A XII – Steverquelle

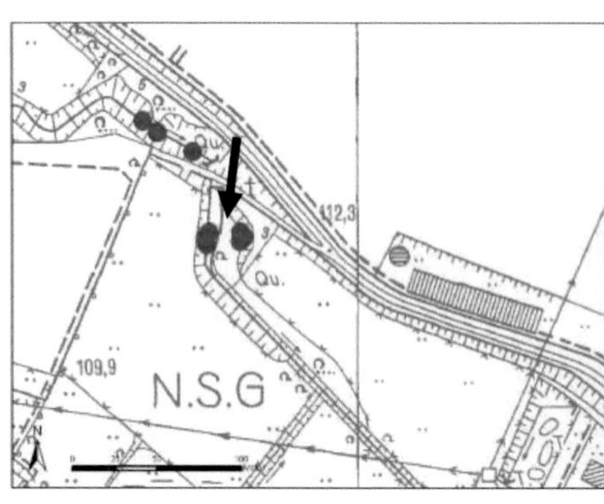

Lage:
Rechts-/Hochwert: 2593924/5758293
Höhe: +110 mNN
Schutzstatus: NSG

Struktur:
Quelltyp: Sturzquelle
Schüttung: ganzjährig
Sommerquelle: entspricht Winterquelle
Zahl der Austritte: > 10
Substrat: Sand, Steine
Wasser-Land-Verzahnung: mittel
Sommerbeschattung: mittel
Biotopgröße: 200 m²

Vegetation/Nutzung:
Einzugsgebiet: Acker, extensives Grünland
Umfeld: Laubwald, extensives Grünland

Wasserchemie:
Beprobungszeitraum: 11/2007-10/2008
pH-Wert: 6,9-7,8
Leitfähigkeit: 695-772 µS/cm
Wassertemperatur: 9,2-12,5 °C

Bemerkungen:
Die Steverquellen sind neben dem Hexenpütt/Siebenquellen (A V) die ästhetisch ansprechendsten Quellen. Sie werden besonders im Sommer von Wanderern und Besuchern aufgesucht.

Beeinträchtigungen:
Trittschäden besonders am seitlichen Moosaufwuchs; am 1. Mai 2008 Nutzung des direkten Quellbereichs als Grillplatz

Bewertung: mäßig beeinträchtigt

A XIII – Originalquelle der Stever

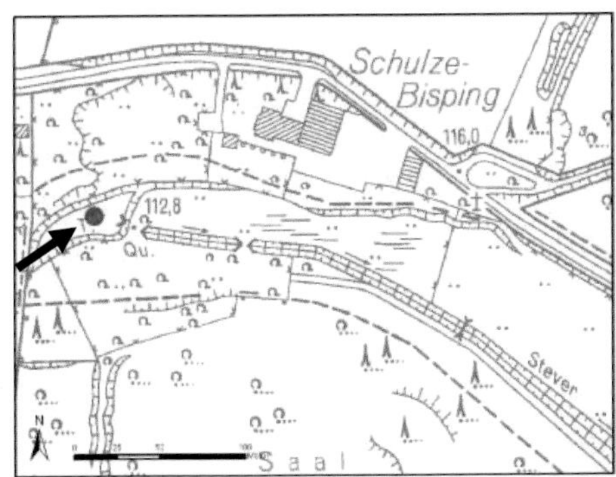

Lage:
Rechts-/Hochwert: 2593394/5758543
Höhe: +118 mNN
Schutzstatus: NSG
Struktur:
Quelltyp: Tümpelquelle
Schüttung: periodisch
Sommerquelle: 100 m unterhalb
Zahl der Austritte: 1
Substrat: Totholz, Feinmaterial
Wasser-Land-Verzahnung: mittel
Sommerbeschattung: mittel
Biotopgröße: 800 m^2

Vegetation/Nutzung:
Einzugsgebiet: Acker, Grünland
Umfeld: Gebüsch, Grünland
Wasserchemie:
Beprobungszeitraum: 11/2007-09/2008
pH-Wert: 7-7,5
Leitfähigkeit: 549-816 µS/cm
Wassertemperatur: 8,3-16,2 °C
Bemerkungen:
Umzäunt auf Rinderweide und dicht von Gebüsch umstanden; liegt höher als A XII und ist somit die „Originalquelle" der Stever; fällt im Sommer trocken
Beeinträchtigungen:
Einleitung in Quellteich aus westlicher Richtung (wahrscheinlich Hofabwässer o.ä.)

Bewertung: mäßig beeinträchtigt

A XV – Nonnenbachquelle bei Wenker (südwestlich)

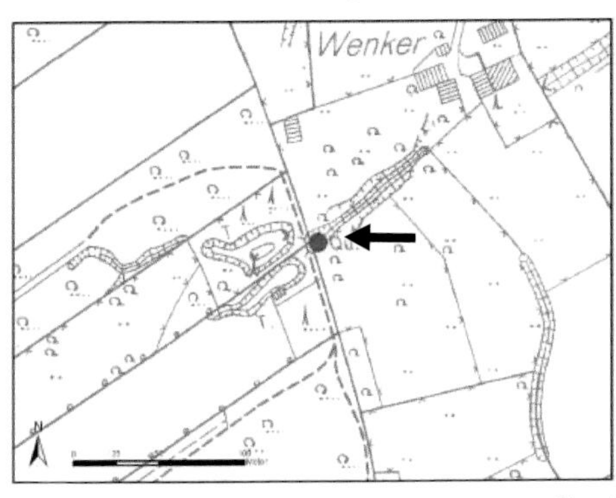

Lage:
Rechts-/Hochwert: 2590780/5757787
Höhe: +135 mNN
Schutzstatus: NSG
Struktur:
Quelltyp: Wanderquelle
Schüttung: periodisch
Sommerquelle: 50 m unterhalb
Zahl der Austritte: 1 diffuser Austritt
Substrat: Falllaub
Wasser-Land-Verzahnung: mittel
Sommerbeschattung: stark
Biotopgröße: 200 m^2

Vegetation/Nutzung:
Einzugsgebiet: Laubwald
Umfeld: Laubwald
Wasserchemie:
Beprobungszeitraum: 03/2008
pH-Wert: 7,8
Leitfähigkeit: 653 µS/cm
Wassertemperatur: 7,7-8,2 °C
Bemerkungen:
An einem Wanderweg gelegen; oberhalb der Quelle schließt sich ein nicht sehr ausgeprägtes Trockental im Laubwald an
Beeinträchtigungen:
keine

Bewertung: bedingt naturnah

A XXIX – Nonnenbachquelle bei Wenker (nordöstlich)

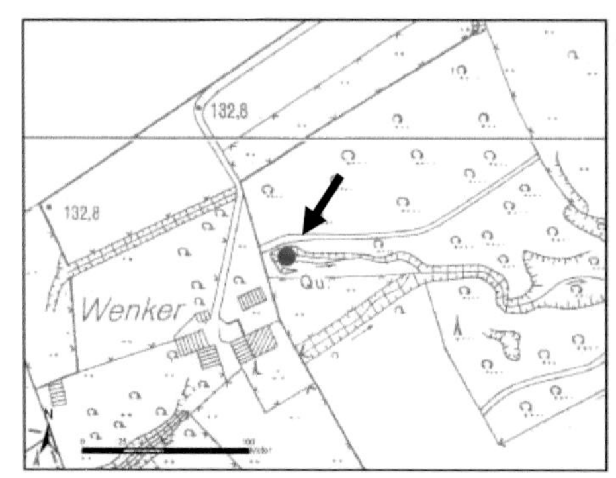

Lage:
Rechts-/Hochwert: 2590905/5757931
Höhe: +130 mNN
Schutzstatus: NSG
Struktur:
Quelltyp: Wanderquelle
Schüttung: periodisch
Sommerquelle: min. 90 m unterhalb
Zahl der Austritte: 1
Substrat: Falllaub, Feinmaterial
Wasser-Land-Verzahnung: mittel
Sommerbeschattung: stark
Biotopgröße: 200 m^2

Vegetation/Nutzung:
Einzugsgebiet: Laubwald
Umfeld: Laubwald
Wasserchemie:
Beprobungszeitraum: 03/2008
pH-Wert: 7,4
Leitfähigkeit: - µS/cm
Wassertemperatur: 7,7-8 °C
Bemerkungen:
Schlammröhrenwurm(Tubifex)-Kolonie im Feinmaterial vor Quellaustritt (Zeichen für wenig O_2); Im Sommer keine Schüttung, genaue Lage der Sommerquelle aber unbestimmt, da sich der Quellbach nach 90 m mit weiterem Bach vereinigt
Beeinträchtigungen:
keine

Bewertung: bedingt naturnah

A XXVIII – Hangenfelsbachquelle (Lossbecke)

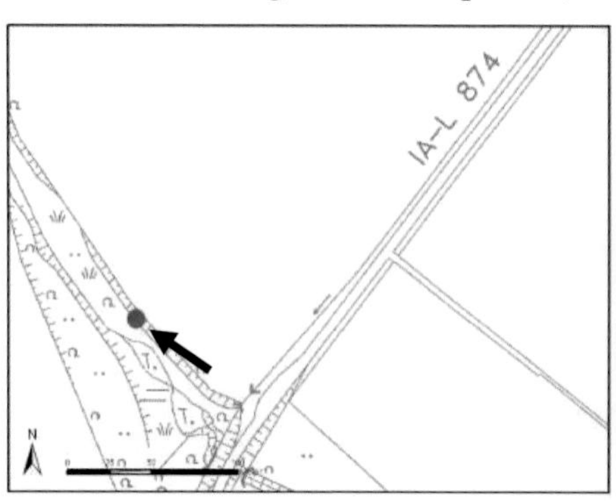

Lage:
Rechts-/Hochwert: 2593363/5757090
Höhe: +110 mNN
Schutzstatus: NSG
Struktur:
Quelltyp: Tümpelquelle
Schüttung: periodisch
Sommerquelle: 200 m unterhalb
Zahl der Austritte: 2
Substrat: Feinmaterial, Detritus
Wasser-Land-Verzahnung: groß
Sommerbeschattung: mittel
Biotopgröße: 400 m^2

Vegetation/Nutzung:
Einzugsgebiet: Acker
Umfeld: Gebüsch, Laubwald
Wasserchemie:
Beprobungszeitraum: 12/2007-04/2008
pH-Wert: 6,9-7,5
Leitfähigkeit: 751-798 µS/cm
Wassertemperatur: 6,1-9,1 °C
Bemerkungen:
Reiche Quellflur
Beeinträchtigungen:
Abfließender Quellbach nach 50 m verrohrt; dort auch Müllablagerungen im Gewässerbereich

Bewertung: mäßig beeinträchtigt

A XXX – Steverquelle unterhalb Leopoldshöhe

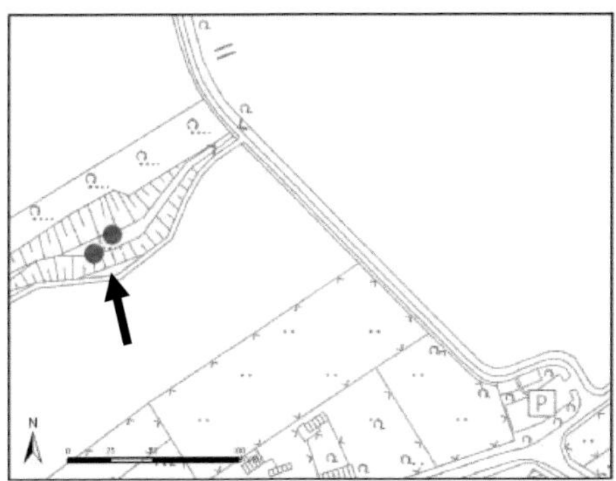

Lage:
Rechts-/Hochwert: 2596539/5757700
Höhe: +155 mNN
Schutzstatus: NSG

Struktur:
Quelltyp: Sickerquelle
Schüttung: periodisch
Sommerquelle: 80 m unterhalb
Zahl der Austritte: 3
Substrat: Falllaub, Feinmaterial
Wasser-Land-Verzahnung: mittel
Sommerbeschattung: mittel
Biotopgröße: 500 m^2

Vegetation/Nutzung:
Einzugsgebiet: Acker, Laubwald
Umfeld: Laubwald

Wasserchemie:
Beprobungszeitraum: 11/2007-07/2008
pH-Wert: 7-7,8
Leitfähigkeit: 675-840 µS/cm
Wassertemperatur: 7,4-16,5 °C

Bemerkungen:
Der Quellbach versickert nach 200 m innerhalb eines Waldgebietes (Bachschwinden).

Beeinträchtigungen:
Großflächige (ältere) Ablagerungen von Beton, Bauschutt, Metall und Plastik im Quellbereich; Einleitung einer Ackerdrainage mitten durch die Quelle (deutliche Erosionserscheinungen auf dem Acker erkennbar)

Bewertung: mäßig beeinträchtigt

Anhang 10.3: Berkel

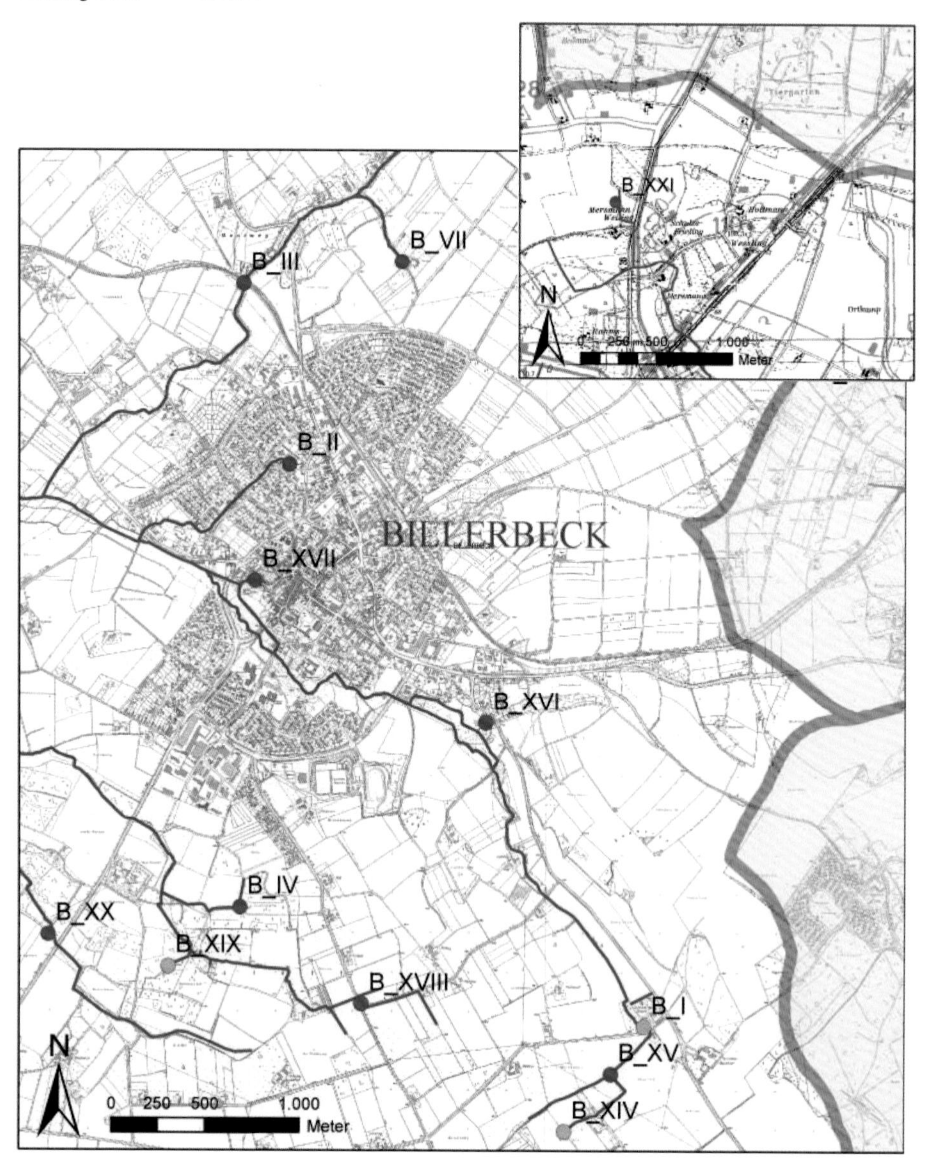

B II – Ludgerusbrunnen

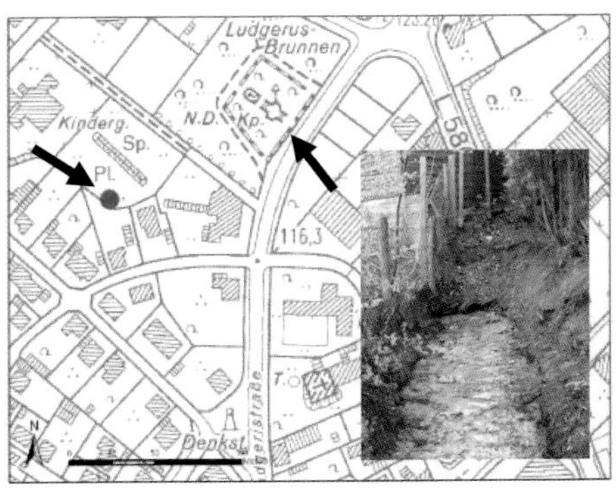

Lage:
Rechts-/Hochwert: 2588590/5761838
Höhe: +115 mNN
Schutzstatus: kein
Struktur:
Quelltyp: Sturzquelle
Schüttung: ganzjährig
Sommerquelle: entspricht Winterquelle
Zahl der Austritte: 1
Substrat: Beton
Wasser-Land-Verzahnung: gering
Sommerbeschattung: stark
Biotopgröße: 1 m²

Vegetation/Nutzung:
Einzugsgebiet: Berkel
Umfeld: standortfremde Vegetation und Siedlung
Wasserchemie:
Beprobungszeitraum: 02/2008-10/2008
pH-Wert: 6,7-7,8
Leitfähigkeit: 765-823 µS/cm
Wassertemperatur: 9,3-16,1 °C
Bemerkungen:
Der Ludgerusbrunnen ist eine komplett gefasste Quelle; das Quellwasser wird abgeführt und tritt als künstlicher Bachanfang des Brunnenbachs wieder aus; Alter Wallfahrtsort und schon vordem Wodan geweiht (WESTHOFF (1907) zit. nach BEYER 1932); ehemals überdacht gewesen
Beeinträchtigungen:
Quelle gefasst, verrohrt für 100 m, und nach nur 80 m oberirdischer Fließstrecke wieder verrohrt

Bewertung: stark geschädigt

B III – Gantweger Bachquelle hinter den Gleisen

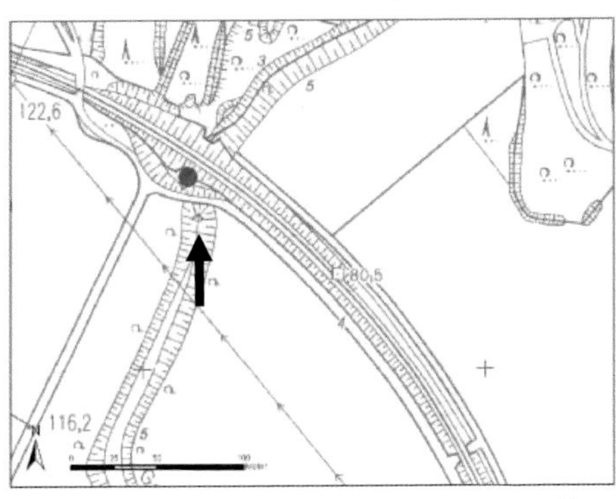

Lage:
Rechts-/Hochwert: 2588427/5762709
Höhe: +115mNN
Schutzstatus: kein
Struktur:
Quelltyp: Sickerquelle
Schüttung: periodisch
Sommerquelle: 90 m unterhalb
Zahl der Austritte: 1
Substrat: Feinmaterial, Totholz
Wasser-Land-Verzahnung: mittel
Sommerbeschattung: stark
Biotopgröße: 10 m²

Vegetation/Nutzung:
Einzugsgebiet: Acker, Siedlung
Umfeld: Gebüsch, Acker, Straße
Wasserchemie:
Beprobungszeitraum: 11/2007-05/2008
pH-Wert: 7-7,5
Leitfähigkeit: 528-882 µS/cm
Wassertemperatur: 3,8-9,2 °C
Bemerkungen:
Probennahmepunkt unterhalb eines Bahnübergangs; oberhalb schließt sich ein Trockental an, in dem sich das Wasser im Sommer längere Zeit in Kolken halten kann (BEYER 1932)
Beeinträchtigungen:
keine

Bewertung: geschädigt

B VII – Gantweger Bachquelle bei Hesker

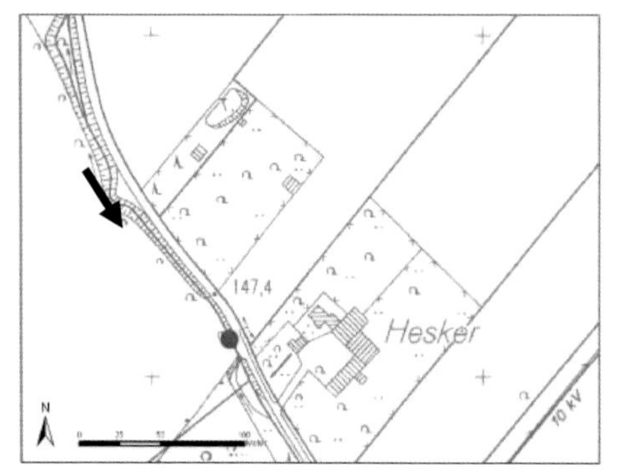

Lage:
Rechts-/Hochwert: 2588569/5762826
Höhe: +128 mNN
Schutzstatus: kein
Struktur:
Quelltyp: Sickerquelle
Schüttung: periodisch
Sommerquelle: unbekannt
Zahl der Austritte: 1
Substrat: Falllaub
Wasser-Land-Verzahnung: groß
Sommerbeschattung: stark
Biotopgröße: 3 m^2

Vegetation/Nutzung:
Einzugsgebiet: Gebüsch, Siedlung
Umfeld: Gebüsch
Wasserchemie:
Beprobungszeitraum: 04/2008
pH-Wert: 7,1
Leitfähigkeit: 565 µS/cm
Wassertemperatur: 7,2-7,5 °C
Bemerkungen:
Wanderquelle in einem Quellkomplex (eigentlicher Quellbereich an Weide in Hausnähe); großer Quellbereich
Beeinträchtigungen:
Quellstandort oberhalb der Schienen; Schutt im Bachlauf im Laubwaldbereich

Bewertung: bedingt naturnah

B XV – Berkelquelle nördlich Hengwehr

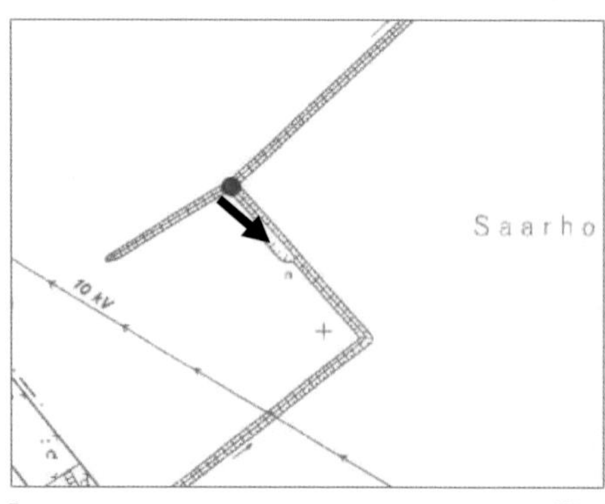

Lage:
Rechts-/Hochwert: 2590345/5758682
Höhe: +127 mNN
Schutzstatus: kein
Struktur:
Quelltyp: Tümpelquelle
Schüttung: periodisch
Sommerquelle: min. 500 m unterhalb
Zahl der Austritte: 1
Substrat: Detritus
Wasser-Land-Verzahnung: gering
Sommerbeschattung: schwach
Biotopgröße: 400m²

Vegetation/Nutzung:
Einzugsgebiet: Acker
Umfeld: Gebüsch, Acker
Wasserchemie:
Beprobungszeitraum: 11/2007-06/2008
pH-Wert: 7-8
Leitfähigkeit: 640-745 µS/cm
Wassertemperatur: 5,1-12,9 °C
Bemerkungen:
Tümpelquelle auf dem Acker, umstanden von Gebüsch; Originalquelle als Rinnsal bei hohem Grundwasserstand 200 m oberhalb auf einem Acker (Stockfeld); dichte Vegetation im und am Gewässer; im Sommer durch hohe Primärproduktion O_2-Gehalte > 100 %
Beeinträchtigungen:
Direkte Düngeeinträge aus der Ackerfläche, da teilweise weniger als 1 m Abstand zum Gewässer

Bewertung: mäßig beeinträchtigt

B XVI – Berkelquelle südöstliches Billerbeck

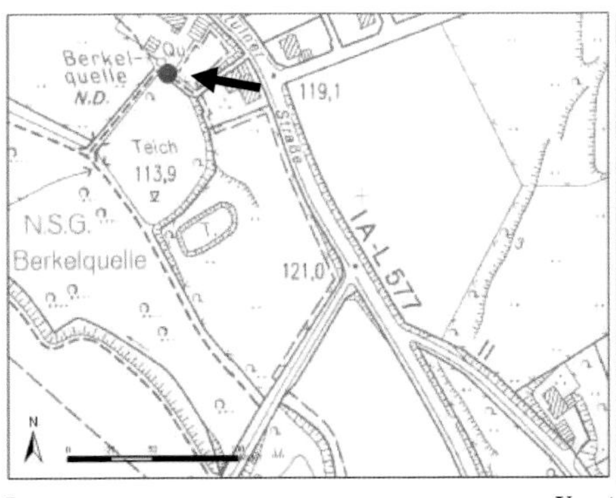

Lage:
Rechts-/Hochwert: 2589687/5760471
Höhe: +115 mNN
Schutzstatus: NSG; FFH

Struktur:
Quelltyp: Grundquelle
Schüttung: ganzjährig
Sommerquelle: entspricht Winterquelle
Zahl der Austritte: 1
Substrat: Sand
Wasser-Land-Verzahnung: mittel
Sommerbeschattung: schwach
Biotopgröße: 4,5m²

Vegetation/Nutzung:
Einzugsgebiet: Siedlung
Umfeld: Gebüsch, Siedlung

Wasserchemie:
Beprobungszeitraum: 11/2007-10/2008
pH-Wert: 6,7-8
Leitfähigkeit: 651-766 µS/cm
Wassertemperatur: 8,4-12,2 °C

Bemerkungen:
Quelle am Rande eines Teiches auf Privatgrundstück; Während der Probenahme 2007/2008 lebte zeitweise ein Karpfen in der Quelle

Beeinträchtigungen:
Quellbereich in Beton gefasst, durch Mauer vom Teich getrennt; Quellwasser fließt über einen Absturz und durch die Mauer

Bewertung: mäßig beeinträchtigt

B XVII – Berkelquelle in der Gräfte am Richthof

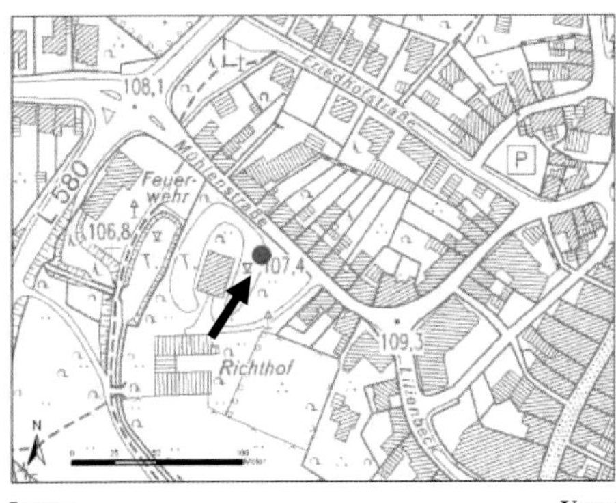

Lage:
Rechts-/Hochwert: 2588433/5761172
Höhe: +107 mNN
Schutzstatus: kein

Struktur:
Quelltyp: künstlicher Austritt, Sturzquelle
Schüttung: ganzjährig
Sommerquelle: entspricht Winterquelle
Zahl der Austritte: 1
Substrat: Detritus
Wasser-Land-Verzahnung: gering
Sommerbeschattung: mittel
Biotopgröße: 500 m²

Vegetation/Nutzung:
Einzugsgebiet: Berkel
Umfeld: standortfremde Vegetation, Weg und Siedlung

Wasserchemie:
Beprobungszeitraum: 12/2007-10/2008
pH-Wert: 7-7,9
Leitfähigkeit: 734-799 µS/cm
Wassertemperatur: 8,5-14,2 °C

Bemerkungen:
verrohrter Austritt beprobt; vermutlich befinden sich am Grund des Teiches/der Gräfte noch weitere Quellen

Beeinträchtigungen:
Verrohrte Quelle; Auftau des Quellwasser; Fischbesatz

Bewertung: mäßig beeinträchtigt

B XXI – Mersmannsbachquelle bei Mersmann

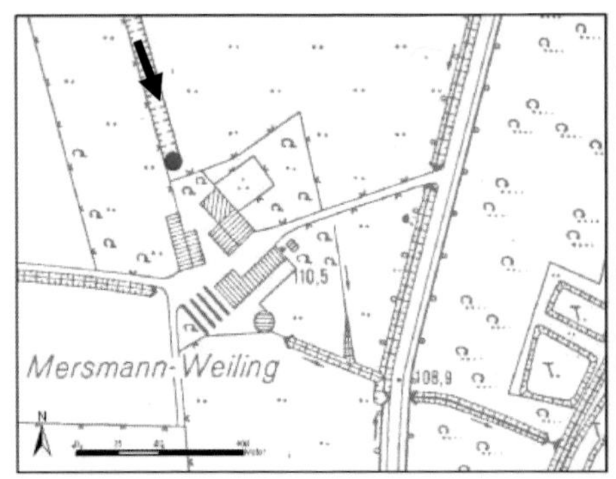

Lage:
Rechts-/Hochwert: 2585176/5764393
Höhe: +111 mNN
Schutzstatus: kein

Struktur:
Quelltyp: Sickerquelle
Schüttung: ganzjährig
Sommerquelle: 200 m unterhalb
Zahl der Austritte: 1 diffuser Austritt
Substrat: Vegetation und Detritus
Wasser-Land-Verzahnung: groß
Sommerbeschattung: stark
Biotopgröße: 600 m^2

Vegetation/Nutzung:
Einzugsgebiet: Grünland
Umfeld: standorttypische Vegetation, Grünland und Siedlung

Wasserchemie:
Beprobungszeitraum: 12/2007-04/2008
pH-Wert: 7,4-8,2
Leitfähigkeit: 744-837 µS/cm
Wassertemperatur: 6,1-9,3 °C

Bemerkungen:
Zugang zur Quelle nur über Hof Mersman-Weiling möglich; Einleitungen in den Quellbach

Beeinträchtigungen:
Quelle liegt zwischen zwei Äckern

Bewertung: mäßig beeinträchtigt

Anhang 10.4: Vechte

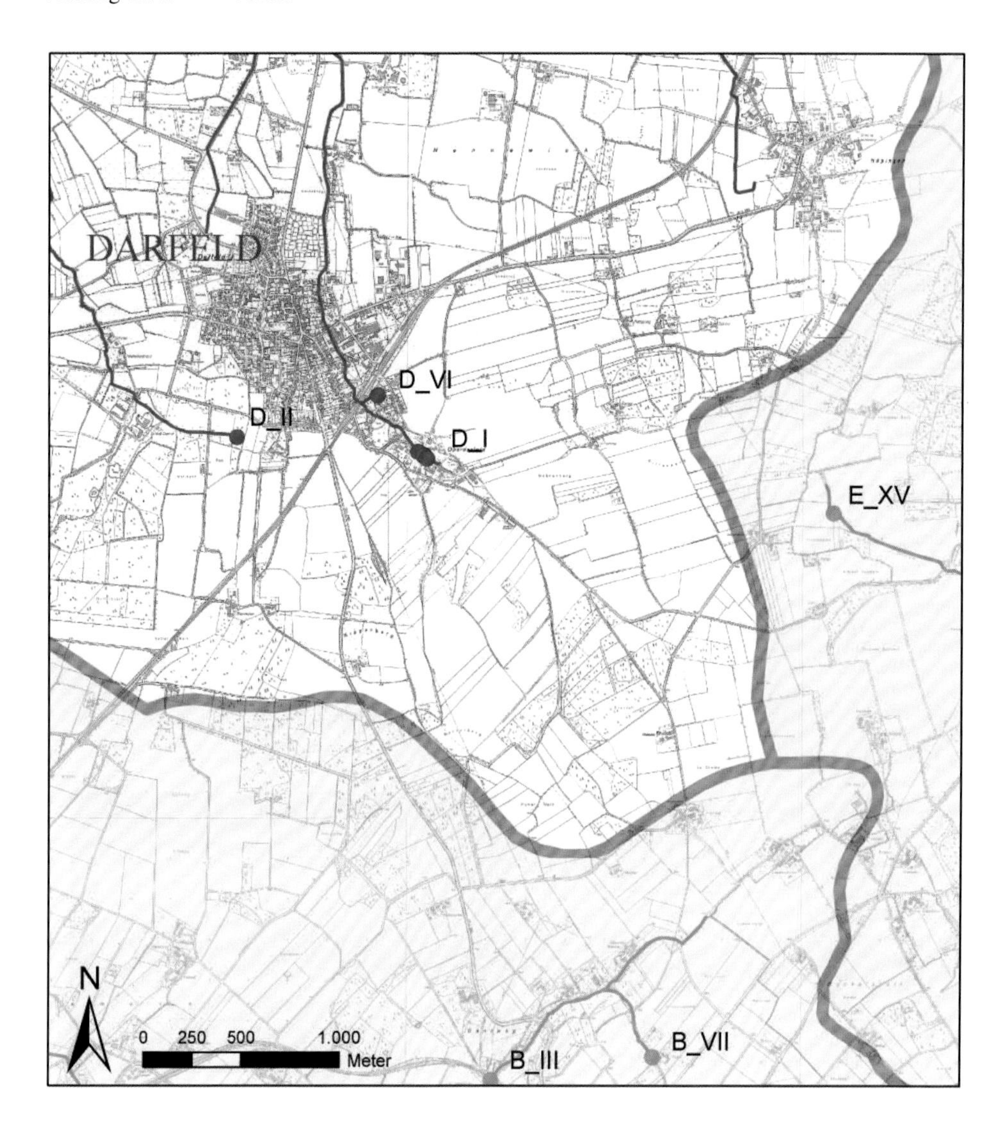

D I – Vechtequelle

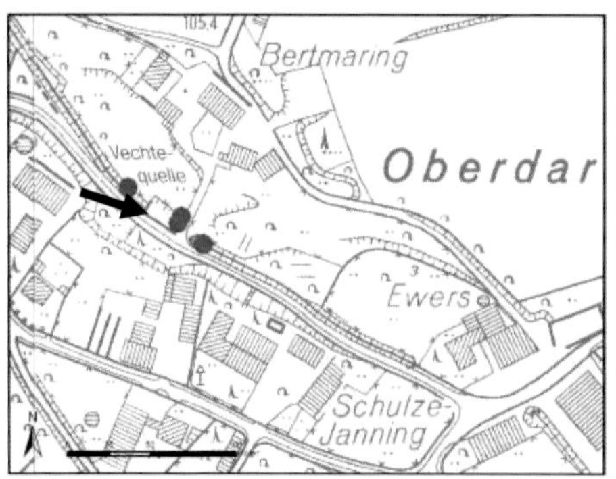

Lage:
Rechts-/Hochwert: 2588085/5765789
Höhe: +102 mNN
Schutzstatus: kein
Struktur:
Quelltyp: Sturzquelle (teilw. Sickerquelle)
Schüttung: ganzjährig
Sommerquelle: entspricht Winterquelle
Zahl der Austritte: > 10
Substrat: Sand
Wasser-Land-Verzahnung: mittel
Sommerbeschattung: schwach
Biotopgröße: 50 m²

Vegetation/Nutzung:
Einzugsgebiet: extensives Grünland, Siedlung
Umfeld: Gebüsch, extensives Grünland
Wasserchemie:
Beprobungszeitraum: 11/2007-10/2008
pH-Wert: 6,6-7,7
Leitfähigkeit: 742- 855 µs/cm
Wassertemperatur: 9,4-11,9 °C
Bemerkungen:
Quellkomplex, dessen Wasser teils aus Steinaufschüttung, teils aus dem Gewässergrund und aus seitlichen Sickerbereichen austritt; bereits renaturiert (2003); Oberflächenabfluss wird vor der Quelle abgeleitet;
Quellstandort gut erreichbar;
Bergmolchhabitat; im Sommer sind Sickerquellen trocken
Beeinträchtigungen:
Straßennähe

Bewertung: bedingt naturnah

D II – Burloer Bachquelle bei Schloss Darfeld

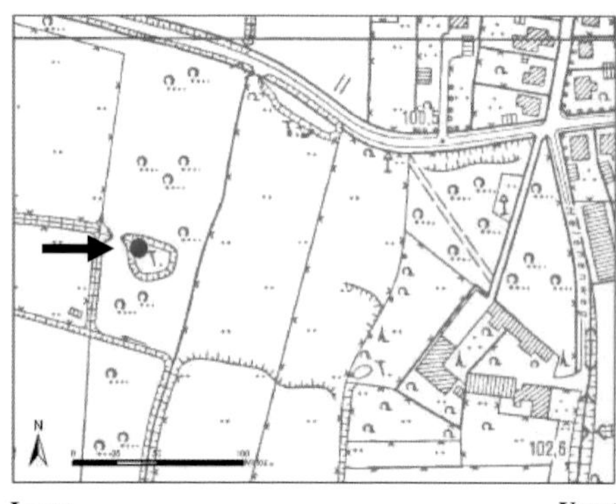

Lage:
Rechts-/Hochwert: 2587133/5765882
Höhe: +98 mNN
Schutzstatus: kein
Struktur:
Quelltyp: Tümpelquelle
Schüttung: ganzjährig
Sommerquelle: entspricht Winterquelle
Zahl der Austritte: 1
Substrat: Sand
Wasser-Land-Verzahnung: groß
Sommerbeschattung: mittel
Biotopgröße: 400 m²

Vegetation/Nutzung:
Einzugsgebiet: Laubwald, Siedlung
Umfeld: Gebüsch, Laubwald,
Wasserchemie:
Beprobungszeitraum: 11/2007-05/2008
pH-Wert: 7,1- 7,5
Leitfähigkeit: 775- 818 µs/cm
Wassertemperatur: 8,5-10,3 °C
Bemerkungen:
Quellaustritt ist versteckt; liegt in sehr feuchtem Wäldchen; Quellbach hat sich neues Bachbett gesucht
Beeinträchtigungen:
keine

Bewertung: naturnah

D VI – Nebenquelle Vechte

Lage:
Rechts-/Hochwert: 2587854/5766088
Höhe: +102 mNN
Schutzstatus: NSG

Struktur:
Quelltyp: Sturzquelle
Schüttung: ganzjährig
Sommerquelle: entspricht Winterquelle
Zahl der Austritte: 1
Substrat: Steine und Sand
Wasser-Land-Verzahnung: mittel
Sommerbeschattung: mittel
Biotopgröße: 1 m²

Vegetation/Nutzung:
Einzugsgebiet: Vechte
Umfeld: Standorttypische Vegetation und Acker

Wasserchemie:
Beprobungszeitraum: 11/2007-04/2008
pH-Wert: 7,1- 7,3
Leitfähigkeit: 778- 820 µs/cm
Wassertemperatur: 7,8- 10,6 °C

Bemerkungen:
Quellbach ist gefasst, kleine Hütte am Bach; Wiese oberhalb der Quelle hat eigenen Abfluss(!), laut Anwohner dort tiefes Loch auf der Fläche, daher abgesperrt

Beeinträchtigungen:
ehemalige Müllkippe oberhalb der Quelle (Wiese 10 m von Quelle entfernt)

Bewertung: bedingt naturnah

Anhang 10.5: Steinfurter Aa

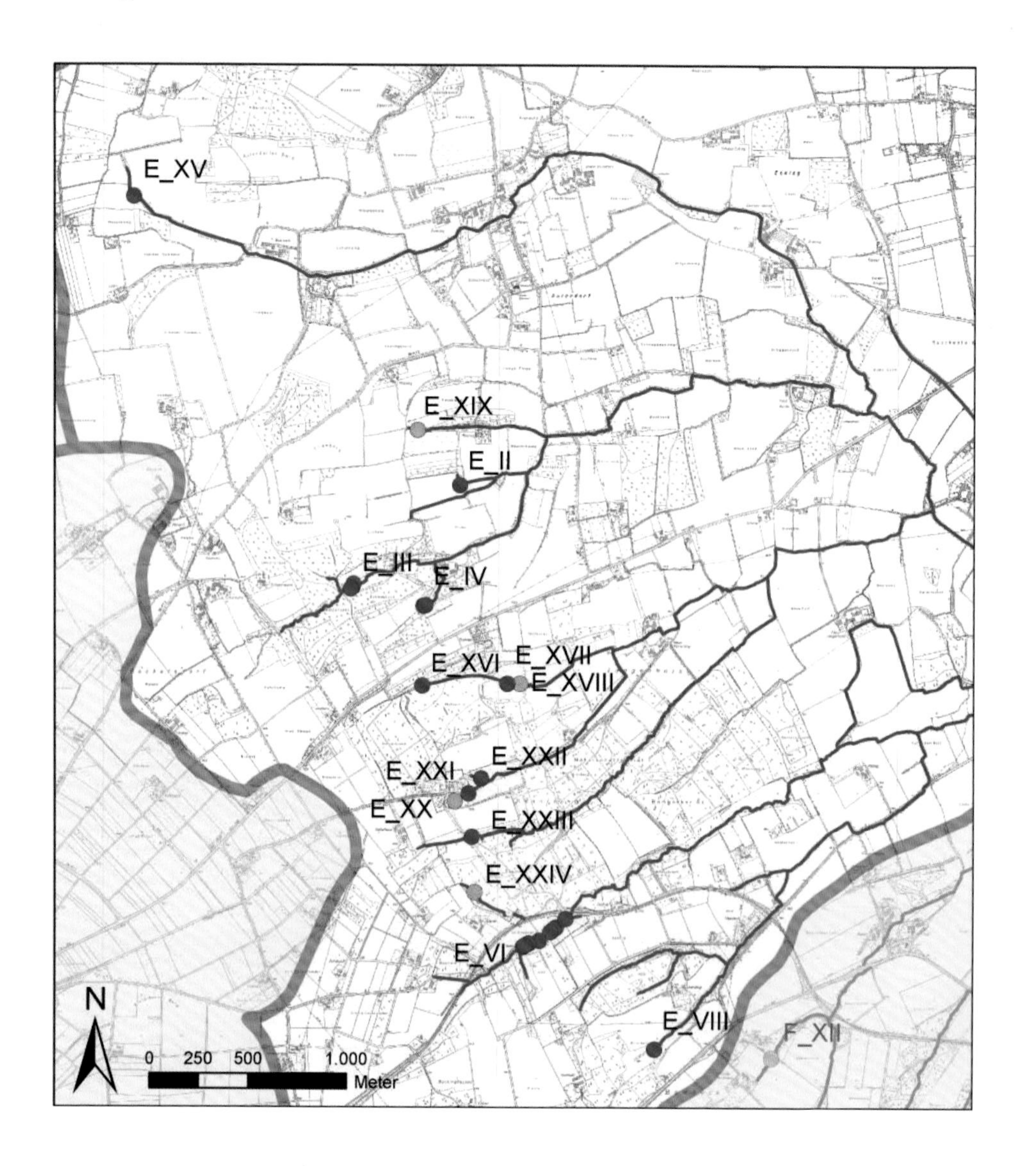

E II – Steinfurter Aaquelle bei Mensing (südlich)

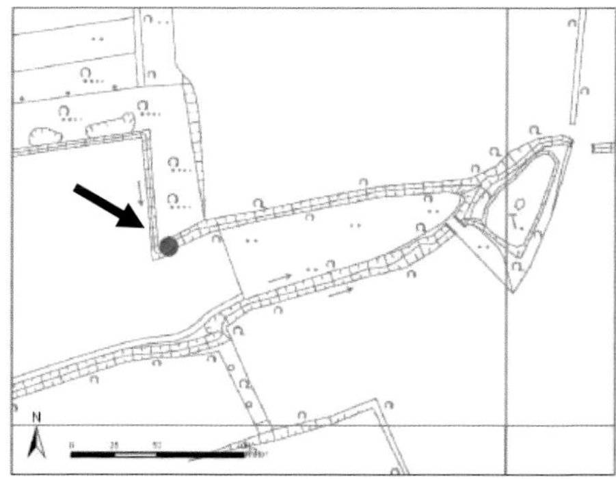

Lage:
Rechts-/Hochwert: 2591804/5764100
Höhe: +118 mNN
Schutzstatus: kein
Struktur:
Quelltyp: Sturzquelle
Schüttung: periodisch
Sommerquelle: 250 m unterhalb
Zahl der Austritte: 1
Substrat: Falllaub, Detritus, Feinmaterial
Wasser-Land-Verzahnung: mittel
Sommerbeschattung: stark
Biotopgröße: 2 m²

Vegetation/Nutzung:
Einzugsgebiet: Laubwald und Acker
Umfeld: Standorttypische Vegetation und Acker
Wasserchemie:
Beprobungszeitraum: 11/2007-04/2008
pH-Wert: 7,1- 7,8
Leitfähigkeit: 735-774 µs/cm
Wassertemperatur: 8,4-10,9 °C
Bemerkungen:
Zugang von K13 über Hof, Acker und Waldstück
Beeinträchtigungen:
Liegt direkt an Acker

Bewertung: naturnah

E III – Dielbachquelle bei Lütke Daldrup

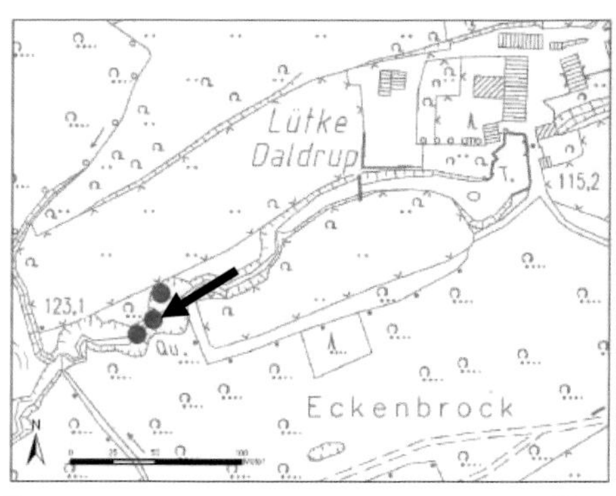

Lage:
Rechts-/Hochwert: 2591265/5763601
Höhe: +120 mNN
Schutzstatus: kein
Struktur:
Quelltyp: Sturzquelle
Schüttung: periodisch
Sommerquelle: ca. 50 m unterhalb
Zahl der Austritte: mind. 3
Substrat: Steine und Sand
Wasser-Land-Verzahnung: gering
Sommerbeschattung: stark
Biotopgröße: 15 m²

Vegetation/Nutzung:
Einzugsgebiet: Mischwald, Grünland
Umfeld: Mischwald, Acker
Wasserchemie:
Beprobungszeitraum:
pH-Wert: 6,2-7,7
Leitfähigkeit: 704-860 µs/cm
Wassertemperatur: 7,5-14,3 °C
Bemerkungen:
Bachbett oberhalb der Quellen sehr stark ausgeprägt, aber trocken; die Austritte sind, je nach Wasserstand, teilweise unterhalb der Wasseroberfläche
Beeinträchtigungen:
Drainage/Graben, folgender Aufstau (Fischteich)

Bewertung: naturnah

E IV – Dielbachquelle bei Große Daldrup

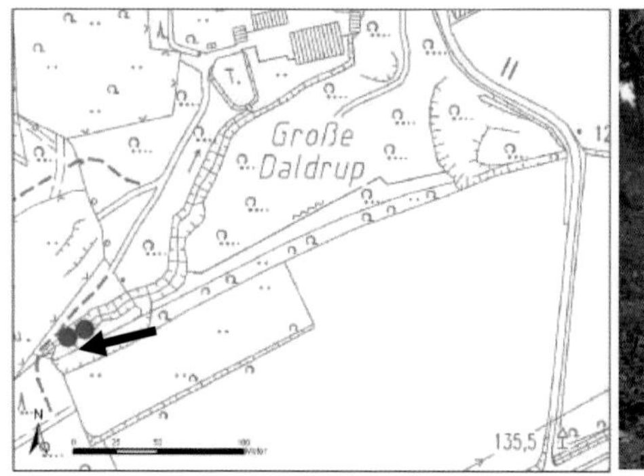

Lage:
Rechts-/Hochwert: 2591621/5763509
Höhe: +117 mNN
Schutzstatus: kein
Struktur:
Quelltyp: Sturzquelle
Schüttung: ganzjährig
Sommerquelle: entspricht Winterquelle
Zahl der Austritte: 5
Substrat: Kies, Schotter und Sand
Wasser-Land-Verzahnung: gering
Sommerbeschattung: stark
Biotopgröße: 5 m²

Vegetation/Nutzung:
Einzugsgebiet: Mischwald, Grünland
Umfeld: Mischwald
Wasserchemie:
Beprobungszeitraum: 11/2007-10/2008
pH-Wert: 6,4-7,5
Leitfähigkeit: 690-867 µs/cm
Wassertemperatur: 7,3-12,8 °C
Bemerkungen:
Mergelstein als Bachbett, Bach fließt u. a. in kleinen Teich und versickert teilweise
Beeinträchtigungen:
Drainage/Graben

Bewertung: naturnah

E VI – Bombecker Aaquelle

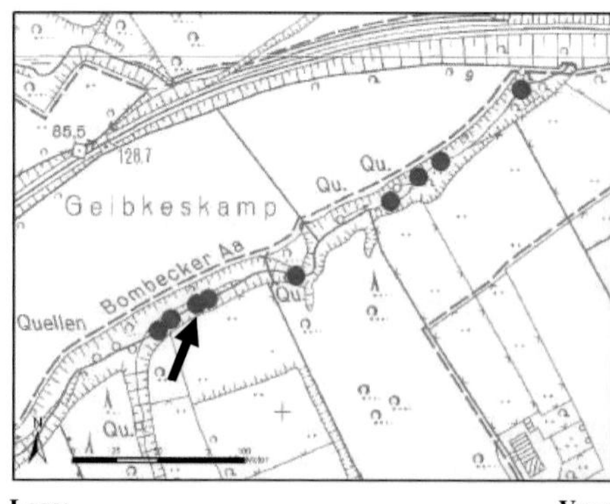

Lage:
Rechts-/Hochwert 2592207/5761876
Höhe: +124 mNN
Schutzstatus: NSG; FFH
Struktur:
Quelltyp: Sturzquelle
Schüttung: ganzjährig/periodisch
Sommerquelle: 100 m unterhalb des obersten Austrittes
Zahl der Austritte: 10
Substrat: Falllaub
Wasser-Land-Verzahnung: mittel
Sommerbeschattung: stark
Biotopgröße: 100 m²

Vegetation/Nutzung:
Einzugsgebiet: Laubwald, Grünland
Umfeld: Laubwald
Wasserchemie:
Beprobungszeitraum: 11/2007-05/2008
pH-Wert: 6,9-7,8
Leitfähigkeit: 680-1002 µs/cm
Wassertemperatur: 5-12,7 °C
Bemerkungen:
Quellkomplex, der sich über 250 m in einem Kerbtal erstreckt; im Sommerhalbjahr schütten die oberen Quellaustritte nicht
Beeinträchtigungen:
Im Frühjahr konnten Fadenalgen beobachtet werden, die aus dem Quellbereich in das Gewässer wachsen.

Bewertung: naturnah

E VIII – Landwehrbachquelle bei Isenberg

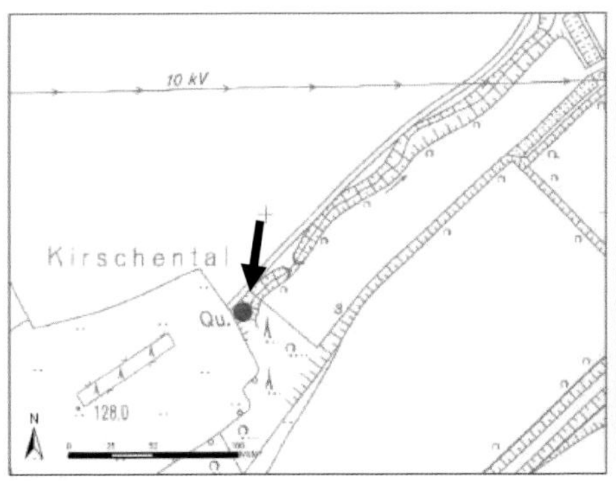

Lage:
Rechts-/Hochwert: 2592785/5761344
Höhe: +130 mNN
Schutzstatus: kein
Struktur:
Quelltyp: Sturzquelle
Schüttung: periodisch
Sommerquelle: 500 m unterhalb
Zahl der Austritte: 1
Substrat: Falllaub und Detritus
Wasser-Land-Verzahnung: mittel
Sommerbeschattung: stark
Biotopgröße: 0,25 m^2

Vegetation/Nutzung:
Einzugsgebiet: Mischwald, Grünland, Acker
Umfeld: Mischwald, Grünland, Acker
Wasserchemie:
Beprobungszeitraum: 11/2007-04/2008
pH-Wert: 6,8-7,8
Leitfähigkeit: 654-703 µs/cm
Wassertemperatur: 4,8-7,7 °C
Bemerkungen:
keine
Beeinträchtigungen:
keine

Bewertung: geschädigt

E XV – Steinfurter Aaquelle am Hasenkamp

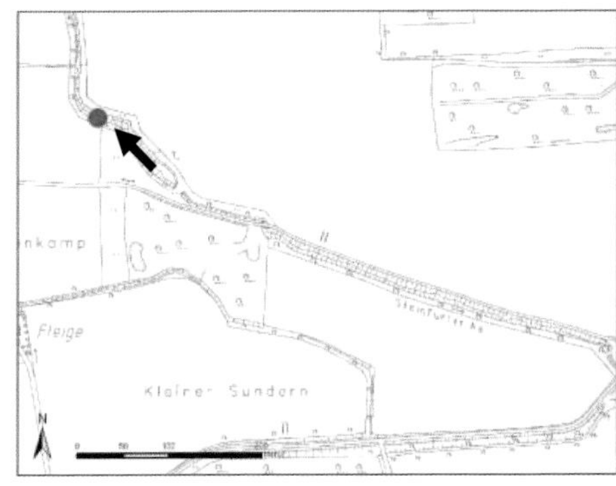

Lage:
Rechts-/Hochwert: 2590158/5765508
Höhe: +127 mNN
Schutzstatus: kein
Struktur:
Quelltyp: Sturzquelle
Schüttung: periodisch
Sommerquelle: ca. 2 km unterhalb (östlich der K 13)
Zahl der Austritte: > 10
Substrat: Sand und Detritus
Wasser-Land-Verzahnung: gering
Sommerbeschattung: mittel
Biotopgröße: 80 m^2

Vegetation/Nutzung:
Einzugsgebiet: überwiegend Acker
Umfeld: Standorttypische Vegetation und Acker
Wasserchemie:
Beprobungszeitraum: 12/2007-04/2008
pH-Wert: 7,2-7,9
Leitfähigkeit: 774-794 µs/cm
Wassertemperatur: 8-9,2 °C
Bemerkungen:
Quellaustritte auf der süd-westlichen Bachseite über Länge von ca. 80 m aus Spalten im Gestein
Beeinträchtigungen:
Zuleitung von Entwässerungsgräben der Felder oberhalb; direkte Lage zwischen den Feldern; Fadenalgen in 04/2008

Bewertung: mäßig beeinträchtigt

E XVI – Steinfurter Aaquelle bei Sommer (westlich)

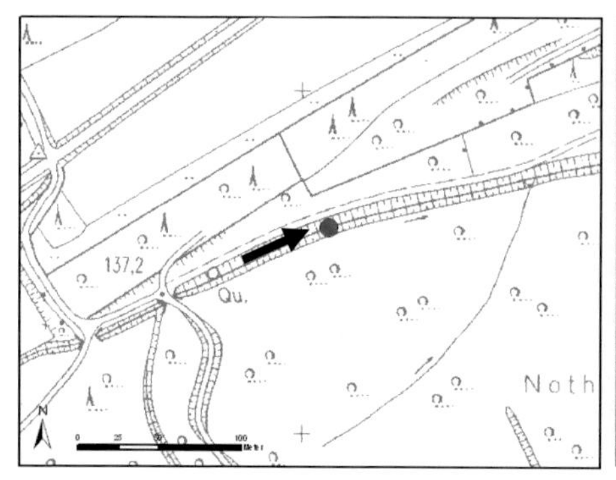

Lage:
Rechts-/Hochwert: 2591616/5763120
Höhe: +130 mNN
Schutzstatus: kein
Struktur:
Quelltyp: Sturzquelle
Schüttung: periodisch
Sommerquelle: 500 m unterhalb
Zahl der Austritte: 1
Substrat: Steine, Falllaub
Wasser-Land-Verzahnung: gering
Sommerbeschattung: stark
Biotopgröße: 2 m²

Vegetation/Nutzung:
Einzugsgebiet: Laub- und Mischwald
Umfeld: Laubwald
Wasserchemie:
Beprobungszeitraum: 03/2008
pH-Wert: 7,2
Leitfähigkeit: 775 µs/cm
Wassertemperatur: 8,9 °C
Bemerkungen:
Einmalige Beprobung; Quellbach versickert nach ca. 20 m und tritt als Sickerquelle E XVII wieder an die Oberfläche
Beeinträchtigungen:
keine

Bewertung: naturnah

E XVII – Steinfurter Aaquelle bei Sommer (Wiese)

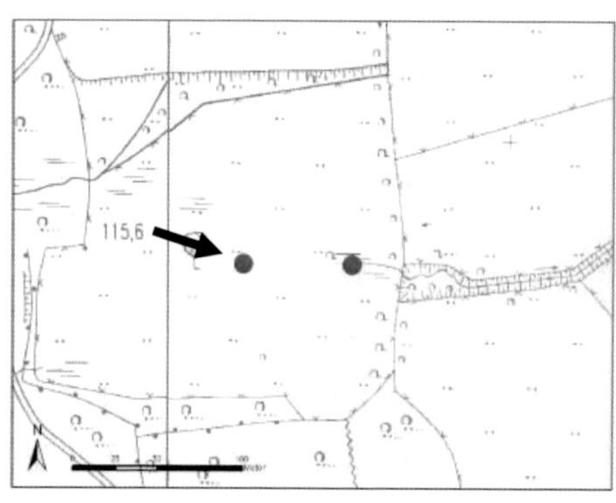

Lage:
Rechts-/Hochwert: 2592044/5763131
Höhe: +114 mNN
Schutzstatus: kein
Struktur:
Quelltyp: Sickerquelle
Schüttung: periodisch
Sommerquelle: 25 m unterhalb
Zahl der Austritte: diffuser Austritt
Substrat: Detritus und Sand
Wasser-Land-Verzahnung: groß
Sommerbeschattung: gering
Biotopgröße: 4000 m^2

Vegetation/Nutzung:
Einzugsgebiet: extensives Grünland, Laubwald
Umfeld: extensives Grünland
Wasserchemie:
Beprobungszeitraum: 11/2007-04/2008
pH-Wert: 6,9-7,4
Leitfähigkeit: 658-793 µs/cm
Wassertemperatur: 6,6-10 °C
Bemerkungen:
Quelle mit größter Flächenausdehnung im Gebiet; an einer Stelle sprudelnder Quellaustritt; Wasser tritt zuvor schon in E XVI aus und versickert dort wieder
Beeinträchtigungen:
Trittschäden durch Vieh, Düngung auf der Wiese

Bewertung: naturnah

E XXI – Steinfurter Aaquelle bei Böving (südöstlich)

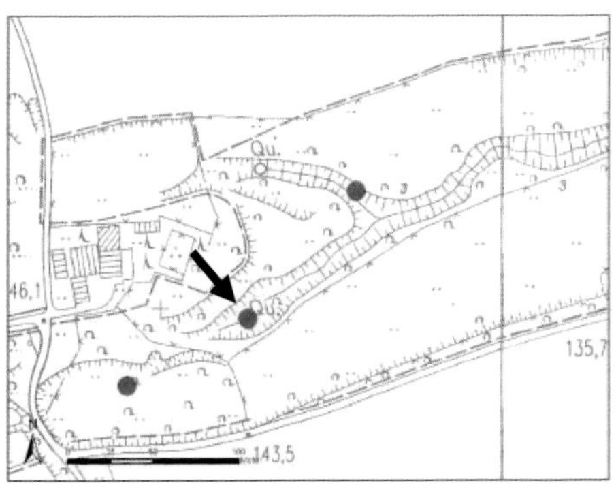

Lage:
Rechts-/Hochwert: 2591851/5762595
Höhe: +130 mNN
Schutzstatus: NSG; FFH

Struktur:
Quelltyp: Sturzquelle/Sickerquelle
Schüttung: periodisch
Sommerquelle: 30 m unterhalb
Zahl der Austritte: 2
Substrat: Sand, Totholz
Wasser-Land-Verzahnung: mittel
Sommerbeschattung: stark
Biotopgröße: 20 m²

Vegetation/Nutzung:
Einzugsgebiet: Siedlungsfläche, extensives Grünland
Umfeld: Gebüsch und extensives Grünland

Wasserchemie:
Beprobungszeitraum: 11/2007-04/2008
pH-Wert: 6,7-8,3
Leitfähigkeit: 547-762 µs/cm
Wassertemperatur: 5,3-8,4 °C

Bemerkungen:
Im Winterhalbjahr sickert Wasser aus oberliegender Wiese (Austritt südlich des Hauses) dazu; Haus verfällt; keine Nutzung der Wiesen

Beeinträchtigungen:
Durch Baumfällarbeiten im Quellbereich wurde der Haupt-Quellaustritt verschüttet

Bewertung: nicht bewertet

E XXII – Steinfurter Aaquelle bei Böving (östlich)

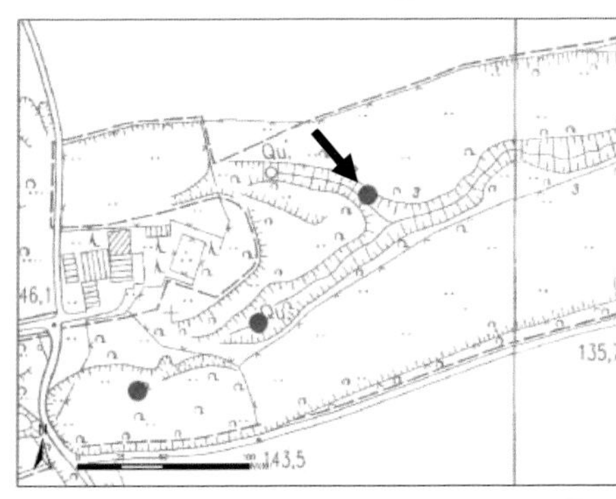

Lage:
Rechts-/Hochwert: 2591915/5762667
Höhe: +125 mNN
Schutzstatus: NSG; FFH

Struktur:
Quelltyp: verm. Sturzquelle
Schüttung: ganzjährig
Sommerquelle: entspricht Winterquelle
Zahl der Austritte: verm. 1 Austritt
Substrat: Sand
Wasser-Land-Verzahnung: groß
Sommerbeschattung: stark
Biotopgröße: unbekannt

Vegetation/Nutzung:
Einzugsgebiet: Extensives Grünland, Acker
Umfeld: Standorttypische Vegetation, Schilf und extensives Grünland

Wasserchemie:
Beprobungszeitraum: 11/2007-02/2008
pH-Wert: 7,5-7,9
Leitfähigkeit: 529-594 µs/cm
Wassertemperatur: 3,6-4,9 °C

Bemerkungen:
Quelle selbst ist wegen Dornen nicht zu erreichen; Rechts-/Hochwerte entsprechen dem Beprobungspunkt ≠ Quellaustritt!

Beeinträchtigungen:
Eventuell durch Düngung auf angrenzendem (südl.) Feld

Bewertung: naturnah

E XXIII – Steinfurter Aaquelle bei Böving (südlich, Wald)

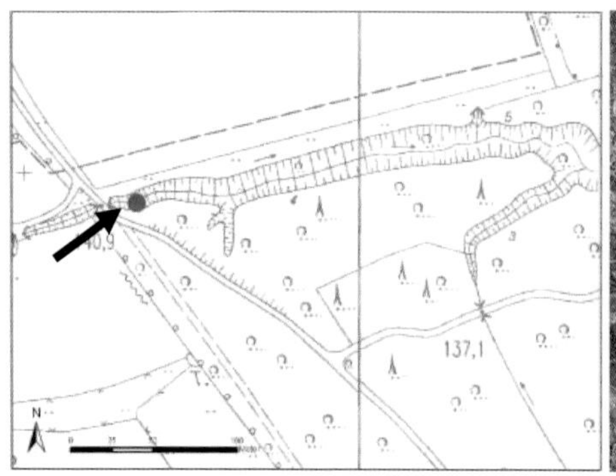

Lage:
Rechts-/Hochwert: 2591867/5762383
Höhe: +140 mNN
Schutzstatus: NSG; FFH

Struktur:
Quelltyp: Sturzquelle
Schüttung: ganzjährig
Sommerquelle: entspricht Winterquelle
Zahl der Austritte: 1
Substrat: Sand
Wasser-Land-Verzahnung: mittel
Sommerbeschattung: mittel
Biotopgröße: 0,5 m^2

Vegetation/Nutzung:
Einzugsgebiet: befestigte Straße, Acker, Laubwald
Umfeld: Standorttypische Vegetation und extensives Grünland

Wasserchemie:
Beprobungszeitraum: 03/2008-04/2008
pH-Wert: 6,7-7,3
Leitfähigkeit: 636-667 µs/cm
Wassertemperatur: 7,6-8,4 °C

Bemerkungen:
Sandbachbett, wichtiges Fortpflanzungsgewässer für Feuersalamander; teilweise tritt Wasser aus dem Oberlauf auf; Bachabwärts ist eine Bachschwinde

Beeinträchtigungen:
Eventuell durch Düngung auf angrenzendem Feld

Bewertung: bedingt naturnah

Anhang 10.6: Münstersche Aa

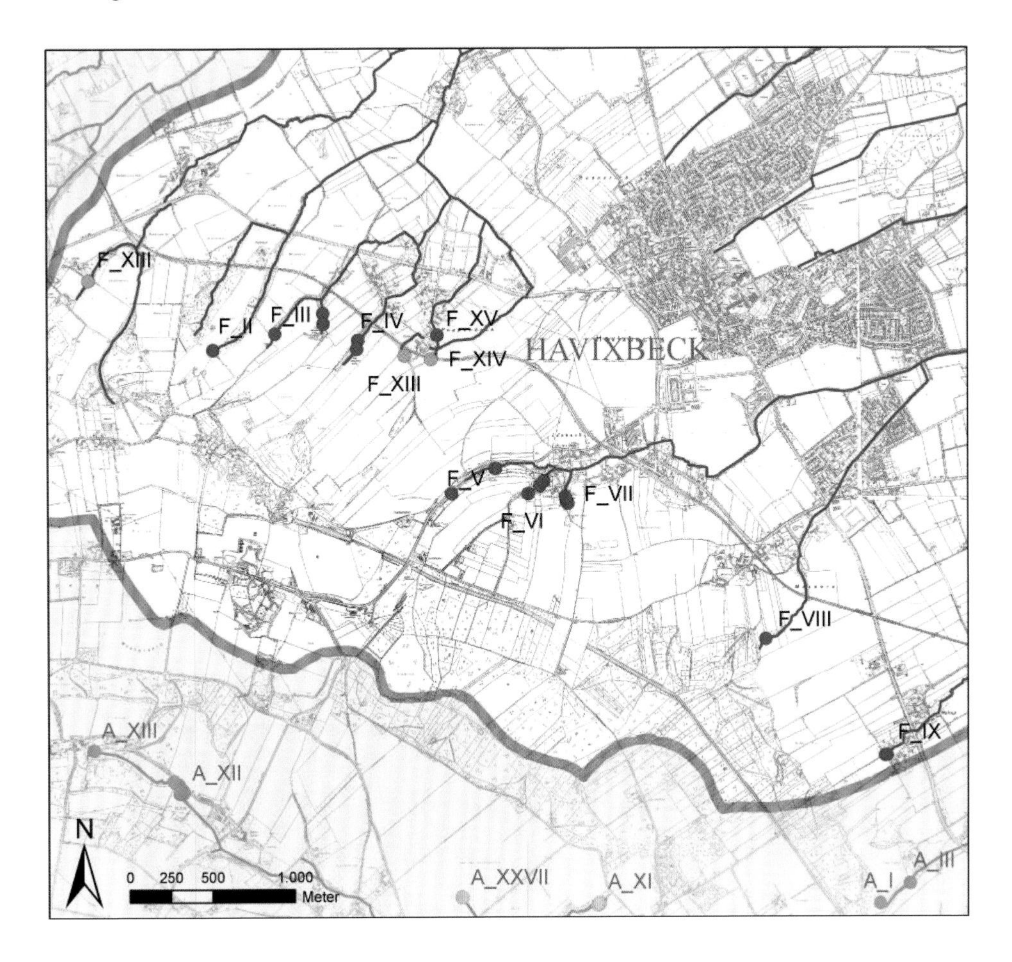

F II – Poppenbecker Aaquelle

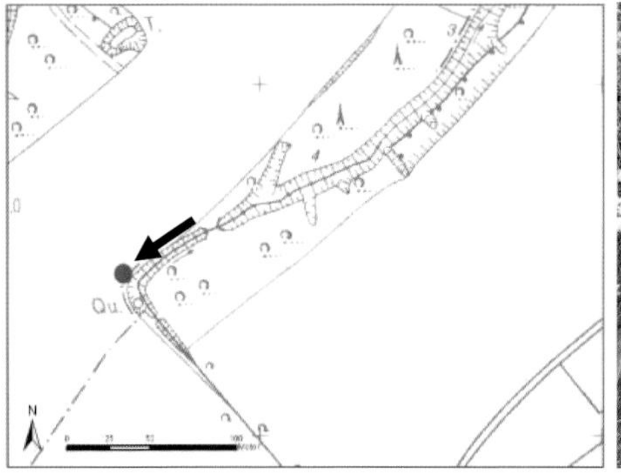

Lage:
Rechts-/Hochwert: 2594179/5760955
Höhe: +127 mNN
Schutzstatus: NSG
Struktur:
Quelltyp: künstlicher Austritt
Schüttung: periodisch
Sommerquelle: 315 m unterhalb
Zahl der Austritte: 1
Substrat: Steine
Wasser-Land-Verzahnung: gering
Sommerbeschattung: mittel
Biotopgröße: 0,5 m²

Vegetation/Nutzung:
Einzugsgebiet: Laubwald, Acker
Umfeld: Acker
Wasserchemie:
Beprobungszeitraum: 02/2008-04/2008
pH-Wert: 7-7,2
Leitfähigkeit: 696-786 µs/cm
Wassertemperatur: 6,6-7,9 °C
Bemerkungen:
In den Sommermonaten starker Brennnesselbewuchs
Beeinträchtigungen:
Verrohrung und unmittelbare Lage am Acker

Bewertung: geschädigt

F III – Hangsbachquelle bei Iber

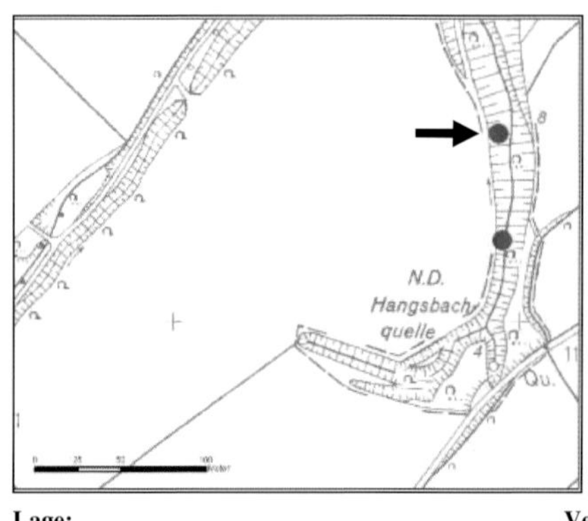

Lage:
Rechts-/Hochwert: 2594788/5761105
Höhe: +133 mNN
Schutzstatus: NSG
Struktur:
Quelltyp: Sturzquelle
Schüttung: ganzjährig/periodisch
Sommerquelle: 360 m unterhalb
Zahl der Austritte: 2
Substrat: Sand
Wasser-Land-Verzahnung: gering
Sommerbeschattung: stark
Biotopgröße: 4 m²

Vegetation/Nutzung:
Einzugsgebiet: Laubwald, Acker
Umfeld: Gebüsch, Laubwald
Wasserchemie:
Beprobungszeitraum: 11/2007-04/2008
pH-Wert: 6,9-7,5
Leitfähigkeit: 681-765 µs/cm
Wassertemperatur: 8,8-10,2 °C
Bemerkungen:
Quellkomplex; Ausbildung von Trockentälern
Beeinträchtigungen:
diffuse Nährstoffeinträge aus angrenzenden Ackerflächen nach Starkregenereignissen

Bewertung: naturnah

F IV – Hangsbachquelle bei Jeiler

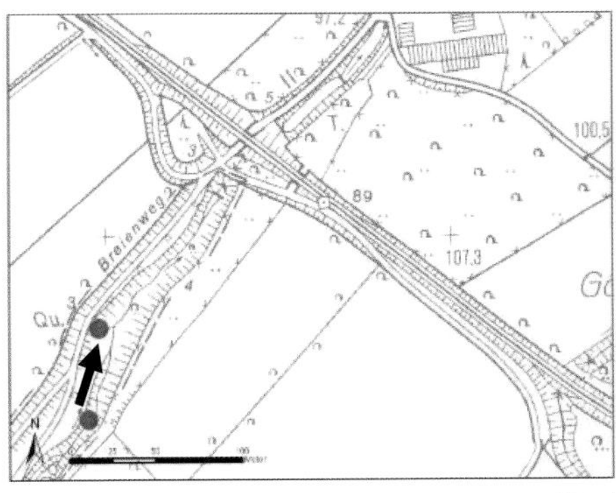

Lage:
Rechts-/Hochwert: 2595004/5760974
Höhe: +111 mNN
Schutzstatus: NSG
Struktur:
Quelltyp: Sturzquelle
Schüttung: ganzjährig/periodisch
Sommerquelle: 40 m unterhalb
Zahl der Austritte: 4
Substrat: Sand
Wasser-Land-Verzahnung: gering
Sommerbeschattung: stark
Biotopgröße: 2,25 m²

Vegetation/Nutzung:
Einzugsgebiet: Laubwald, Acker
Umfeld: Laubwald
Wasserchemie:
Beprobungszeitraum: 11/2007-05/2008
pH-Wert: 6,9-7,9
Leitfähigkeit: 717-763 µs/cm
Wassertemperatur: 7,4-12 °C
Bemerkungen:
Ausbildung von Trockental
Beeinträchtigungen:
instabile Böschungssicherung über Quelle; Oberflächenabfluss gelangt in den Quellbereich

Bewertung: bedingt naturnah

F V – Lasbecker Aaquelle

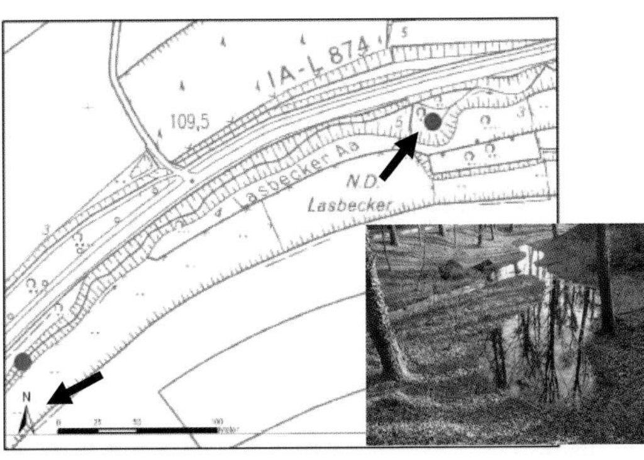

Lage:
Rechts-/Hochwert: 2595546/5760084
Höhe: +110 mNN (oberer Quellpunkt)
Schutzstatus: NSG
Struktur:
Quelltyp: Wanderquelle
Schüttung: periodisch
Sommerquelle: 80 m unterhalb
Zahl der Austritte: 2
Substrat: Falllaub, Feinmaterial
Wasser-Land-Verzahnung: mittel
Sommerbeschattung: stark
Biotopgröße: 100 m²

Vegetation/Nutzung:
Einzugsgebiet: Acker, Weihnachtsbaumkultur
Umfeld: Laubwald
Wasserchemie:
Beprobungszeitraum: 11/2007-06/2008
pH-Wert: 6,6-8,1
Leitfähigkeit: 721-785 µs/cm
Wassertemperatur: 8,1-11,7 °C
Bemerkungen:
Wanderquelle: Lage des Quellaustrittes variiert je nach Grundwasserstand
Beeinträchtigungen:
Lage an der Landstraße (L874); teilweise viel Unrat im Quellbereich

Bewertung: naturnah

F VI – Arningquelle (westlich)

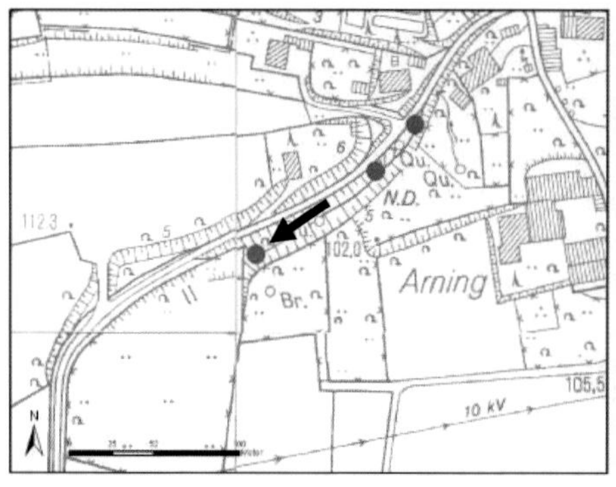

Lage:
Rechts-/Hochwert: 2596033/5760065
Höhe: +109 mNN
Schutzstatus: NSG
Struktur:
Quelltyp: Sickerquelle
Schüttung: periodisch
Sommerquelle: 40 m unterhalb
Zahl der Austritte: 3
Substrat: Falllaub
Wasser-Land-Verzahnung: mittel
Sommerbeschattung: groß
Biotopgröße: 100 m^2

Vegetation/Nutzung:
Einzugsgebiet: Acker, Siedlung
Umfeld: Laubwald, Grünland
Wasserchemie:
Beprobungszeitraum: 11/2007-10/2008
pH-Wert: 6,6-7,8
Leitfähigkeit: 337-1130 µs/cm
Wassertemperatur: 4,8-11,4 °C
Bemerkungen:
Quelle wurde am Anfang des Beprobungszeitraums nur als Sickerquelle eingestuft. Nach starken Niederschlägen war eine Zuleitung aus einem Drainagerohr als Quellursprung auszumachen.
Beeinträchtigungen:
Verrohrung, Oberflächenabfluss aus Weide, Drainagezufluss

Bewertung: mäßig beeinträchtigt

F VII – Arningquelle (östlich)

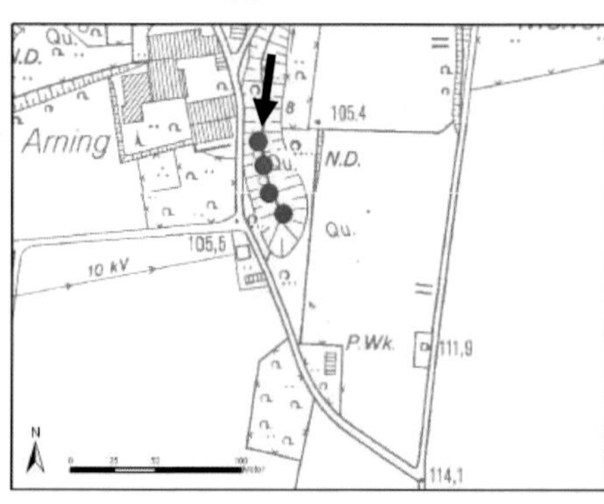

Lage:
Rechts-/Hochwert: 2596267/5759993
Höhe: +119 mNN
Schutzstatus: NSG
Struktur:
Quelltyp: Sturzquelle
Schüttung: ganzjährig
Sommerquelle: entspricht Winterquelle
Zahl der Austritte: 12
Substrat: Sand, Falllaub, Steine
Wasser-Land-Verzahnung: mittel
Sommerbeschattung: stark
Biotopgröße: 600 m^2

Vegetation/Nutzung:
Einzugsgebiet: Acker, Mischwald
Umfeld: Laubwald
Wasserchemie:
Beprobungszeitraum: 11/2007-10/2008
pH-Wert: 6,4-7,7
Leitfähigkeit: 683-831 µs/cm
Wassertemperatur: 8,1-12,3 °C
Bemerkungen:
Oberhalb des Quellaustrittes wurde Schutt als Erosionsschutz angehäuft, da ansonsten der Hang schnell abgetragen würde; von ca. 1920-1950 Versorgung des Viehs mit Hilfe eines Wasserwidders (mechanische Pumpe) BEYER 1932), Zustand verbessert sich zusehends
Beeinträchtigungen:
1876 komplett versiegt; Oberflächenabfluss der Felder fließt direkt in den Quellbereich, Schuttanfüllung, Trittschäden

Bewertung: naturnah

F VIII Masbecker Aaquelle

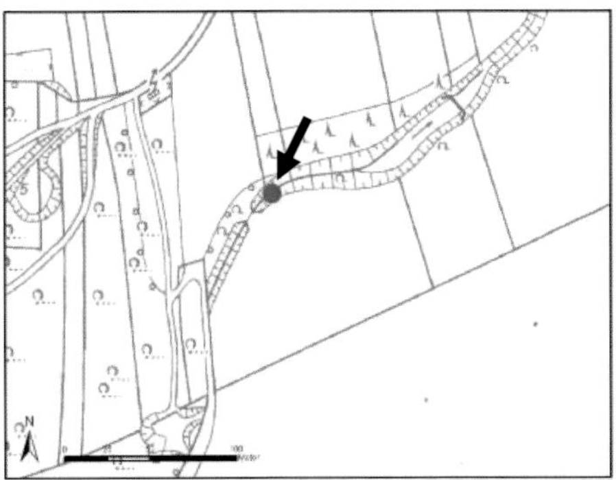

Lage:
Rechts-/Hochwert: 2597420/5759191
Höhe: +98 mNN
Schutzstatus: NSG
Struktur:
Quelltyp: Sickerquelle (teilw. Wanderquelle)
Schüttung: periodisch
Sommerquelle: 30 m unterhalb
Zahl der Austritte: 2
Substrat: Falllaub
Wasser-Land-Verzahnung: gering
Sommerbeschattung: stark
Biotopgröße: 40 m^2

Vegetation/Nutzung:
Einzugsgebiet: Acker, Mischwald
Umfeld: Gebüsch, Acker
Wasserchemie:
Beprobungszeitraum: 11/2007-04/2008
pH-Wert: 6,9-7,5
Leitfähigkeit: 624-692 µs/cm
Wassertemperatur: 7,1-10 °C
Bemerkungen:
verschiedene Ursprungaustrittsstellen; hier wurde der seltene Alpenstrudelwurm gefunden
Beeinträchtigungen:
Bachabwärts Aufstau zu Fischteich, Lage zwischen zwei Äckern

Bewertung: bedingt naturnah

F IX – Glosenbachquelle

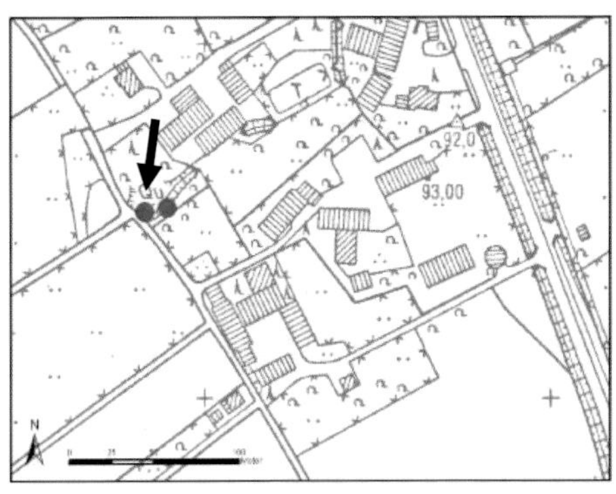

Lage:
Rechts-/Hochwert: 2598171/5758522
Höhe: +95 mNN
Schutzstatus: kein
Struktur:
Quelltyp: Sturzquelle
Schüttung: periodisch
Sommerquelle: 120 m unterhalb
Zahl der Austritte: 2
Substrat: Feinmaterial, Detritus
Wasser-Land-Verzahnung: gering
Sommerbeschattung: stark
Biotopgröße: 12 m^2

Vegetation/Nutzung:
Einzugsgebiet: Acker
Umfeld: Nadelwald, Gebüsch
Wasserchemie:
Beprobungszeitraum: 11/2007-06/2008
pH-Wert: 6,6-8,1
Leitfähigkeit: 596-713 µs/cm
Wassertemperatur: 8,8-12,6 °C
Bemerkungen:
Keine
Beeinträchtigungen:
Verrohrung nach 20 m, Aufstau nach ca. 50 m als Teich

Bewertung: mäßig beeinträchtigt

F XV – Hangsbachquelle östliches Poppenbeck

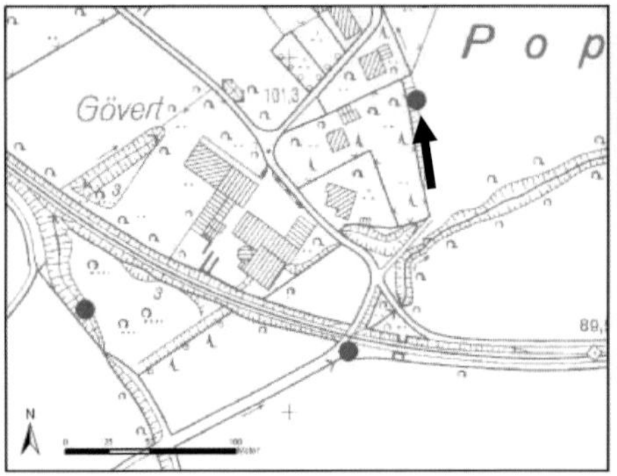

Lage:
Rechts-/Hochwert: 2595475/5760977
Höhe: +95 mNN
Schutzstatus: kein

Struktur:
Quelltyp: Sturzquelle
Schüttung: periodisch
Sommerquelle: 10 m unterhalb
Zahl der Austritte: 1
Substrat: Falllaub, Detritus
Wasser-Land-Verzahnung: gering
Sommerbeschattung: stark
Biotopgröße: 1 m^2

Vegetation/Nutzung:
Einzugsgebiet: Grünland, Acker, Siedlung
Umfeld: Gebüsch, Grünland

Wasserchemie:
Beprobungszeitraum: 11/2007-04/2008
pH-Wert: 7,3-7,8
Leitfähigkeit: 747-847 µs/cm
Wassertemperatur: 7,9-9,9 °C

Bemerkungen:
Liegt direkt an Grundstücksgrenze, mit Graben leicht zu verwechseln

Beeinträchtigungen:
Hohe Nährstoffeinträge aufgrund der Acker- und Grünlandnähe

Bewertung: mäßig beeinträchtigt

Anhang 11: Quell-Steckbriefe der Seppenrader Schweiz

Wolfbieke

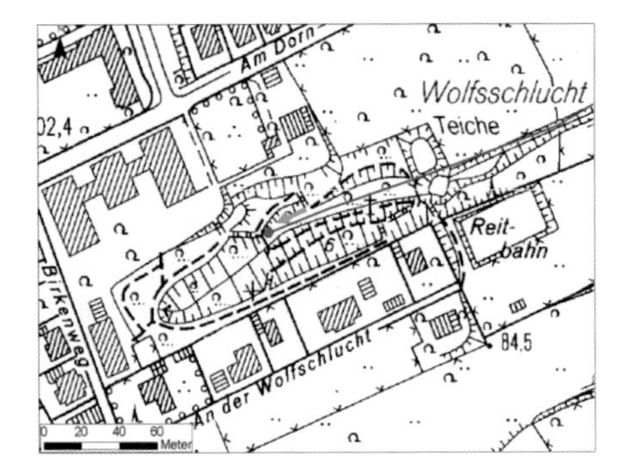

Lage:
Rechts-/Hochwert: 2596605/5737221
Höhe: +97 mNN
Schutzstatus: NSG
Struktur:
Quelltyp: Sturzquelle
Schüttung: ganzjährig
Sommerquelle: 10 m unter Winterquelle
Zahl der Austritte: 1
Sommerbeschattung: mittel
Biotopgröße: 50 m^2
Vegetation/Nutzung:
Einzugsgebiet: Siedlung
Umfeld: Laubwald
Wasserchemie:
Beprobungszeitraum: 04/2009-01/2010
pH-Wert: 6,5-7,0
Leitfähigkeit: 587-991 µS/cm
Wassertemperatur: 10,1-12,2 °C
Bemerkungen:
Einzige Quelle in Untersuchungsgebiet, die touristisch erschlossen ist
Beeinträchtigungen:
Siedlungsabwässer oberhalb und unterhalb der Quelle werden eingeleitet; vermüllt
Bewertung: bedingt naturnah

Lohoff-Daldrup

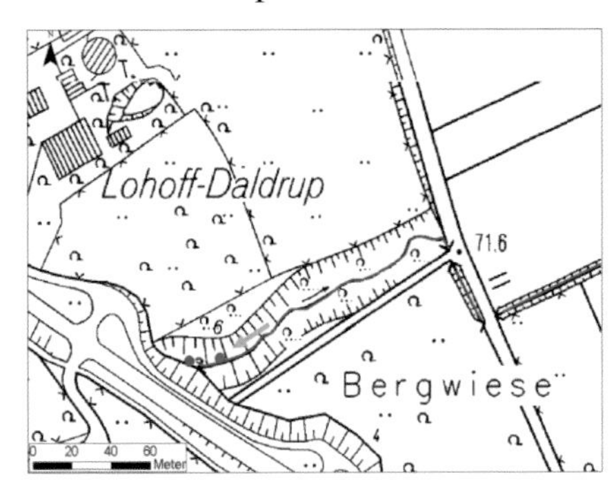

Lage:
Rechts-/Hochwert: 2596470/57537966
Höhe: +83 mNN
Schutzstatus: Schutzwürdige Biotope
Struktur:
Quelltyp: künstlicher Austritt (Rohr)
Schüttung: ganzjährig
Sommerquelle: entspricht B2
Zahl der Austritte: 1
Substrat: Sand, Detritus, Falllaub, Totholz
Wasser-Land-Verzahnung: gering
Sommerbeschattung: stark
Biotopgröße: 60 m^2
Vegetation/Nutzung:
Einzugsgebiet: Straße, extensives Grünland
Umfeld: Laubwald
Wasserchemie:
Beprobungszeitraum: 04/2009-01/2010
pH-Wert: 7,2-8,3
Leitfähigkeit: 261-1770 µS/cm
Wassertemperatur: 5,5-14,2 °C
Bemerkungen:
Quelle liegt unter der Bundesstraße B58 und ist in Betonrohr eingefasst.
Beeinträchtigungen:
künstliches Bachbett in Form von Steinschüttung
Bewertung: mäßig beeinträchtigt

Ortsumgehung

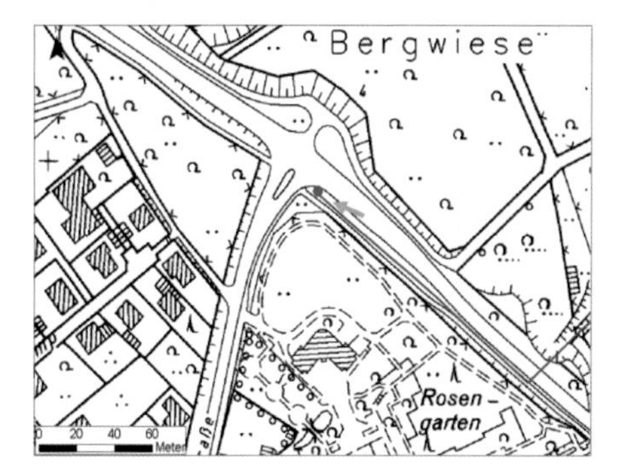

Lage:
Rechts-/Hochwert: 2596545/5737785
Höhe: +86 mNN
Schutzstatus: -
Struktur:
Quelltyp: künstlicher Austritt
Schüttung: ganzjährig
Sommerquelle:
Zahl der Austritte: 2
Substrat: Sand, Pflanzen, Wurzeln, Feinmaterial
Wasser-Land-Verzahnung: gering
Sommerbeschattung: schwach
Biotopgröße: 40 m²

Vegetation/Nutzung:
Einzugsgebiet: Siedlung
Umfeld: extensives Grünland
Wasserchemie, Straße
Beprobungszeitraum: 04/2009-01/2010
pH-Wert: 7,0-8,3
Leitfähigkeit: 784 µS/cm-9,5 mS/cm
Wassertemperatur: 4,7-14,6 °C
Bemerkungen:
Oberhalb des Standortes befand sich eine Mülldeponie, heute liegt dort ein Rosengarten
Beeinträchtigungen:
Quelle gefasst durch Sickerstränge, ist überbaut von der Bundesstraße B58, Wasser wir in Graben abgeführt, Einleitung von Siedlungswässern
Bewertung: stark geschädigt

Verbandsweg

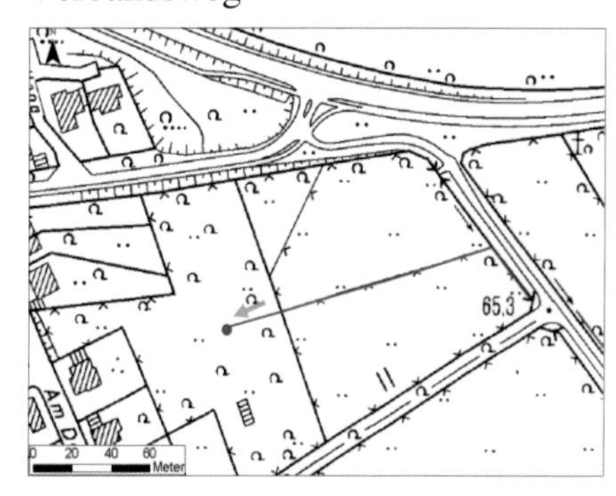

Lage:
Rechts-/Hochwert: 2596794/5737489
Höhe: +73 mNN
Schutzstatus: NSG
Struktur:
Quelltyp: Tümpelquelle
Schüttung: ganzjährig
Sommerquelle: entspricht Winterquelle
Zahl der Austritte: 1
Substrat: Sand, Feinmaterial, Pflanzen, Wurzeln
Wasser-Land-Verzahnung: groß
Sommerbeschattung: gering
Biotopgröße: 10 m^2

Vegetation/Nutzung:
Einzugsgebiet: intensives Grünland, Siedlung
Umfeld: intensives Grünland
Wasserchemie:
Beprobungszeitraum: 04/2009-01/2010
pH-Wert: 6,5-7,5
Leitfähigkeit: 504-1048 µS/cm
Wassertemperatur: 1,8-18,6 °C
Sauerstoffgehalt: 22-41 %
Bemerkungen:
Quelle fließt in einen Teich, kein typisches Bachbett,
Beeinträchtigungen:
Beweidung mit Schafen, Nährstoffeintrag
Bewertung: mäßig beeinträchtigt

Ölbohrung

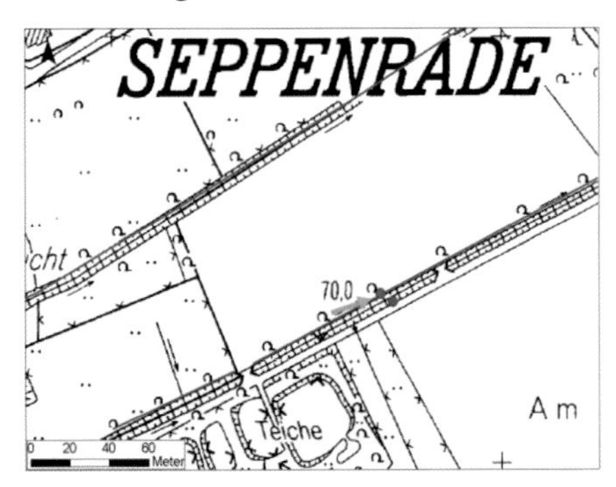

Lage:
Rechts-/Hochwert: 2596931/5737276
Höhe: +69 mNN)
Schutzstatus: -
Struktur:
Quelltyp: Tümpelquelle(A) künstlicher Austritt (B)
Schüttung: ganzjährig
Sommerquelle: entspricht Winterquelle
Zahl der Austritte: 2
Substrat: Sand, Falllaub, Totholz, Feinmaterial, Wurzeln,
Wasser-Land-Verzahnung: mittel
Sommerbeschattung: stark
Biotopgröße: 40 m^2
Vegetation/Nutzung:
Einzugsgebiet: Acker, intensives Grünland
Umfeld: Sträucher
Wasserchemie:
Beprobungszeitraum: 04/2009-01/2010
pH-Wert: 7,1-7,6
Leitfähigkeit: 536-1070 µS/cm
Wassertemperatur: 3,9-17,9 °C
Bemerkungen:
Nebenquelle, fließt in Bach
Beeinträchtigungen:
Einleitungen, vermutlich aus Fischteichen
Bewertung: bedingt naturnah

Klostergarten

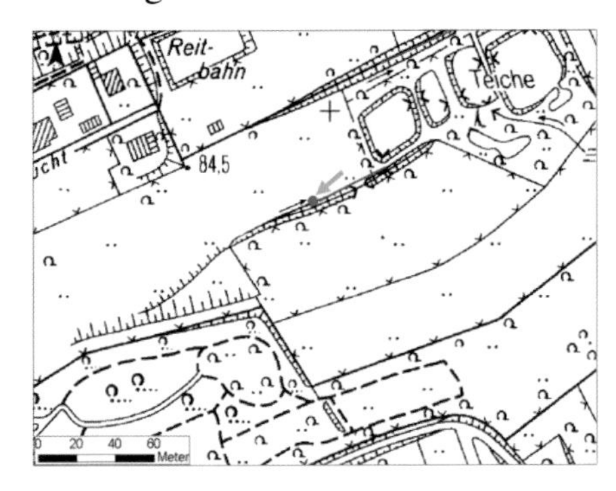

Lage:
Rechts-/Hochwert: 2596785/5737156
Höhe: +97 mNN
Struktur:
Quelltyp: Sickerquelle
Schüttung: ganzjährig
Sommerquelle: 20 m unter Winterquelle
Zahl der Austritte: 1
Substrat: Sand, Feinmaterial, Wurzeln, Totholz, Pflanzen
Wasser-Land-Verzahnung: groß
Sommerbeschattung: gering
Biotopgröße: 1 m^2
Vegetation/Nutzung:
Einzugsgebiet: intensives Grünland
Wasserchemie
Beprobungszeitraum: 04/2009-01/2010
pH-Wert: 7,1-8,0
Leitfähigkeit: 312-909 µS/cm
Wassertemperatur: 5,7-16,9 °C
Bemerkungen:
Quellmund vermutlich durch Abtragung der obersten Bodenschicht freigelegt, keine Vegetation
Beeinträchtigungen:
Quellbach fließt in Fischteich,
z.T. vermüllt
Bewertung: geschädigt

Hellkuhl

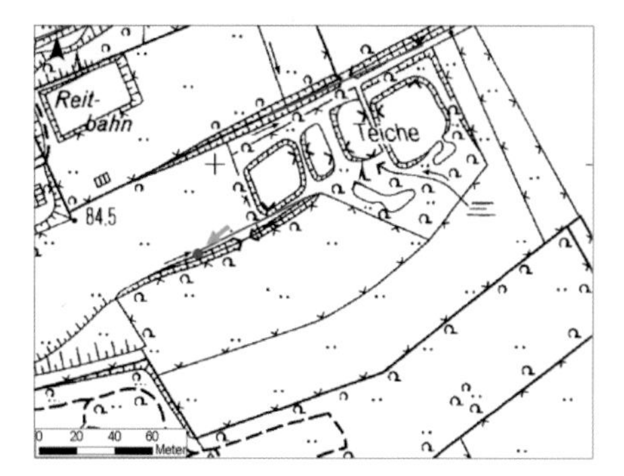

Lage:
Rechts-/Hochwert: 2597087/5736999
Höhe: +87 mNN
Schutzstatus: NSG Seppenrader Schweiz
Struktur:
Quelltyp: Sturzquelle
Schüttung: ganzjährig
Sommerquelle: entspricht Winterquelle
Zahl der Austritte: 1
Substrat: Sand; Falllaub; Totholz, Wurzeln, Feinmaterial
Wasser-Land-Verzahnung: groß Sommerbeschattung: stark
Biotopgröße: 10 m^2

Vegetation/Nutzung
Einzugsgebiet: intensives Grünland
Umfeld: Laubwald, intensives Grünland, Hof
Wasserchemie:
Beprobungszeitraum: 04/2009-01/2010
pH-Wert: 7,5-8,2
Leitfähigkeit: 513-794 µS/cm
Wassertemperatur: 8,0-20,4 °C
Bemerkungen:
Unterhalb der Quelle wurden auf der Weide Gräben ausgehoben, vermutlich um Drainagesysteme einzubauen
Beeinträchtigungen: Fischteich
Bewertung: bedingt naturnah

Tetekum

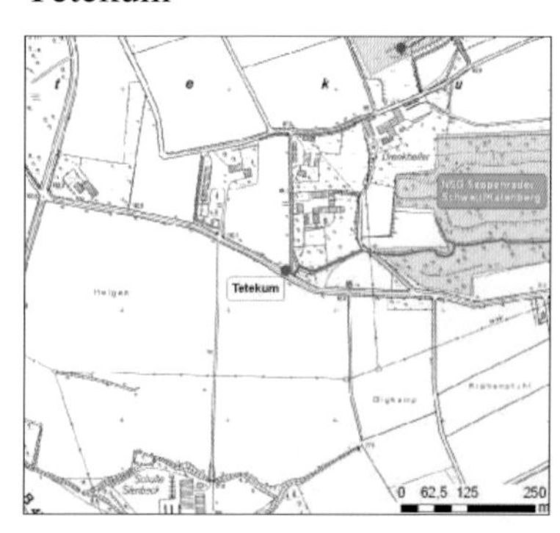

Lage:
Rechts-/Hochwert: 2597315/5735007
Höhe: +95 mNN
Schutzstatus: -
Struktur:
Quelltyp: künstliche Sturzquelle
Schüttung: perennierend
Sommerquelle: entsprich Winterquelle
Zahl der Austritte: 3 (künstlich)
Substrat: Sand, Kies, Falllaub, Pflanzen, Feinmaterial,
Wasser-Land-Verzahnung: gering
Sommerbeschattung: schwach
Biotopgröße: 0,25 m^2

Vegetation/Nutzung:
Einzugsgebiet: Acker, Straße
Umfeld: Acker, Straße
Wasserchemie:
Beprobungszeitraum: 04/2009-01/2010
pH-Wert: 7,0-7,5
Leitfähigkeit: 545-986 µS/cm
Wassertemperatur: 4,8-13,8 °C
Bemerkungen:
Starke Verockerung unterhalb eines Rohres
Beeinträchtigungen:
Gefasste Quelle direkt an Straßenkreuzung
Bewertung: geschädigt

Dinkheller I

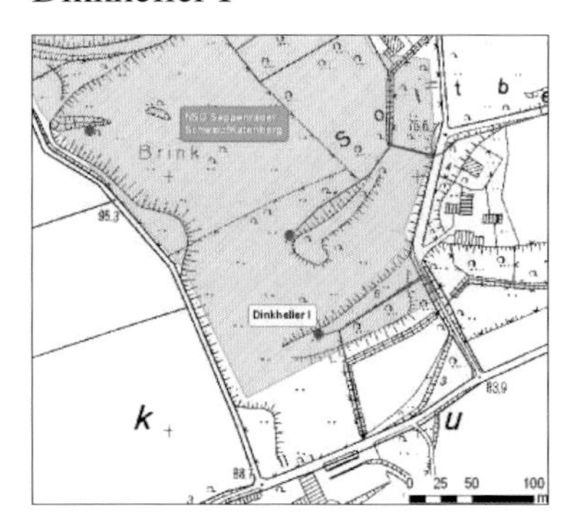

Lage:
Rechts-/Hochwert: 2597517/5735493
Höhe: +83 mNN
Schutzstatus: NSG Seppenrader Schweiz
Struktur:
Quelltyp: Sickerquelle
Schüttung: intermittierend
Sommerquelle: entspricht Winterquelle
Zahl der Austritte: 1
Substrat: Sand; Falllaub; Totholz, Wurzeln, Pflanzen
Wasser-Land-Verzahnung: groß
Sommerbeschattung: schwach
Biotopgröße: 0,3 m^2

Vegetation/Nutzung
Einzugsgebiet: intensives Grünland, Acker
Umfeld: intensives Grünland, Hof
Wasserchemie:
Beprobungszeitraum: 04/2009-01/2010
pH-Wert: 7,0-7,5
Leitfähigkeit: 532-866 µS/cm
Wassertemperatur: 5,3-13,9 °C
Bemerkungen:
Quellbach versickert etwa 15 m unterhalb des Quellmunds
Beeinträchtigungen:
Trittschäden durch intensive Beweidung mit Rindern
Bewertung: geschädigt

Dinkheller II

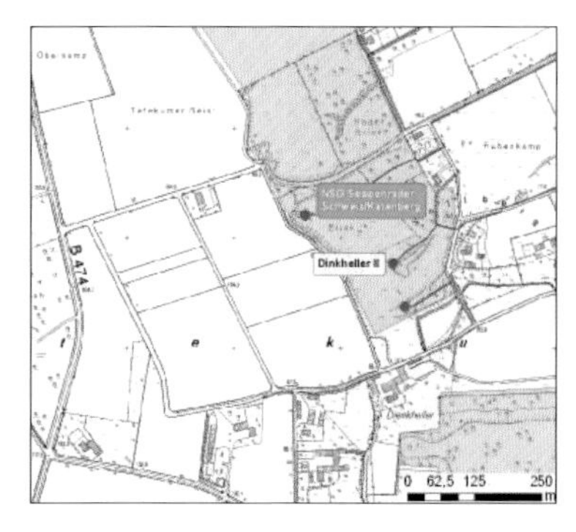

Lage:
Rechts-/Hochwert: 2597497/57358558
Höhe: +80 mNN
Schutzstatus: NSG Seppenrader Schweiz
Struktur:
Quelltyp: Sickerquelle
Schüttung: perennierend
Sommerquelle: 5 m unterhalb
Zahl der Austritte: 1
Substrat: Sand, Falllaub, Detritus, Pflanzen
Wasser-Land-Verzahnung: groß
Sommerbeschattung: mittel
Biotopgröße: 2,5 m^2

Vegetation/Nutzung:
Einzugsgebiet: intensives Grünland, Acker
Umfeld: Laubbäume, Brennnesselflur
Wasserchemie:
Beprobungszeitraum: 04/2009-01/2010
pH-Wert: 6,9-8,0
Leitfähigkeit: 532-1026 µS/cm
Wassertemperatur: 5,2-17,2 °C
Bemerkungen:
Quellbach fließt 200 m stromabwärts der Quelle in ein Waldstück
Beeinträchtigungen:
Trittschäden durch intensive Beweidung mit Rindern
Bewertung: mäßig beeinträchtigt

Dinkheller III

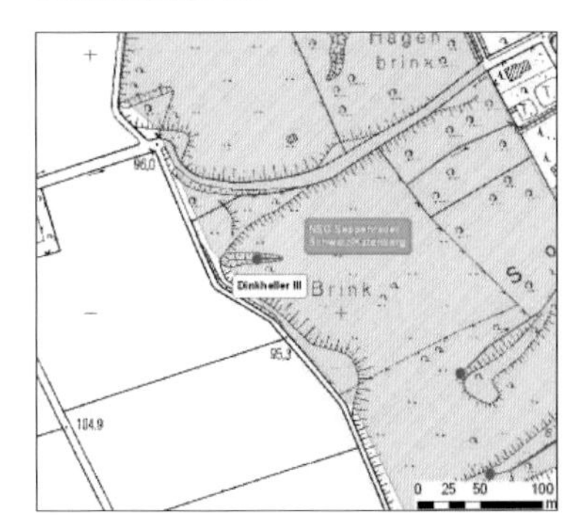

Lage:
Rechts-/Hochwert: 2597338/5735636
Höhe: +89 mNN
Schutzstatus: NSG Seppenrader Schweiz
Struktur:
Quelltyp: Sickerquelle
Schüttung: perennierend
Sommerquelle: entspricht Winterquelle
Zahl der Austritte: 1
Substrat: Sand; Falllaub; Totholz, Wurzeln
Wasser-Land-Verzahnung: groß
Sommerbeschattung: stark
Biotopgröße: 5 m^2

Vegetation/Nutzung
Einzugsgebiet: intensives Grünland, Acker
Umfeld: Gebüsch, Laubwald
Wasserchemie:
Beprobungszeitraum: 04/2009-01/2010
pH-Wert: 6,9-8,3
Leitfähigkeit: 581-878 µS/cm
Wassertemperatur: 6,8-14,0 °C
Bemerkungen:
Quellbach versickert etwa 25 m stromabwärts des Quellmunds
Beeinträchtigungen:
Trittschäden durch intensive Beweidung mit Rindern
Bewertung: geschädigt

Gut Katenberg

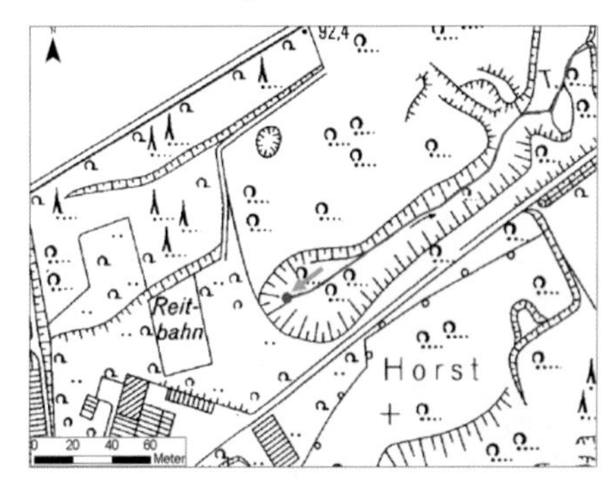

Lage:
Rechts-/Hochwert: 2596938/5736661
Höhe: +88 mNN
Schutzstatus: NSG Katenberg
Struktur:
Quelltyp: Sturzquelle
Schüttung: ganzjährig
Sommerquelle: 15 m unterhalb
Zahl der Austritte: 1
Substrat: Sand, Falllaub, Totholz, Wurzeln, Feinmaterial,
Wasser-Land-Verzahnung: mittel
Sommerbeschattung: stark
Biotopgröße: 20 m^2

Vegetation/Nutzung:
Einzugsgebiet: Straße, Grünland, Hühnerhof
Umfeld: Laubwald,
Wasserchemie:
Beprobungszeitraum: 04/2009-01/2010
pH-Wert: 7,3-8,1
Leitfähigkeit: 581-1305 µS/cm
Wassertemperatur: 6,8-12,6 °C
Bemerkungen:
Quellbach bildet ein typisches Tal und liegt in einem Waldstück
Beeinträchtigungen:
Oberhalb der Quelle wird Oberflächenwasser
Bewertung: bedingt naturnah

Trockental

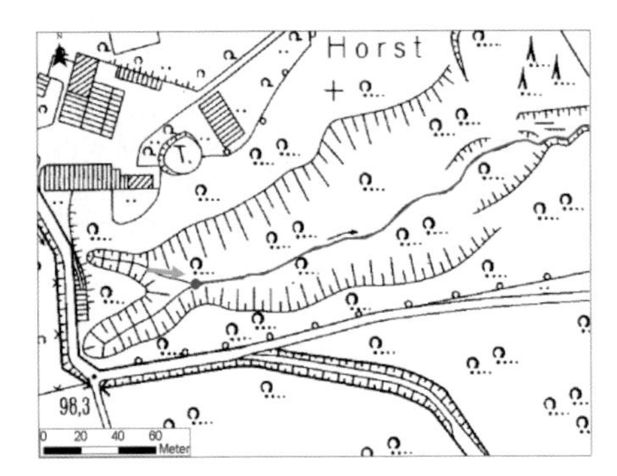

Lage:
Rechts-/Hochwert: 2596924/5736496
Höhe: +89 mNN
Schutzstatus: NSG
Struktur:
Quelltyp: Sickerquelle
Schüttung: ganzjährig
Sommerquelle: 5 m unter Winterquelle
Zahl der Austritte: 1
Substrat: Sand, Falllaub, Totholz, Wurzeln, Feinmaterial
Wasser-Land-Verzahnung: groß
Sommerbeschattung: hoch
Biotopgröße: 20 m²

Vegetation/Nutzung:
Einzugsgebiet: Straße, Grünland, Hühnerhof
Umfeld: Laubwald,
Wasserchemie:
Beprobungszeitraum: 05/2009-01/2010
pH-Wert: 7,3-8,0
Leitfähigkeit: 644-852 µS/cm
Wassertemperatur: 9,0-11,4 °C
Bemerkungen: -
Beeinträchtigungen: keine
Bewertung: bedingt naturnah

Deipe Bieke

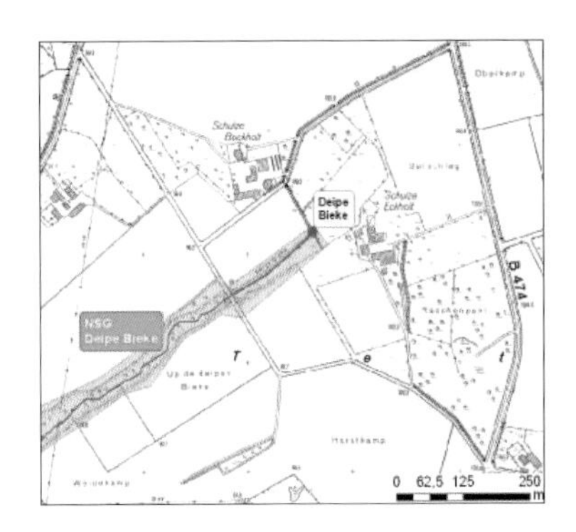

Lage:
Rechts-/Hochwert: 2596527/5735643
Höhe: +98 mNN
Schutzstatus: NSG Deipe Bieke
Struktur:
Quelltyp: künstlich Sturzquelle
Schüttung: perennierend
Sommerquelle: entspricht der Winterquelle
Zahl der Austritte: 10 (künstlich)
Substrat: Sand, Falllaub, Pflanzen, Wurzeln
Wasser-Land-Verzahnung: mittel
Biotopgröße: 10 m
Sommerbeschattung: unbeschattet

Vegetation/Nutzung:
Einzugsgebiet: Acker
Umfeld: Acker
Wasserchemie:
Beprobungszeitraum: 04/2009-01/2010
pH-Wert: 6,9-8,1
Leitfähigkeit: 434-1052 µS/cm
Wassertemperatur: 4,5-15,1 °C
Bemerkungen:
Hohe Abundanz der Gammaridae
Beeinträchtigungen: Quellaustritt ist gefasst; kein natürlicher Quelbach
Bewertung: geschädigt

Trogemannsbach

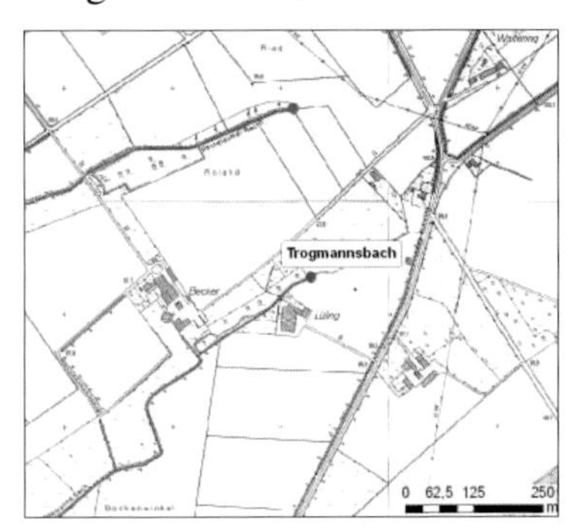

Lage:
Rechts-/Hochwert: 2595853/5735865
Höhe: +96 mNN
Schutzstatus: -
Struktur:
Quelltyp: künstliche Sturzquelle
Schüttung: intermittierend
Sommerquelle: entspricht Winterquelle
Zahl der Austritte: 1 (künstlich)
Substrat: Sand; Falllaub; Totholz, Wurzeln
Wasser-Land-Verzahnung: mittel
Sommerbeschattung: schwach
Biotopgröße: 5,5 m^2

Vegetation/Nutzung
Einzugsgebiet: Acker
Umfeld: Acker, Hof
Wasserchemie:
Beprobungszeitraum: 04/2009-01/2010
pH-Wert: 6,9-7,7
Leitfähigkeit: 439-736 µS/cm
Wassertemperatur: 5,2-16,5 °C
Bemerkungen:-
Beeinträchtigungen:
Quelle ist gefasst; naturferner Quellbach, landwirtschaftlich geprägte Flächen im Umfeld
Bewertung: geschädigt

Reckelsumer Bach

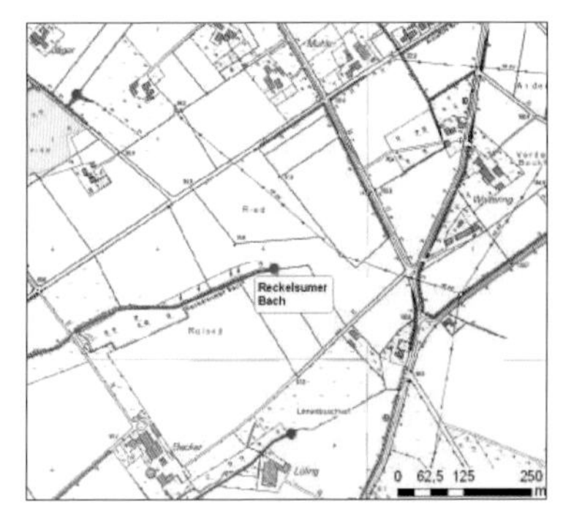

Lage:
Rechts-/Hochwert: 2595822/5736161
Höhe: +95 mNN
Schutzstatus: -
Struktur:
Quelltyp: künstliche Sturzquelle
Schüttung: perennierend
Sommerquelle: entsprich der Winterquelle
Zahl der Austritte: 3 (künstlich)
Substrat: Sand, Detritus, Falllaub
Wasser-Land-Verzahnung: mittel
Sommerbeschattung: mittel
Biotopgröße: 8,5 m^2

Vegetation/Nutzung:
Einzugsgebiet: Acker
Umfeld: Laubwald, extensives Grünland
Wasserchemie:
Beprobungszeitraum: 04/2009-01/2010
pH-Wert: 6,9-7,8
Leitfähigkeit: 431-778 µS/cm
Wassertemperatur: 4,9-13,8 °C
Bemerkungen:
Quellbach bildet ein typisches Tal und liegt in einem Waldstück
Beeinträchtigungen:
Quelle gefasst, naturferner Quellbach, landwirtschaftlich geprägte Flächen im Einzugsgebiet
Bewertung: geschädigt

Sandbrinker Bach

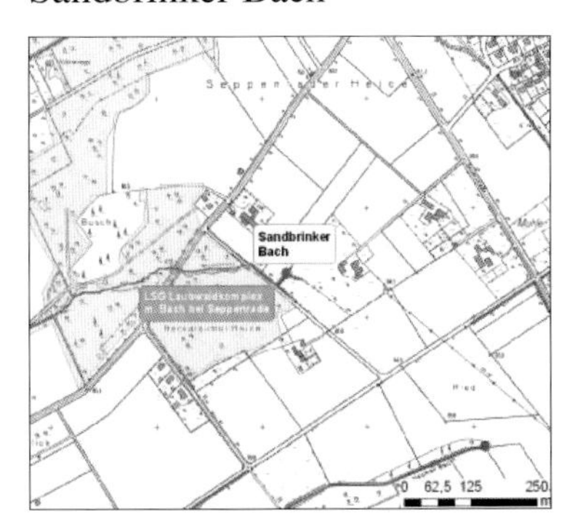

Lage:
Rechts-/Hochwert: 2595445/5736482
Höhe: +90 mNN
Schutzstatus: -
Struktur:
Quelltyp: künstliche Sturzquelle
Schüttung: perennierend
Sommerquelle: entspricht Winterquelle
Zahl der Austritte: 1 (künstlich)
Substrat: Beton Sand; Falllaub; Totholz
Wasser-Land-Verzahnung: gering
Sommerbeschattung: unbeschattet
Biotopgröße: 5,0 m^2

Vegetation/Nutzung
Einzugsgebiet: Grünland
Umfeld: Wiese, Sträucher
Wasserchemie:
Beprobungszeitraum: 04/2009-01/2010
pH-Wert: 7,4-7,6
Leitfähigkeit: 520-889 µS/cm
Wassertemperatur: 8,3-13,1°C
Bemerkungen: hohe Abundanz der Gammaridae
Beeinträchtigungen:
Quelle in Betonrohr gefasst; naturferner Quellbach entlang eines Grabens
Bewertung: geschädigt

Steinbach

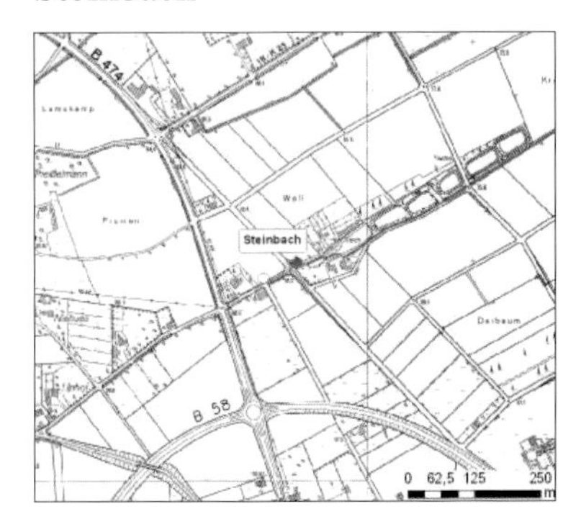

Lage:
Rechts-/Hochwert: 2595866/5738395
Höhe: +92 mNN
Schutzstatus: -
Struktur:
Quelltyp: künstliche Sickerquelle
Schüttung: perennierend
Sommerquelle: 10 m unterhalb
Zahl der Austritte: 3 (künstlich)
Substrat: Sand, Detritus, Falllaub
Wasser-Land-Verzahnung: mittel
Sommerbeschattung: stark
Biotopgröße: 12,5 m^2

Vegetation/Nutzung:
Einzugsgebiet: Acker, Grünland
Umfeld: Sträucher
Wasserchemie:
Beprobungszeitraum: 04/2009-01/2010
pH-Wert: 7,0-8,1
Leitfähigkeit: 497-889 µS/cm
Wassertemperatur: 5,2-16,5 °C
Bemerkungen:
Quellbach bildet ein typisches Tal und liegt in einem Waldstück
Beeinträchtigungen:
Hoher Abfluss
Bewertung: geschädigt
Einleitung stromabwärts
Eintrag aus Landwirtschaft

Zusammenfassung

Quellen im Münsterland (Germany): Beiträge zur Hydrogeologie, Wasserwirtschaft, Ökologie und Didaktik

Folgende Themenbereiche wurden in der vorliegenden Publikation bearbeitet:

Die **flächendifferenzierte Berechnung der Wasserhaushaltsgrößen** mit dem Verfahren nach MEßER (2008) zeigt die Verteilungsmuster der Verdunstung, des Gesamt- und Direktabflusses wie auch des grundwasserbürtigen Abflusses bzw. der Grundwasserneubildung im Untersuchungsgebiet Baumberge. Es wird deutlich, dass die Grundwasserneubildung als wichtige Wasserhaushaltsgröße in Abhängigkeit von verschiedenen Parametern wie dem Niederschlag, den Bodenverhältnissen, dem Klima, der Flächennutzung und der Hangneigung variiert. In den Baumbergen besitzen die Flächennutzung und die Hangneigung den größten Einfluss auf die Verteilung der Grundwasserneubildung im Untersuchungsgebiet. Die Wasserhaushaltsbilanzierung wurde für das Wasserwirtschaftsjahr 2008 und ein langjähriges Mittel durchgeführt. Erste Ergebnisse wurden mit Abflussmessungen verglichen und die Plausibilität des Einzugsgebietes geprüft. Dabei konnte kein Einfluss aufsteigender Tiefenwässer belegt, aber die hydraulische Wirksamkeit der Nottuln-Havixbecker-Aufschiebung nachvollzogen werden, da die unterirdischen Einzugsgebiete deutlich von den oberirdischen Wasserscheiden abweichen.

Für das Wasserwirtschaftsjahr Jahr 2008 wird der **Abfluss der Quellen** mithilfe eines Messnetzes im Untersuchungsgebiet Baumberge ermittelt. Der aus dem gemessenen Abfluss berechnete grundwasserbürtige Abfluss dient als Vergleichsgröße für die Grundwasserneubildungsrate. Aus dem Zusammenhang von grundwasserbürtigem Abfluss der Einzugsgebiete im Kernuntersuchungsgebiet für das Hydrologische Jahr 2008 und der Flächengröße des jeweiligen Einzugsgebiets wird ein Verfahren aufgezeigt, wie unterirdische Einzugsgebiete näherungsweise bestimmt werden können. Für die Einzugsgebiete „Lasbeck“ und „Stevern“ kann das unterirdische Einzugsgebiet im Vergleich zum oberirdischen Einzugsgebiet als tendenziell größer angenommen werden.

Die **hydrochemischen Untersuchungen** der Grund- und Quellwässer fanden im Wasserwirtschaftsjahr 2008 statt. Mehr als 500 Wasserproben von 76 verschiedenen Quellstandpunkten wurden analysiert. Die Untersuchungen ergaben, dass die Quellwässer im Allgemeinen einen recht ähnlichen Chemismus mit kleinen Variationen aufweisen. Die Hydrochemie des Quellwassers unterliegt anthropogenen und geogenen Einflüssen. Als anthropogene Faktoren kommen Landnutzung jeder Art und Düngung in Frage. Als geogene Einflüsse sind die Beschaffenheit und Lagerung der Gesteinsschichten, Hangneigung, Relief, Vegetation, Jahreszeit und Exposition zu nennen. Tiefenwässer, die anfangs im Arbeitsgebiet vermutet wurden, konnten nicht nachgewiesen werden.

In einer der Quellen der Baumberge – im **Berkelquelltopf** südöstlich von Billerbeck - wurde aufgrund der jährlich auftretenden sommerlichen Algenblüte die aktuelle ökologische Situation untersucht, um Maßnahmen zur Verbesserung seines Zustandes zu formulieren. Dazu wurden morphologische, chemische und biologische Untersuchungen durchgeführt, der Trophiegrad des Sees bestimmt sowie ein Vergleich mit historischen Messwerten durchgeführt. Weiterhin wurden Luftbilder herangezogen, um den Stoffeintrag aus dem Einzugsgebiet einzuschätzen. Es wurde festgestellt, dass der See aus zwei verschiedenen Grundwasserleitern gespeist wird, in denen verschiedene Redoxbedingungen herrschen. Ein hoher Stickstoffeintrag erfolgt über die für Touristen ausgeschilderte Berkelquelle („Touristenquelle"), deren Einzugsgebiet in den Baumbergen liegt und die durch einen vollständig nitrifizierten Kluftgrundwasserleiter beliefert wird. Ein seitlicher Zufluss bringt Phosphor in den See ein. Der Zufluss wird durch einen oberflächennahen Grundwasserleiter gespeist, in dem es bei Staunässe und sauerstoffzehrender Mineralisation von organischer Substanz zu reduzierenden Bedingungen und der Freisetzung von Ammonium, Mangan, Eisen und Phosphat kommt. Stickstoff und Phosphor sind eutrophierungswirksame Elemente.Die Trophieklassifikation des Berkelquelltopfes kennzeichnet ihn als eutrophes Gewässer. In einer Untersuchung der dominanten Phytoplankter wurden Indikatororganismen für übermäßig verschmutzte Gewässer gefunden. Ein Vergleich der aktuellen Messergebnisse mit historischen Analysen ergab, dass ein Anstieg des Nährstoffeintrags infolge des Grünlandumbruchs in den 1960er Jahren stattgefunden hat. Später stellte sich ein neues Gleichgewicht mit durchgehend erhöhtem Eintrag ein. Der Phosphoreintrag über den Zufluss ist zuvor nicht festgestellt worden.

Die **ökologische Qualität der Baumbergequellen** wurde naturschutzfachlich bewertet. Hierzu fand von Januar bis März 2008 eine Strukturkartierung und -bewertung an 51 Quellen statt. Im März 2008 folgte eine Bewertung des aquatischen Makrozoobenthos an 16 Standorten. Es zeigte sich, dass die Lebensgemeinschaften im Vergleich zu anderen Untersuchungen an Quellen zwar ähnlich divers sind, ihre Zusammensetzung aber überwiegend als quellfremd, bzw. sehr quellfremd zu bewerten ist. Ein in der naturschutzfachlichen Praxis oft unterstellter Zusammenhang zwischen hoher faunistischer Diversität und hoher ökologischer Qualität des Lebensraums konnte mit dem angewandten Verfahren daher nicht festgestellt werden. Die Strukturbewertung fällt insgesamt positiver aus als die faunistische Bewertung. Viele Quellen sind naturnah oder bedingt naturnah, und nur wenige erscheinen als stark geschädigt. Obwohl die Strukturkartierung zum Ziel hat, die Qualität der Quelle als Lebensraum zu bewerten, lässt sich kein Zusammenhang zur faunistischen Bewertung herstellen: Eine strukturreiche Quelle verfügt nicht zwangsläufig über eine quelltypische Artenzusammensetzung. Einzelne Strukturparameter, die sich nicht auf das Umfeld der Quelle sondern auf den eigentlichen Quellbereich beziehen, sind allerdings signifikant mit der Taxa- und Quelltaxazahl verbunden. Ihnen sollte in dem Bewertungsverfahren mehr Gewicht gegeben werden.

Die **Charakterisierung der biozönotischen Strukturen des Makrozoobenthos** fand im Frühjahr 2008 an 26 Quellmündern in den Baumbergen statt. Es wurden die Ergebnisse multivariater Statistik mit denen zweier autökologischer Verfahren verglichen und bewertet. Die multivariate statistische Untersuchung zeigte, dass die Besiedlung einer Quelle stärker durch die Quellschüttung als von ihrem Quelltypus beeinflusst wurde. Es wurde ein ökologischer Zusammenhang zwischen bestimmten Taxa und Substrattypen festgestellt. So konnten die Habitatgruppen „grobe organische

Ablagerungen" und „kiesige Sohlstruktur" abgegrenzt werden. Erstere trat stark in Verbindung mit intermittierenden Quellmündern auf. Eine Ausnahme bildete die heterogene Gruppe „keine eindeutige Habitatstruktur", bei der kein ausschlaggebender Besiedlungsfaktor identifiziert werden konnte. Jede Habitatgruppe wies stenotope, für die drei Quelltypen der Baumberge typische Taxa auf. Das autökologische Bewertungsverfahren nach SCHMEDTJE & COLLING (1996) zeigte eine gewisse Übereinstimmung mit den hier gewonnenen Ergebnissen. Das autökologische Verfahren nach TACHET et al. (2000) („species traits", Arteigenschaften) hingegen konnte nicht für die ökologische Charakterisierung verwendet werden. In größerem Umfang als bei SCHMEDTJE & COLLING (1996) sind hier Taxa autökologisch abweichend eingestuft oder wurden von den Autoren nicht berücksichtigt. Die biozönotische Struktur der Baumberge-Quellen wird im höheren Maße reproduzierbar durch die hier durchgeführte multivariate Analyse abgebildet, da im Gelände direkt gemessene Umweltparameter als Referenz einbezogen werden.

Die Ergebnisse der **mikrobiologischen und molekularbiologischen Untersuchungen** zeigten in vier untersuchten Quellen eine hohe mikrobielle Diversität, niedrige Bakterienzahlen sowie Hinweise auf eine aktive, grundwassertypische Bakterienbesiedlung. Die größten Ähnlichkeiten wurden zwischen den Quellen Stever rechts und Stever links sowie zwischen Stever rechts und der Arningquelle beobachtet. Mit Ausnahme der Quelle Lasbeck 1 lagen keine hygienischen Kontaminationen vor. Die Ergebnisse für die Quelle Lasbeck 1 wiesen mit erhöhten Trübungs- und Phosphatwerten, einer sehr hohen mikrobiellen Diversität und einer Belastung mit Fäkalbakterien (E. coli) auf eine anthropogene Beeinflussung hin.

Ergänzende **Untersuchungen zur vorhandenen Grundwasserfauna in den Quellen** sollten eine erste Klassifizierung der nachweisbaren Tiergruppen ermöglichen. Die Ergebnisse zeigten eine hohe Diversität an 3 Messstellen mit einem hohen Anteil echter (stygobionter) Grundwassertiere. Hinsichtlich der Anzahl und der Zusammensetzung der Besiedlungen traten deutliche Unterschiede zwischen den nordwestlich gelegenen Quellen (Arningquelle, Lasbeck 1) und den südostlichen Quellen Stever rechts und Stever links auf. Auch bezüglich der Grundwasserfauna nahm die Quelle Lasbeck 1 mit einer hohen Artenvielfalt eine Sonderstellung ein.

Die **Baumberge im westlichen Münsterland als Fremdenverkehrsgebiet** mit zahlreichen Quellaustritten bieten sich aufgrund des ausgebauten Wegenetzes für quellbezogene Themenwanderwege an. Für den sensiblen Lebensraum Quelle ist die gezielte Kombination mit dem regionalen Tourismus ein gewagtes Vorhaben. Aber gerade weil viele Grundwasseraustritte dieses Gebietes bereits einer „wilden" Freizeitnutzung unterliegen und diese dadurch gefährdet sind, müssen Möglichkeiten gefunden werden, ihre unbestrittene Schutznotwendigkeit attraktiv zu veranschaulichen. Dies soll durch konkrete Entwürfe von Informationstafeln und Besucherleitsystemen verwirklicht werden.

Die Ergebnisse verschiedener Abfragen dieser Arbeit zeigten, dass die Baumberge mit fünf Quellen die Möglichkeit bieten, repräsentativ einen informativen Zugang zu diesem Lebensraum zu schaffen. Bestandsaufnahmen von u.a. Wegenetz und Sehenswürdigkeiten klärten die Rahmenbedingungen für eine interessante Gestaltung von „Quellwanderwegen“. Vier private und fünf öffentliche Wanderungen ließen die daraufhin zusammengestellten „Quellwanderwege“ bezüglich ihrer Länge testen und in einen zeitlichen Rahmen fassen. Diese Probewanderungen und vier didaktische Exkursionen fanden mit Probanden statt, die diese mittels Fragbögen beurteilten. Zusätzlich lieferten die drei unterschiedlichen Fragbögen auch Informationen zum Wissensstand über Quellen der Teilnehmer. Sie gaben eine Orientierung für die inhaltliche Gestaltung der verschiedenen Konzepte. Wie es möglich ist, mittels Informationstafeln, Besucherlenkung, Themenwanderwegen, Führungen, Exkursionen und Quellpatenschaften die Schutznotwendigkeit von Quellen darzulegen, Wissen über sie zu vermitteln und das „Naturerlebnis Quelle“ zu ermöglichen, ohne einen bleibenden Schaden vor Ort zu verursachen, zeigen einige Beispiele in dieser Arbeit.

Die **ökologische Bewertung der Quellen in der Seppenrader Schweiz** (Coesfeld, NRW) wurde anhand einer Strukturkartierung, der Makrozoobenthos-Besiedlung sowie der chemischen Quellwassereigenschaften von siedlungsnahen und ländlichen Quellen vorgenommen und dargestellt. Zudem wurden Schutzziele und -maßnahmen formuliert. Für die Quellen der Seppenrader Schweiz können folgende Schlüsse gezogen werden. 1/3 der Quellen zeigt eine bedingt naturnahe Struktur. Diese Quellen befinden sich in einem NSG. Negativ auf die Quellstruktur wirken Fassungen, Trittschäden durch Weidevieh und Mensch sowie Baumaßnahmen. 5 der 18 Quellen zeigen eine quelltypische oder bedingt quelltypische Fauna im beprobten Makrozoobenthos. Diese Quellen liegen alle im ländlichen Umfeld. Bei der Hälfte der Quellen konnte aufgrund ihrer Artenarmut die Bewertung nicht durchgeführt werden. Die Bewertung der Fauna fällt deutlich positiver aus als die der Struktur. Die Siedlungsquellen zeigen hohe Konzentrationen an NaCl und SO_4^{2-}, die ländlichen Quellen sind hingegen durch hohe NO_3^--Gehalte gekennzeichnet. Quellen im Flachland, wie die der Seppenrader Höhen, sind nicht nur äußerst seltene, sondern auch vielseitige Biotope, die oftmals aufgrund ihrer Unauffälligkeit leicht übersehen werden und in ihrer Existenz besonders bedroht sind. Es besteht bei den hier untersuchten Quellen daher ein dringender Handlungsbedarf. Zudem ist ein Umdenken in der breiten Bevölkerung notwendig, damit der ökologische Wert einer Quelle nicht in ihrer Nutzung, sondern in ihrer Natürlichkeit und Reinheit gesetzt wird.

Zwei größere **Quellvorkommen im mittleren Ruhrgebiet nördlich Recklinghausen** (Vestischer Höhenrücken) und in Castrop-Rauxel (Castroper Hochfläche) werden hinsichtlich ihrer Geologie, Hydrogeologie, Hydrologie und ihres Wasserhaushaltes beschrieben. Die langjährig mittleren Niederschläge sind in den beiden Quellengebieten vergleichbar. Da die Flächennutzung sehr ähnlich ist, sind auch die reale Verdunstungs- und Gesamtabflussrate sehr ähnlich. Ein deutlicher Unterschied ergibt sich bei der Direktabfluss- und bei der Grundwasserneubildungsrate. Während Direktabflussrate und Grundwasserneubildungsrate beim Vestischen Höhenrücken ein Verhältnis von 1:1 bilden, beträgt dieses Verhältnis bei der Castroper Hochfläche etwa 2:1. Maßgeblichen Einfluss auf die Grundwasserneubildungsrate haben hier die Böden und die Hangneigung. Die Baumberge (zentrales Münsterland) weisen dagegen einen sehr viel höheren Anteil landwirtschaftlicher Nutzflächen auf. Wegen des geringen Bebauungsanteiles ist dort die Verdunstungsrate höher und damit die Gesamtabflussrate geringer als bei den beiden anderen Quellgebieten. Durch die weitverbreiteten bindigen Böden in Kombination mit der sehr hohen Hangneigung ist die Direktabflussrate relativ hoch und die Grundwasserneubildungsrate geringer als bei dem Vestischen Höhenrücken und der Castroper Hochfläche.

Abstract

Springs of the Münsterland (Germany): Observations on hydrogeology, water supply and management, ecology and didactics

The following themes are discussed within this publication:

The area-specific calculations on the water balance results according to Meßer method (2008) show the distribution patterns of evaporation, the total and direct outflow as well as the outflow into ground water or, respectively, the ground water recharge in the investigated area of Baumberge. It is evident that the ground water recharge, an important figure in the water balance, is subject to variation according to many different parameters, e.g. precipitation, soil conditions, climate, land use and surface gradient. In Baumberge, the biggest influences on the distribution of ground water recharge figures are land use and gradient. Water balance figures were collected for the hydrological year 2008 and for a long-term average. Preliminary results were compared to outflow measurements and the verisimilitude of the investigated area was ascertained. This did not give evidence for any influence of rising deep ground water, but hinted at the hydraulic effectiveness of the Nottuln-Havixbeck thrust fault, since the subsurface watersheds gave distinctly different figures from the watersheds above ground.

For the hydrological year 2008, the outflow of the springs was measured with the help of a measurement grid in the investigated area of Baumberge. The outflow of the springs, which was calculated via the measured outflow, was used as reference for ground water recharge. From the correlation between the springs outflow of the watershed of the intensive investigation area for the hydrological year 2008 and the area of the watershed, a method was developed through which the subsurface watershed area can be approximated. For the watersheds of "Lasbeck" and "Stevern", the subsurface watershed can be assumed to be larger by trend than the above ground watershed.

Hydrochemical investigations for ground- and spring water were done in the hydrological year 2008. Over 500 water samples from 76 different springs were analyzed. The analysis showed that the spring waters possess largely similar chemism, with only slight differences. The chemism of the spring waters are subject to anthropogenic as well as geological influences. Anthropogenic factors are land use of any kind as well as fertilization. Geological influences are composition and position of rock formations, relief, vegetation, season and exposition. Deep ground water which were at first assumed to lie in the investigated area could not be proven to exist.

Because of the algae bloom that appears every summer, one of the springs of the Baumberge, the Berkelquelltopf south-east of Billerbeck, was subjected to an investigation of the current ecological situation, with hopes of formulating ideas for improving its condition. To accomplish this, morphological, chemical and biological measurements were taken, the trophic level of the lake was determined, and the measurements were compared to historical data. In addition, aerial photographs were used to approximate the input of chemical substances from the watershed. It was determined that the lake is being spring-fed by two different ground water carriers, which have differing redox situation. The Berkelquelle, which is signposted for tourists ("tourist spring"), is responsible for a high input of nitrate. Its watershed lies in the Baumberge, and it is fed by a completely nitrified fractured ground water body. A side inflow carries phosphor into the lake. The inflow is being fed by a near surface ground water body, in which stagnant moisture and oxygen depleting mineralization of organic matter lead to a reductive environment and the release of ammonium, manganese, iron and phosphate. Nitrate and phosphor can lead to eutrophication. The trophic classification of the Berkelquelltopf is that of a eutrophic lake. An investigation into the dominant phytoplankton showed indicator organisms for heavy polluted water. Comparison of recent measurements with historical data showed an increase in the input of nutrients caused by the grassland depletion in the 1960s. Later, a new equilibrium was reached with higher input. The phosphate input via the inflow had not been analyzed before.

The ecological quality of the springs in Baumberge was evaluated in terms of nature conservation. For this, structural mapping and –evaluation was undertaken at 51 springs between January and March 2008. In March 2008, a subsequent evaluation of the macrozoological benthos was undertaken at 16 sites. It was shown that the symbiotic communities are similar in their diversity to those found at different springs, but are made up of species atypical or highly atypical for springs. The in nature conservation often cited link between a high diversity of fauna and a high ecological quality of the associated habitat could therefore not be found via the methods used. The structural evaluation is overall more positive than the evaluation of the fauna. Most springs are natural or near-natural, and only a few of them appear to have been highly marred. Even though the structural mapping was undertaken to assess the quality of the spring as a habitat, there is no discernible correlation with the faunistic evaluation: a highly structured spring is not necessarily a habitat for those species that are usually associated with springs. Structural parameters that are not associated with the larger area of the spring, but rather with the spring itself, are, on the other hand, highly correlated with the number of taxa in general and that of taxa associated with springs. They should receive a higher weighting in the evaluation.

The characterization of the biocoenotic structures of the macrozoological benthos was undertaken at 26 spring mouths in the Baumberge in the spring of 2008. The results of multivariate statistics were compared to and evaluated against two species ecological methods. The multivariate statistical analysis showed that the populating of a spring is influenced to a much stronger degree by the efflux of water than by the type of the spring. An ecological correlation between certain taxa and certain types of substrate was found. This way, the habitat groups "coarse organic deposits" and "pebbly sole structure" could be differentiated. The former was highly associated with intermittent spring mouths. An exception was the heterogenous group "no clear habitat structure", in which no crucial factor for how the spring was populated could be determined. Each habitat group showed stenotopic taxa typical for the three spring types of the Baumberge. The autecological evaluation method after Schmedtje and Colling (1996) showed some agreement with the results presented here. The autecological method after Tachet et al. (2000) (species traits) could not be used for the ecological characterization. Here, to a larger extent than they were by Schmidtje and Colling, the taxa are graded as more autecologically differing or were not considered by the authors. The biocoenotic structure of the Baumberge springs becomes more reproducible through the applied multivariate analysis, since ecological parameters taken in the field are being included as reference.

The results of microbiological and molecular biological analysis showed a high microbiological diversity, low numbers of bacteria as well as hints towards an active bacterial colonization typical of ground water in four of the springs analyzed. The highest similarities were found between the springs "Stever right" and "Stever left" as well as between "Stever right" and "Arningquelle". There were no contaminations of hygiene, except in the spring "Lasbeck 1". The results for "Lasbeck 1" showed heightened turbidity and phosphate values, a very high diversity of microbes and a contamination with E. coli, which hints at an anthropogenic influence.

Subsequent analysis of the ground water fauna of the springs were made to enable a preliminary classification of the animal groups found. The results showed a high diversity at 3 of the analyzed sites, with a high percentage of genuine (stygobiotic) ground water animals. The number and composition of colonies showed a high distinction between the north-westerly springs (Arningquelle, Lasbeck 1) and the south-easterly springs (Stever left and Stever right). Considering the ground water fauna, the spring Lasbeck 1 took an exceptional position.

The Baumberge, in the western Münsterland, is a tourist region with several over-ground springs and a well developed path system, which makes it ideal for spring-themed walks. Springs are a sensitive habitat, which turns combining them with regional touristic efforts into a potentially risky business. But since a lot of the springs of the region are already subjected to an unregulated recreational use, which puts them at a high risk, efforts should be made to illustrate their unquestionable need for protection in an attractive way. There are plans to accomplish this through the design of information boards and visitor pathways.

The ecological evaluation of the springs in the Seppenrader Schweiz (Coesfeld, NRW) was done via structural mapping, macrozoological benthos populations and the hydrochemical analysis of spring water, for both rural springs and those nearer to residential areas. Furthermore, conservation goals and methods were formulated. The following conclusions can be made for the springs of the Seppenrader Schweiz. 1/3 of the springs show a somewhat natural structure. These springs lie in a nature reserve. Spring water collections, being stepped on or over by animals and humans as well as building activities all have negative effects on the spring's structure. 5 of the 18 springs showed a typical or somewhat typical fauna in the samples taken from the macrozoological benthos. These were all springs in rural areas. For half of the springs, an evaluation was made impossible by the sheer lack of species found. The evaluation of the fauna is a lot more positive than that of the structure. Those springs that are near to residential areas show high concentrations of NaCl and SO_4^{2-}, the rural springs are characterized by high levels of NO_3^-. Lowland springs, like those of the Seppenrader Höhen, are rare as well as varied biotopes which are often overlooked because of their inconspicuousness and are thus highly endangered in their very existence. The springs analyzed herein show a high need for immediate action. Furthermore, there needs to be a change in perspective among the populace, shifting its appreciation of a spring from the spring's usefulness to its naturalness and purity.

Two larger spring reservoirs in the central Ruhrgebiet north of Recklinghausen (Vestischer Höhenrücken) and Castrop-Rauxel (Castroper Höhenfläche) are characterized as to their geology, hydrogeology, hydrology and water balance. The long-term average rainfall is comparable in both regions. Since land use is also similar, the factual evaporation and outflow rates are very similar. A pronounced difference can be seen in the direct outflow rate and the rate of ground water recharge. While the direct outflow rate and the ground water recharge rate show a ratio of 1:1 for the Vestische Höhenrücken, the ratio for the Castroper Höhenflächen is 2:1. Ground water recharge is highly influenced by soils and gradient. The Baumberge (central Münsterland) on the other hand show a higher rate of agricultural land use. Because of the lower density of settlement, the evaporation rate is higher than that of the other two spring reservoirs, causing the outflow rate to be lower. The high ratio of cohesive soils, combined with the high gradient, results in the direct outflow rate being quite high, and the ground water recharge rate being lower than that of the Vestische Höhenrücken and the Castroper Höhenfläche.